ARCHIMAGE GARRET'S APPRENTICESHIP II

Ai Kawazoe

川添愛

精霊の箱

チューリングマシンをめぐる冒険

上

東京大学出版会

Adventures in Turing Machines, Vol. 1

Archimage Garret's Apprenticeship II:
Adventures in Turing Machines, Vol.1
Ai KAWAZOE
University of Tokyo Press, 2016
ISBN978-4-13-063363-5

今作のテーマは「チューリングマシン」です。物語は、前作『白と黒のとびら――オートマトンと形式言語をめぐる冒険』最終章の数ヶ月後から始まります。前作と同様、作中の人物、団体、場所、物理・化学法則はすべて架空のものですが、物語の根底を流れる数学的原理は現実のものです。ガレットを始めとする登場人物たちと一緒に、「計算」という概念の本当の姿、またそれにまつわる数々の話題に親しんでいただけましたら幸いです。

目次

プロローグ

湖を眺めながら、私は思う。
（ここへ戻ってきてから、どれくらい経ったかしら？）
何年と何ヶ月くらい？　ほんの少し考えた後すぐに、そんなことを考えても意味がないことを思い出す。一年も、一ヶ月も、人や自然のはたらきと結びついているから意味がある。ここにはそれがない。ここにも自然のようなものはあるし、「住人」もいる。そして、時間も流れている。でも、目にするものはみな、私が元いた世界とは違う「決まりごと」に従って動いている。
そして私の体も、元いた世界のそれとは違っている。見た目は同じでも、眠ることも、食べることもない。息をしている気はするけれど、それはきっと、本物の呼吸ではない。心臓の鼓動も同じ。私が――私の心が「そうなっていなければおかしい」と思うときだけ、そうなっているように思える。
こうして元の世界と切り離されていても、寂しくないし、怒りも感じない。遠い昔の「災い」のせいでここにいなくてはならないことに、少しも不満がないと言えば嘘になる。けれど、私の先祖たちはみなそうやって生き、そして死んだ。その人たちの人生が、私を支えている。
一つだけ、悲しいことがある。それは、元の世界へ戻ったときに、ここのことをすべて忘れてしまうこと。この前も、そうだった。人生に大きな空洞が空いたような、あの感覚。でも、こちらにいるときは、元の世界のことも覚えていられる。もちろん、この永遠とも思える時の流れの中では、努力しなければ記憶を保つことはできないけれど。
ここしばらく、この美しい世界は平和そのものだ。光にあふれる薔薇園も、夕日の射す葡萄畑も、深夜の墓地も、とても静か。そんな時はきまって、私はじっくり時間をかけて、元の世界の記憶を何度も何度も頭の中に映し出す。私は湖畔から小舟に乗り、輝く波に運ばれながら考える。これから何を思い出す？　そうだ、「あの日の昼下がり」のことは？

◇

あの日。叔父と私、幼い従弟は、丘の上の大きな屋敷の前にいた。叔父が屋敷の戸を叩くと、どこからともなく聞こえる「声」が私たちを迎えた。
「戸は開いている。廊下を進んで三番目の部屋でお待ちいただきたい」
叔父が戸を開けても、戸口には誰もいない。私も、幼い従弟も声の主を探した。叔父だけがあたりを見回すことなく、ただ家の奥に向かって歩き始めた。薄暗い廊下は、普段なら従弟を怖がらせたはず。でも私たちはほんの数時間前に、もっと怖い思いをしてきたばかりだった。それに、なぜか分からないけれど、初めて訪れたはずのその家の空気が私には懐かしく感じられた。
叔父が部屋の扉を開けると、大きな窓から差し込む午後の光が目に入った。そこは立派な広い部屋で、背の高い本棚にはずらりと本が詰まっている。一枚板の机の上には、ヴェノーカ製のインク壷や、リアッタの精巧な陶製の置物、珍しい形の金属の器が輝き、整然と並んでいる。
その机の近くに、小さめの机がぽつんと、少し斜めに傾いて置かれていた。椅子は、誰かが慌てて立ち上がってそのままになっているような、奇妙な角度で倒れている。机の上では本の山が崩れ、羊皮紙が散らばり、羽ペンは床に落ちていた。何もかもが整ったように見える部屋の中で、その一角だけが浮き立っていて、私はなぜかほほえんでしまった。
「そのあたりは不肖の弟子が散らかしたままになっている。目障りで申し訳ない」
突然後ろの方で声が聞こえ、私も叔父も驚いた。従弟は「きゃっ」と声を出して、私の足にすがりついてくる。振り向くと、深い紫色のローブをまとった、長身の男性がいた。くせのある髪を無造作に伸ばし、口を一文字に結び、私たちを見つめている。年齢は、六十歳ぐらいに見える。険しい顔つき。でも、その目には見覚えがある気がした。
「このような出迎えで失礼した。今日は、わけあって外に一歩も出られない日なのだ」
叔父が恭しく挨拶をする。
「とんでもありません。そのような日だからこそ、確実にお会いできると思って伺ったのです。こちらこそ、正午には到着するとお伝えしておきながら遅れてしまい、たいへん申し訳ありません、魔術師様」
「あの村で起こったことは耳に入っている。巻き込まれたのか？」
「はい、少しの間でも子供たちに楽しんでもらおうと思ったのですが、あのようなことになろうとは。しかし、お会いする前に助けていただくことになるとは思いませんでした。あなたと、あなたのお弟子様に」
魔術師は鼻から軽く息を吐き、優しい表情を浮かべた。
「奴はまだ未熟者なので、不安ではあったが。失敗しなかっただけ良しとすべきか」
魔術師が私に目を向け、叔父が私を紹介する。
「この娘が、例の子です。私の兄の娘の……」
叔父の言葉を聞き終わらないうちに、私は慌てて挨拶をした。
「覚えている。大きくなったな。目元がお父上によく似ている」
私、やっぱりこの人に会ったことがあるのかしら？
「いくつになった？」
「十三です」
「そうか。『あちら』には、もう五年いるのだな。もっとも、『こちら』の時間で五年、という意味だが」
「はい」
魔術師はぽつりと言う。
「辛いだろうな」
私の口から出る答えは、いつもと同じ。
「いいえ」
「亡くなった伯母上にも、昔同じことを尋ねたことがある。まったく同じ答えだった」
その言葉に、私はどう答えたらいいのかよく分からない。
「努力は続けてきた。しかし、成果が出なくて申し訳ない」
叔父が答える。
「魔術師様のせいではありません。『あれ』がどこにあるのか、誰にも分からないのですから」
「私はずっと、『あれ』が見つかること——いや、『あれ』が私の元に現れることを願ってきた。今でもそうだ。だが、今後探索を続けられるかどうか怪しくなってきた。というのは、私は来年以降、この世にいないかもしれないからだ」
「えっ！」
叔父は驚くが、魔術師は平然と続ける。
「一年後に、私はある試練を受ける。その結果次第では、私は命を奪われることになる。もちろんその場合、例のものの探索は誰かに引き継ぐつもりでいる。あなたの甥御殿一人にゆだねるのは、彼にとってもさすがに重荷となるだろう」

叔父の甥。つまり私の兄のことだ。私のために家を捨て、見つかるかどうかも分からないものを探し続ける兄。叔父は、不安と動揺を隠せない様子で言う。

「『あれ』の探索はともかく、我が兄の親友であったあなたを失うことは耐えられません。その試練は、それほど厳しいものなのですか？」

「私が生き延びる確率は、半々といったところだ。実を言うと、私の弟子次第なのだ」

魔術師は、小さな机に目をやる。

「私の弟子は、未熟者でこれといった取り柄もないが、いざという時には正しい判断ができる人間だ。また、体力もあまりないくせに、妙に丈夫でしぶとい面がある。私はこれから一年、できるかぎりのことを奴に教えるつもりだ。それで見込みがあるようなら、後継者にするつもりでいる」

「あの少年が、魔術師様の後継者に？　確かに、さきほどの事件での彼の立ち回りは見事なものでした。彼なら、魔術師様の後継者にふさわしいかもしれません。この子も、彼に助けられたのが嬉しかったのか、大切にしていた女神のお守りをお礼にあげたほどです」

「それは少々、奴のことを買いかぶりすぎているかもしれんがな。いずれにしても、奴が私の後継者になれば、私はもうしばらく、あなたの甥御殿と探索を続けられる」

魔術師は私の方を向いた。

「申し訳ないが、今の私には、何も断言することができない。君が生きているうちに、救えるかどうかも分からない。だが、もしその時が来たら、必ず戻ってきてほしい」

◇

ここまで思い出して、私は我に返る。

私を気にかけてくれる人々は、希望を捨てるなと言ってくれる。私は、希望がほとんどないことを知っている。でも、それを口に出すことはできない。だって、彼らは私のために、貴重な人生の時間を費やしてくれているから。

私は、何を望めばいいのかがよく分からない。この世界の中でもひときわ美しいこの湖にいると、望みというものが何なのか、よく分からなくなってくる。叶わないと分かっていることを、望むことはできない。だとしたら、私に望めることはただ一つ。
（せめて、死ぬときに『こちら』に居たい。そうすれば、自分が生きた時間、生きた場所の記憶を、すべて持っていける）
それでも悲しいことに、さっきの記憶も、この前思い出した時ほど鮮明ではなくなっている。ここで長い時を過ごす間に、少しずつ消えていっている。それでも私はもう一度、目を閉じる。記憶をなくさないこと。それだけが私の望みで、運命に対する私の抵抗でもある。

さて、次は、何を思い出す？

第1章

祭壇

疲れ切った僕の頭は、机の上の書物の文字を追いながら、また幻を映し始める。

部屋は暖かな午後の光に包まれている。扉が鈍い音を立てて開き、その奥から美しい少女が姿を現す。日の光にきらめく水色の瞳。しなやかな立ち姿。少年の服を着ているにもかかわらず、全身からあふれ出すような優美さ。

どうして、ここに？　問いかけようとするが、彼女の白い顔が僕に微笑みかけると、そんな疑問も忘れてしまう。そうだ、彼女は僕に会いに来たのだ。椅子を立ち、彼女の方へ歩み寄ろうとする僕を、誰かが呼び止める。

誰だ？　あたりを見回すが、声の主を見つけることができない。しかし、声は徐々に大きくなる。そしてその声色は、明らかに怒りを帯びてくる。

ドン！という地響きとともに、僕は目を覚ました。僕の目に再び、開いた本と、そこにびっしり書かれた古代文字が飛び込んでくる。

「また居眠りか。まったくお前は……」

見上げると、先生の顔が目に入った。

「すみません、つい」

「しかも、貴重な本を枕にして寝るとは何事だ。お前には、魔術師の自覚がないのか？」

最近の僕は、何かにつけてこのような叱られ方をする。僕は数ヶ月前にファカタのティマグ大神殿で、新米の魔術師になる儀式を受けた。そのときに、先生の正式な後継者として、代々受け継がれてきた「塔の守り手」の称号を与えられた。それ以来、ミラカウ郷の先生の家で学ぶことは大幅に増えた。薬品の調合、病気や怪我の手当の仕方。古マガセア語や古メルク語といった古代語や、ホーンシュ語などの外国語の読み書き。以前の「運動」の時間は、より実戦的な戦闘の訓練に変わり、毎日夜中に起き出して、夜明けまで行う。魔法の練習、つまり僕が唯一使える「省き」と「延ばし」の練習にも、毎日数時間は割いている。睡眠時間は四時間程度で、少なすぎると不平を言っても「魔術師はだらだら眠るものではない」と言って取り合ってくれない。

新しい日課の中で先生がもっとも重視しているのが、古マガセア語や、古メルク語などで書かれた本を読む時間だ。これらは意味の判明していない古代ルル語や古代クフ語と違って、きちんと意味の分かる古代語だ。僕自身、これらを読めるようになることの重要性はよく分かっている。しかしこの時間は、僕にとってかなり苦痛な時間だった。先生が本の内容を講義するのではなく、僕が自分で辞書を引きながら読み進めなくてはならない。睡眠不足の頭にとって、各ページにびっしりと書かれた難解な古代文字は、睡魔を呼び起こす呪文以外の何物でもない。

今読んでいる本は、古マガセア文字で書かれた『魔術と迷信』と題されたものだ。明日の朝までに、最初の３ページを訳して、読み通さなければならない。

「今、何ページ目だ？」

「ええと、まだ１ページ目の最初の方です」

「何だと？　そんなことでは間に合わんぞ」

「だって、これ、なんだかよく分からないし、明日までに３ページ読み通すのは無理だと思います。先生が講義をして、大まかに内容を教えてくだされば……」

先生は片方の眉を上げて、僕を見つめる。

「まだそんなことを言っているのか。最初に言ったように、まずは自分で訳してみろ。そして、お前が１ページ訳すごとに、私が作った訳を見せる。それを、自分の訳と照らし合わせて復習するのだ」

やっぱり、先生の方針は変わらない。あくまで、一字一句僕が読んで、訳すしかないのか。

「お前はもう、十八になったのだな？」

「ええ、そうです」

「世間では『大人』と見なされる年齢だ。お前はもはや子供ではない。私がお前に教えられるかぎりは、できるかぎり教えよう。しかし、これからは未知のものを既知に変えるために、一人で考えて動かなくてはならない機会が増えるだろう。柔らかく煮られ、口当たりよく味付けされ、食べやすく切り分けられたものばかりが与えられるとは限らない。今後は、そのままではとても食えないものを、お前自身が工夫して食えるようにするのだ。このページを訳すのは、その第一歩だ」

僕は一度ため息をついて、本と辞書に向かい合う。なんとか最初のページを訳せば、先生に答えを見せてもらえるのだ。

数時間後、僕はやっと仕上げた１ページ分の訳を持って先生のところへ行った。先生は僕に、一枚の紙を渡す。先生による、最初のページの「正しい訳」だ。

◇

『魔術と迷信』

魔術とは、広義には、現象界に存在する術者の振る舞いを原因とし、現象界の自然法則では生じ得ない変化を結果としてもたらす術一般を指す。狭義には、術者が「呪文」を使い、冥界の一部を介して表象界に働きかけることにより、現象界に物理的・化学的な変化をもたらす術一般を指す。すなわち、表象界と現象界の《照応》を前提とし、それを利用する術に他ならない。

表象界と現象界の《照応》の基盤となるのは、現象界の森羅万象を記述する《表象》である。ソアの塔の建設後、神はマガセアのレザンと新たな契約を結び、人間がいくつかの呪文を用いて表象に影響を与えることを許した。ただしその影響はきわめて限定されたものである。

これに対し世間一般には、「魔術」の名で呼ばれるものの、厳密な意味での魔術ではないものが多く流布している。本書では、それらを魔術と区別するために、「まじない」と呼ぶことにする。まじないの多くは、古くから言い伝えられている法則に基づいているが、それらの真偽はたいていの場合、確かめることができない。以下に一例を挙げる。

移住商人の一部に伝わる、商売を繁盛させるまじない
「週のうち、三日間だけ損が出るようにすれば、タヤロ神を喜ばせることになり、大いなる恵みが約束される。週のうち奇数回得をすることは、タヤロ神の怒りに触れるので、極力避けなければならない」

◇

僕が先生の訳を読んで「こんなことが書いてあったのか」と驚いている隣で、先生はおもむろに僕の訳を読み上げ始める。

「『魔術は広い感覚の中だ。それで、現象の世の中には、使う人がする原因である。それで、全体的な術を指さし、現象の世の中の、自然な法律が変わらずに生まれた。それで、狭い感覚の中で、全体的な術を指さす。だから、それは、使う人は呪文を通じて、表象の世の中を仕事をする死者の世の中の一部だ。』何だ、これは？」

先生は顔をしかめる。

「『……表象の世の中と現象の世の中の照応がある。その建物の土台になるのは、現象の世の中のぜんぶを書く表象だった。その後、ソアの塔をつくった。それで、神とマガセアのレザンの新しい遺言状があったのだ』……はあ」

先生はひときわ大きなため息をつき、なんとも情けないといった顔をした。

「お前、自分で自分の訳の意味が分かっているのか？」

「いいえ」

「そうだろうな。古マガセア語の文法書は使ったのか？」

「……いえ」

「やはりな。分からないときは毎回、辞書だけではなく文法書も参照するように言っておいたはずだが？」

文法書は僕の部屋で埃をかぶっている。見なくても大丈夫だと思った、とはさすがに言えない。

「辞書の引き方も問題だな。とりあえず、辞書を引いたときに、最初に目についた意味をそのまま使うのはやめろ。『建物の土台』とか『遺言状』とか、おかしいと思わないか？」

「ええ、言われてみれば」

「それから、単語単位だけで引くのではなく、複数の語からなる用語や、熟語である可能性も考えて引くのだ。たとえば、お前が『表象の世の中』『現象の世の中』『死者の世の中』と訳している箇所だがな。これらは以前、それぞれ『表象界』『現象界』『冥界』という用語だと教えたはずだが」

「そうでしたっけ」

そうだったような気もするが、記憶にない。

「前に教えたように、現象界というのは我々の住むこの世界のことだ。そして表象界というのは、この世界と重なり合いながらも別個に存在する世界だ。表象界では、この世界のあらゆる事物が『表象』と呼ばれる言葉で記述されているため、『世界を生み出す巨大な書籍』だとか、『この世の写し』『神々の頭脳』などと呼ばれている。私個人は、これらの呼び方はあまり適切だとは思っていないが。

いずれにしても、現象界と表象界は分かち難く結びついており、一方で起こったことは他方に影響する。これが我々が『照応』と呼んでいるものだ。現象界に住む我々は本来、何らかの物理的な作用を介在させることなしに、物体に対して影響を及ぼすことはできない。しかし魔術においては、術者が呪文を唱えることによって変化が引き起こされる。これは呪文によって、現象界の住人である術者が一時的にもう一つの世界——表象界に対して影響を及ぼすからだ。その際、死者たちの魂、すなわち精霊たちが罪を浄化する世界がその仲立ちとして……」

僕の頭は朦朧として、先生の声を徐々に遠ざけ、再び夢の世界を展開していく。しかし今度は「彼女」が僕にほほえみかける前に、先生が僕を現実に呼び戻した。

「ずいぶんと幸せそうな顔で居眠りをするものだな。どんな夢を見ているのやら」

僕は恥ずかしさと、ばつの悪さでいっぱいになる。

「すみません」

「まあ、1ページのこの部分については、またいずれくわしく話すことがあるだろう。とりあえず明日までに頭に入れなくてはならないのは、後の方の部分だ」

「ええと、『まじない』について書かれた部分ですか？」

「そうだ。移住商人について書かれているだろう。明日訪ねることになっているハマンの商人は、移住商人の末裔だからな」

先生と僕は、明日からハマンの町に出かけることになっている。そこに住んでいる大商人の一人から、相談に乗ってほしいとの依頼があったのだ。

「商人というのは験かつぎやまじないを好むものだが、移住商人たちはとくにその傾向が強い。彼らはもとは、外国から移住してきた者たちの子孫で、タヤロ神という商売の神を信仰している。彼らは、景気の変化や商品の流れなどが、神の意図を表していると信じているのだ。そしてそのページに書いてあるとおり、神の意図に沿うように、日々の売り上げや損得を調節しようとする者が少なくない」

「週のうち、三日間だけ損が出るようにするんですか？」

「そうだ。ただし、他にもさまざまな説がある。たとえば、最初の日と最後の日は必ず得をするようにするとか、あるいは最後の二日間の損得を同じにするというものがある」

僕は興味をそそられて、少し眠気がさめてきた。得ばかりすればいいというわけではないのが面白い。
「また、そこに書いてある『週のうち奇数回得をする』ことは、このあたりの移住商人の間でもとくに強く避けられているようだ」
「でも、そんなこと、避けようとしても避けられるものではないでしょう？」
「もちろん、思いどおりにできるものではない。まあ、今回の依頼がそういったことに関連するかどうかは不明だが、一応頭に入れておいた方がいいだろう。そこから3ページまで、移住商人のまじないについてくわしく書かれているから、必ず読み通すのだ。いいな。あと一時間でやれよ」
「一時間なんて、無理です。最初のページですら三時間ぐらいかかったのに」
「居眠りしながらやっているからそんなにかかるんだ。集中して一時間でやれ」
先生はそう言って部屋を出て行った。その姿を見ながら僕が、「頭がよくなるまじない」があればいいのに、と思ったのは言うまでもない。

◇

久しぶりのハマンの町は、相変わらず活気にあふれていた。町の北門は、旅人や行商人でひしめきあっている。門の守衛は先生と僕を見ると、笑顔で挨拶をしてくれた。以前先生と僕はここハマンで、破壊された遺跡の復元図を作るという仕事をしたのだが、今でもそれを覚えてくれている人は少なくない。町の中心に行くと、例の遺跡はすでに復元されており、その脇には立派な会堂が建てられていた。
ハマンの町の中でも川沿いで交通の便のよい場所に、裕福な商人の家が集まっている。どの家もとても立派だ。家の造りはどことなく異国風で、どこの家も赤っぽい旗をはためかせている。
「あの旗は、何なんでしょう？　よく見えないけれど、何か描いてありますね」
「あれは、『七つの祭壇』が描かれているのだ」
「七つの祭壇？　ああ、あれが、そうなんですね」
僕は出発の前日、結局夜遅くまでかかって指定されたページを読み通した。それでも僕の訳はやはり間違いだらけで、先生の訳を見せてもらってやっと理解した。その中に、「七つの祭壇」の話があった。移住商人たちは、商売の神であるタヤロ神に祈りを捧げる際、横一列に並んだ七つの祭壇を使うという。
彼らが祭壇に捧げるのは、貨幣だ。得をした日はもっとも価値の高い金貨を一枚、損をした日はもっとも価値の低い銅貨を一枚供える。現在の場合は、キュビエ金貨とガナ銅貨だろう。彼らは毎晩、その日損をしたか得をしたかに応じて、一つの祭壇に一枚ずつ、貨幣を置いていく。そして七日ですべての祭壇が埋まる。そうやって、その週の状況を神に報告しているというのだ。

道は、荷を積んだ馬やロバがひっきりなしに通り、大勢の子供たちがワアワアと騒ぎながら遊び回っている。その様子を見ながら、先生が言う。

「今回の仕事だが、お前が依頼人の話を聞くのだ。いいな」

「え？　僕が？　先生はどうなさるんですか？」

「私ももちろん同席するが、相談を受けるのはお前だ。今回お前は一人前の魔術師として、自分一人が依頼を受けたものと思って取り組むのだ。私は、ここで他にも用を済ませなくてはならない。よって、商人の依頼の内容によっては完全にお前にまかせて、私は他に当たる。いいな？」

「え？　あ、はい」

僕はにわかに不安になった。今回の依頼人は、「黄金を生み出す手」とかいうあだ名を持つ大商人らしい。儲けを出す才能があるだけではなく、同業者からの信頼も厚いという。貧乏人や弱い者たちへの施しも多く行っていて、町の人々からたいへん尊敬されているそうだ。そんな人から僕が相談を受けて、大丈夫なのだろうか。僕はこれまでにもさまざまな立場の人に会ってきたが、あくまで先生の弟子としてであって、一人の魔術師として他人に接したことはない。先生は僕の不安をよそに、道行く人に行き先を尋ねる。

「商人のデンデラーリ氏の家に行きたいのだが」

「ああ、デンデラーリさんの家なら、あの道の向こうにある大きい家だよ。ほら、周りの家が戸を開け放して商売してるのに、一つだけ閉まっているだろう？　あそこは、週の終わりはいつもああなんだよ。取引もしなけりゃ、会計もしないらしい。ここらの商人は普通、使用人を交代させたりして、年中休まず商売するっていうのにねえ。まあ、儲かっているから、七日に一度ぐらい休んだって何ともないんだろうね」

目当ての家の前に着くと、「《デンデラーリとその息子》商会」という看板がかかっていた。他の商人の家と違って、戸も開いておらず、人の出入りもなく、ひっそりとしている。先生が戸を叩くと、さえない風貌をした初老の男性が扉を開けた。

「魔術師のアルドゥインとガレットだ。こちらのご主人の依頼で参った」

先生がそう言うと、男性が答える。

「お待ちしていました。私がここの主、デンデラーリです」

僕は少々驚いた。こういう家なら、使用人が扉を開けるものではないだろうか。家の主人が自ら開けるなんて。

扉を入ってすぐの広い部屋には、商品が山積みになっていた。高級そうな織物。織りあげられる前の、毛を整えられた羊毛。たくさんの木箱の中身は、香辛料か何かだろうか。大きなテーブルの上には、計算に使う小石や紙が並べられている。主人以外誰もおらず、静まりかえっているが、普段ならきっと大勢の人が働いているのだろうとうかがえる。先生が尋ねる。
「ずいぶんと羽振りが良いようですな。普段は何人ほど？」
「十五人雇っております。それから、私の息子がおります。あいにく、少し前からファカタの方へ出かけておりますが」
主人は先生と僕を奥の部屋に案内した。僕らが腰を落ち着けても、主人はなんだかそわそわして、なかなか話を切りだそうとしない。先生は僕の方を横目でちらりと見る。「お前がどうにかしろ」と言っているのだ。僕は心の準備をして、できるかぎり丁重に話しかけた。
「あの、今回は私どもにご相談があると伺っていますが、早速お聞きかせいただいてもよろしいでしょうか？」
「あ、はい、ええと」
主人は困ったような顔をする。
「あの、実はまだ、ご相談するかどうか、決めたわけではなくて」
「え？」
「いえ、その、別に魔術師様のお力を疑っているわけではないのです。完全に、こちらの問題でして」
主人が何を言っているのか、僕は理解に苦しんだ。先生が言う。
「何か事情がおありのようだが、どのような用件かを聞かないかぎり、我々が力になれるかどうか判断がつきませんな。差し障りのない範囲で、話していただけますかな？」
主人は無言でうなずいた。これほど深刻そうにもったいぶっているのだ。よほどたいへんな相談なのだろう。怪物をやっつけてほしいとか、魔法を使って何かしてほしいとか、そういう依頼だろうか。僕はあれこれ考えながら、相手が口を開くのを待った。主人はぼそぼそと話し出す。
「実は……三週間ほど前から、店の売り上げが下がっており……」
売り上げ？　売り上げがどうしたのだろう。
「その、これ以上売り上げが落ちないように、何とかしてほしいのです」
「は？」
僕は面食らって、思わずそう反応してしまった。直後、さすがに失礼だったと思い、すぐに次のように続けた。

「あの、すみません。いや、その、売り上げを何とかする、ですか？」
「ええ」
僕は困惑した。それは魔術師に相談することだろうか？　この人は、何か勘違いをしているのではないか？　僕はつい、思ったことを口にしてしまう。
「ええと、それは……ちょっと違うような」
「違う、というと？」
「ええと、だからそれは、魔術師に相談することではないのでは？　そういうことは、むしろ……その……」
僕の言葉に、主人は失望したような顔をして、うつむいていく。僕も言葉が続かなくなる。気まずい沈黙。そして、再び先生が口を開いた。
「ご主人。ご主人は、商品の売り上げをよくするのは本来商人がするべき仕事であると、当然分かっておられる。そうですな？」
先生がこう言うと、主人はぱっと顔を上げ、うなずいた。
「しかし、あえて魔術師に相談するのには、何か理由があるのでしょう。まさか我々に商売を手伝えと言うわけではあるまい」
主人はうなずきながら答える。
「はい、これから申し上げることは、けっして口外なさらないよう、お願いしたいのです。これは秘密でして、この家でも私と息子しか知らないことです。もっとも、息子にも、くわしいことは話していません。高名なアルドゥイン様を信頼して申し上げるのです」
先生が僕の方を横目で見る。お前が返事をしろ、ということらしい。
「ええと、そこは心配無用です。アルドゥインも、私も、ご主人から聞いたことはいっさい口外しないとお約束いたします」
主人は、先生と僕の顔を交互に見た後、話し始めた。
「私は、先代である父の後を継いでから三週間ほど前まで、すこぶる順調に商売を続けてきました。三十年以上も、本当に恐ろしいほど、順調に……」
主人は言葉を途切れさせる。僕は、もどかしくて仕方がない。しかし先生は主人をせかしたりせず、おだやかに言う。
「ご主人の噂は私も聞いている。『黄金を生み出す手』『追い風を呼ぶ男』などと呼ばれているそうですな」
先生の言葉に、なぜか主人は少し辛そうな顔をする。
「はい。しかし、実際に私を見て、どう思われたでしょうか？　そのような力を持った男に、見えますか？」
「そのようなことを聞いてどうなさるおつもりか？　商人は商売の手腕に

よって評価される。それ以外のことは、関係ないと思うが」
先生はそう言うものの、実際のところ、主人はしぼんだような小男で、よく言えば謙虚、悪く言えば卑屈な感じのする人だった。僕の思いを知ってか知らずか、主人は言う。
「私は、実力でのし上がったのではないのです。どうぞ、こちらへいらしてください。お見せしたいものがあります」

◇

主人は先生と僕を、地下室へ案内した。薄暗い地下室はやけに天井が高く、妙に寒く感じる。灯りをつけると、奥の方の壁にぼんやり、巨大な赤い壁掛け布が浮かび上がった。
「あれはタヤロ神に対する信仰の象徴ですな」
主人がうなずく。そしてその壁の前には、七つの祭壇が横一列に並んでいた。
「あれが、七つの祭壇……」
「そうです。ご存じと思いますが、一番左の祭壇から順番に、得をした日には金貨、損をした日には銅貨を供えていきます。あの、祭壇にはけっしてお手を触れないでください」
祭壇に近づくと、それぞれの祭壇の中央に、光るものが載っているのに気がついた。一番左には、金貨。その隣には、銅貨。その後は、金、銅、銅、金と続く。一番右の祭壇だけ、何も載っていない。何も載っていないのは、今日が一週間の最後の日だからだろう。

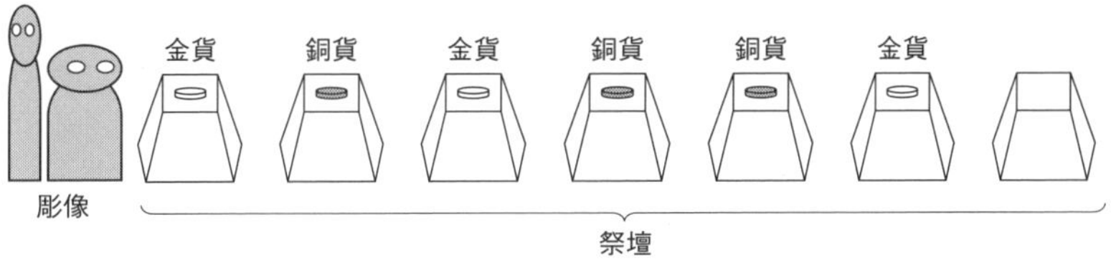

七つの祭壇の左、部屋の隅には、二体の彫像が置かれていた。どちらも人間をかたどったものだが、片方は立派な服を着た恰幅の良い男性の姿で、もう片方はぼろぼろの服を着てやせこけた男性の姿をしていた。先生が彫像に近寄る。
「これは何ですかな？」
先生の質問に、主人はやや戸惑ったように答えた。

「あ、あの、それは……私の父が置いたものでして」
「見たところ、《富者と貧者》の説話を題材にした作品のようだが」
「そのとおりです」
　《富者と貧者》の話は有名なので、僕も知っている。とくに面白くもない説教くさい話で、大筋はこうだ。ある時、金持ちの男が神殿に財産を寄進しに行った。神殿にはそれまでに寄進されたものの数々が置いてあったが、その中に粗末な銅貨が入っているのを見た金持ちは、「ここは私の寄進にふさわしいところではない」と憤慨し、帰ってしまった。後日、今度は貧しい男が同じ神殿に寄進に行ったが、過去に寄進されたものの中に金貨が入っているのを見て、「私がわずかな財産を寄進したところで、神は喜ばないだろう」と落胆し、これまた帰ってしまったというものだ。たいていの場合、ここで「傲慢さも卑屈さも、同じくらい罪深いものなのです」などといった教訓が与えられる。
　しかし、なぜここにこういう彫像が置かれているのだろうか。先生は彫像の後ろに回る。ふと、先生の表情が険しくなった。僕も彫像の後ろへ行き、二体の像の背中を見た。するとそこには、次のような模様が描かれていた。

《富者の像》
7○○→7
7●●→Z
7＿○←☾

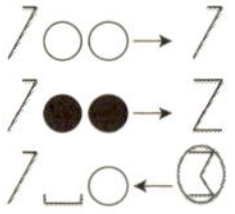

《貧者の像》
Z○○→Z
Z●●→7
Z＿●←☾

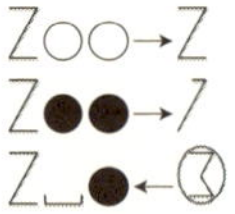

　「7」「Z」「☾」「←」「→」などの記号は像の背に彫り付けられており、○や●の部分はそれぞれ金貨と銅貨が貼り付けられている。矢印はともかく、「7」「Z」「☾」のような文字は、何語に属するのだろうか？　少なくとも、僕の知っている言語ではない。
「ご主人。この二体の像は、先代がご自分で作られたのですかな？」
　先生の問いに、主人は少しびくりとした。
「い、いいえ。その、誰かに依頼したと言っていました」
「それが誰か、ご存じですかな？」

「いいえ、くわしいことは聞いておりません」
先生は彫像と祭壇を交互に眺めた後、僕と主人の方を振り返って言った。
「突然だが、急用ができたので、私はこれで失礼する」
僕は「えっ」と声を発したが、それは主人と同時だった。
「ご主人。あとはこのガレットが引き受けるので、ご安心なさるがいい。明日には解決するだろう」
そう言うと、先生はすたすたと祭壇の部屋を出て、階段を上っていく。僕は主人と二人、しばらく呆気にとられていたが、主人に「ちょっと失礼します」と断り、慌てて先生の後を追った。
上の階にあがると、先生はもう家を出て行くところだった。通りに出たところで、僕はようやく先生を引き留めた。
「先生、待ってください」
「何だ」
「どうして急に、僕を残して行かれるのですか？　僕は、どうしたらいいか……」
「今回の件は、お前の仕事だと言ったはずだ」
「でも……」
「私が見るかぎり、今回の仕事はさほど難しくない。だから、お前一人でも大丈夫だと判断した」
「そうなんですか？　まだ、主人から何も聞いていないのに」
「今回一番難しいのは、『主人から事情を聞き出すこと』だ。お前はそれだけに専念すればいい。そして事情を全部聞き出したら、その時点で私を呼べ。あの主人はああ見えて、かなりのしたたか者だ。あのようにもったいぶって事情を話そうとしないのは、我々の力を値踏みしているからだ」
「値踏み？」
「あの主人はもちろん、問題を解決したいと考えている。しかし、解決する力のない者に、事情を話したくない。話すだけ損だからな」
先生の言うことはもっともらしいが、もしそうならば、先生が去って僕一人になったら、ますます主人は話してくれなくなるのではないか。先生は僕の考えを見透かしたように言う。
「お前が一人で『何が問題なのか』と単刀直入に聞いても、主人は話さないだろうな」
「やっぱり。それなら、なぜ僕一人で？　先生はもう、何か分かっていらっしゃるんでしょう？」

「ある程度はな。しかしすべてではないし、主人の依頼に応えるよりも重要な用件が一つできた。あとはお前の勉強のために残してやる。お前もいずれ、たった一人で仕事をしなくてはならない時がくる。そのための練習だと思え。言っておくが、こういうことは、場数を踏むしかない。授業で学んだり、書物で読んだりするだけでは得られないものがある」
「はあ」
「いいか？　重要なのは、『急がない』ことだ。そして、できるかぎり質問をして、相手にしゃべらせろ。相手が言うことと、お前が観察したことから、何か奇妙なことがあったら指摘するのだ。くれぐれも、早合点して勝手に納得したりするなよ。相手が本当に言いたいことは何か、こちらに気づいてほしいことは何か、考えながら話すのだ」

◇

僕が一人で商人の家の地下室へ戻ると、主人が不安げな面もちで僕に尋ねた。
「あの、アルドゥイン様は、どちらへ？」
「急用ができたそうで、このあとは僕がお話を伺うように命じられました」
「そうですか……。私としては、アルドゥイン様に直接、お話したかったのですが」
主人はあからさまにがっかりしている。それを見る僕も、気分が暗くなる。主人の気持ちはよく分かる。僕だって、仕事を頼むなら、腕が良くて経験豊富な人がいい。そういう人に頼むつもりが、未熟な若者に頼む羽目になるなんて、いい気持ちはしないだろう。
「やっぱり、先生がいらっしゃるほうが……いいですよね」
そう口に出して、僕はすぐに後悔した。これこそ、先生が「やるな」と言っていた「早合点」ではないか？
僕は気を取り直して、主人に了解を取り、祭壇をもう一度じっくり眺めてみた。とはいえ、先ほど知ったこと以上のことが得られたわけではない。僕は何か聞き出せるかと思い、祭壇を眺めながら主人に話しかけてみる。
「ええと、金貨が三枚、銅貨が三枚供えられているということは、今週は三回得をして、三回損をした、ということですね？」
「はい」
「それで、一番右の祭壇に今日の分を供えることになる、と」
「ええ」

駄目だ、これ以上続かない。すでに知っていることを確認しているだけじゃないか。

僕は左の方へ進み、彫像の方も調べてみた。正面からよく見てみると、富者の像の額には「7」、貧者の像の額には「Z」という文字が小さく掘られている。きっと、背中の模様の「7」と「Z」と関係があるのだろう。

僕はもう一度、二体の背中へ回る。主人に「この像の背中の模様、変わっていますね」と言おうとしたが、思い直してやめた。よく考えたら、僕はこういう像を見慣れているわけではないから、この模様が本当に「変わっている」のかすらも分からない。もしこれがよくある普通の模様だったら、自分の無知をさらすだけじゃないか。ただでさえ、信頼されていないのに。こんなことなら、普段からもっといろんなことに興味を持って、何でも勉強しておくんだった。

駄目だ。こういうことばかり考えていると、何も質問できなくなってしまう。どうしたらよいのか分からず、全身をこわばらせたまま途方に暮れていると、しびれを切らしたように主人が言う。

「あのう、アルドゥイン様は、もう今日はこちらには来られないのですね？」

「あ、はい、少なくとも、今日はもう来ないかと」

「そうですか。でしたら、あの、明日にでも、その、アルドゥイン様もお越しになられるときに、またいらしていただければ」

「あ、はい」

「もうすぐ日も暮れることですし……」

要するに、「帰れ」と言われているのだ。僕一人では、何の解決にもならないということだ。もうこれ以上ここにはいられない。しかし、このまま帰ったとして、先生には何と言えばいいのだろう。僕は敗北感に打ちのめされながら、階段へ向かおうとした。

そのとき、ある疑問が頭に浮かんだ。僕が振り向くと、送り出そうとしていた主人が怪訝な顔をする。

「あの、帰る前に一つだけお尋ねしたいんですけど」

「え？　何でしょう？」

「今日、お店はお休みで、ご主人は仕事をしていらっしゃいませんね」

「ええ」

「ということは、今日は売り上げも、支払いもなかったということですね」

「ええ……そうです」

「しかし、さきほどご主人は、今夜は一番右の祭壇に貨幣を供えるとおっしゃいました。今日は損も得もしていないのに、金貨と銅貨、どちらを供えるのですか？」

主人は答えない。しかし、さっきまでとは違う。その場をやりすごそうとしているのではなく、僕に話をするべきかどうか、考えているのだ。僕は腹を決めた。答えてもらうまでは、絶対に動くまい。

主人は突然、大きなため息をついた。同時に、ずっとこわばっていた顔が、少し和らいだように見えた。主人は初めて、僕をまっすぐに見て言った。

「その質問に答えずにあなたを追い返すのは、きっとよくないことなのでしょうな。お部屋と食事を用意しますので、もうしばらく、ここにいらしてください。今夜、月が高く昇った頃に、質問への答えをお見せしましょう。ただ、それ以上のことをあなたにお話しするかどうかは、まだ約束できませんが」

◇

その夜、僕は主人とともに再び地下室へ降りた。昼間でさえ暗かった地下室は、夜更けになると完全に闇の中だ。主人の持つランプの光だけが、心許なく周囲を照らしている。主人は僕に、祭壇の脇の壁にある階段を示す。作業用の階段のようで、地下室の天井近くまで上れるようだ。

「この階段の上の方に座っていてください。祭壇がよく見えるはずです。くれぐれも、落ちないように気をつけて」

僕は言われたとおりに階段を上った。確かに、並んだ祭壇と彫像がよく見える。

「私は出て行きます。これからは、ランプもつけられません。真っ暗になりますが、何が起こっても絶対に声を出したり、身動きをしたりしないでください」

僕は不安になったが、極力それを表に出さないよう、無言でうなずいた。主人は一度、祭壇の脇の彫像を見つめた後、地下室を出て行った。同時に、僕は闇の中に残された。

僕は、暗闇が怖いわけではない。しかし、一人きりになったとたん、急に寒さが気になり始めた。あとどれくらい、ここにいなくてはならないのだろう。少しでも、灯りがあればいいのに。そう思っていると、下の方がぼんやりと明るくなった。見ると、例の二体の像が光っている。

次の瞬間、僕はあやうく声を出しそうになった。なんと、二体の像のうち、太った《富者》の方が、ひとりでに動き出したのだ。僕は息を飲んだ。そいつは音もなく軽やかに動き、一番左の祭壇の前でいったん止まった。金貨が載った祭壇だ。そいつは祭壇をしばらく眺めた後、一つ右の、二番目の祭壇へ向かって移動する。

（何をしているんだ？）

富者は、銅貨の載った二番目の祭壇の前でも少し止まった後、一つ右へ向かって踏み出した。しかしそこで、ふっと姿を消してしまった。

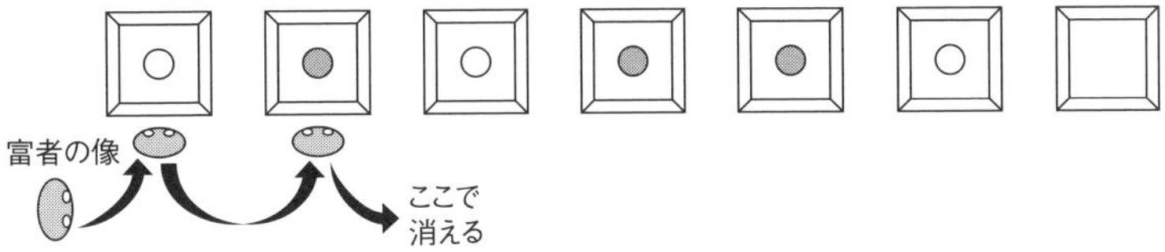

その直後、その場に現れた者があった。みすぼらしい、痩せた男性だ。

（あれは、《貧者》の方だ）

貧者は一歩右へ動き、左から三番目の祭壇の前に立つ。姿が変わっても、することは同じだった。祭壇に置かれていた金貨をしばらく見つめた後、そのまま右へ移動。次の祭壇でも、銅貨を見つめた後、右へ踏み出す。ただしそのときに、また変化があった。貧者は消え、太った《富者》が現れたのだ。

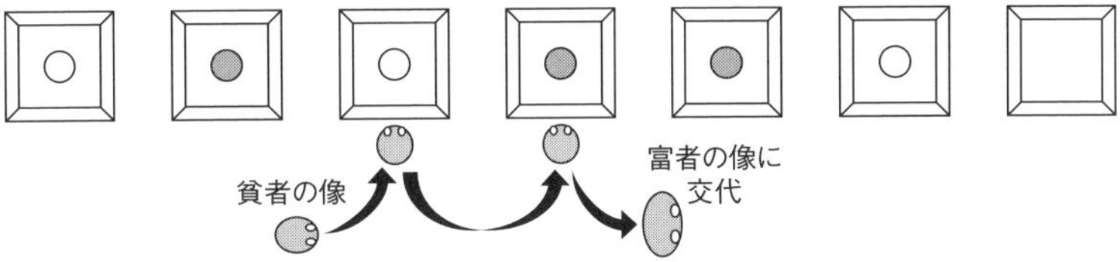

次の祭壇――つまり、左から五番目の銅貨の載った祭壇の前で、富者はしばらく止まった後、右へ踏み出した。そこでまた姿を消し、貧者に交代した。貧者はその右の、金貨の載った祭壇の前に立った後、そのまま右端の、何も置かれていない祭壇の前へ移動する。

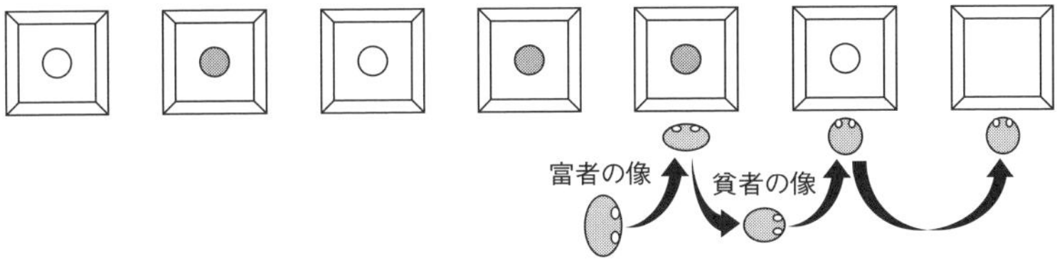

これまでは富者も貧者も、祭壇に対しては何もしなかった。しかし、祭壇に

何も置かれていないときは、どうするのか。答えはこうだった。貧者はぼろぼろの服のポケットから銅貨を一枚取り出し、祭壇に載せた。そして一歩左へ踏み出したかと思うと、消えた。その直後、急に周囲が明るくなった。見ると、貧者の消えた場所に光が現れていた。やがてそれは消え、暗闇が戻った。

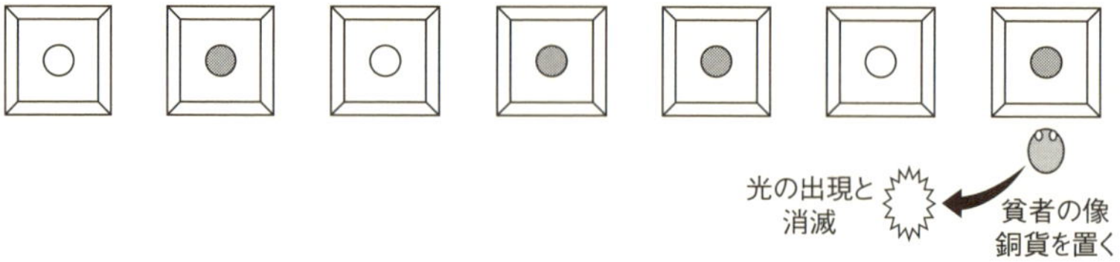

◇

「あれは、何だったんでしょうか」

祭壇の部屋から戻った僕は、異形のものを見たためか、あるいは寒さのためか、震えが止まらなかった。依頼人である主人の目の前でぶるぶる震えているのは情けないと思ったが、主人はとくにそれを気にするような様子もなく、親切にも温かい飲み物を出してくれた。しかし、ずっと無言のままだ。

「あれは、幽霊か何かですか？」

主人は、何も言わない。僕は一人ごとのように、言葉を発し続ける。

「あれは、祭壇の前を右へ右へと移動して行きました。最初の六つの祭壇には何もせず、最後の七つ目の祭壇にだけ、変化がありました。あれにはもともと何も置かれていなかったのに、結果的に銅貨が置かれました。『今日は損をした』ということを表す銅貨が……」

主人はやはり何も言わないが、僕は自分の言葉によって心の落ち着きを取り戻し、少しずつ頭の中が整理されてきた。そして疑問が浮かんだ。

「さっき僕が見たことの中で、ご主人にとって問題なのは、いったい何なのでしょう？　あの《富者》と《貧者》の像が、ああいう仕業をすることが問題なのですか？　あれを、退治してほしいのでしょうか？」

主人は顔を上げ、激しく顔を横に振り、やっと口をきいた。

「違います。けっしてそんなことでは」

退治が目的ではない？　僕は理解に苦しんだ。

「では、地下室に『あれ』がいることは、問題ではないのですね？　むしろ、いなくなったら困る、と」

主人はうなずく。あれ自体が問題でないなら、いったい何が問題なのか。そう言えば、主人は最初、僕と先生に「店の売り上げをどうにかしてほしい」と言っていた。あれと店の売り上げに、何か関係があるのだろうか。
「これ以上は、今はお話ししたくありません。帰られてから、アルドゥイン様にお話いただければ。そして改めてお二人でいらしていただきたく」
　どうやら、僕が追求できるのはここまでらしい。しかし、もう少し粘れないだろうか。僕は、ずうずうしいかと思いつつも、思いつくまま話を続けてみた。
「あの、関係があるかどうか分かりませんが、タヤロ神を信仰する商人の方々は、一週間のうちに得した日が何日あったかとか、損が出た日が何日あったかとか、そういうことを気にされるそうですね」
「え、ええ」
「たとえば、週に奇数回得をするのはよくない、とか。さっきの二つの影像の『仕業』の結果、七つの祭壇のうち三つに『金貨』が置かれた——つまり、今週は三回得をしたことを示す『配置』になりましたが、あれは問題ではないのですか？」
　僕がそう言ったとたん、主人の顔が苦しげにゆがんだ。そして驚いたことに、わっと泣き出したのだ。
「どうなさったんですか！？」
　僕が近寄っても、主人は顔をおおって泣き続ける。そして言った。
「神罰！　これは神罰なんです！」

◇

　主人が落ち着くまで、しばらく時間がかかった。やがて彼は取り乱したことを詫び、事情を話し始めた。
「……私が子供の頃、この店は借金だらけで、いつ店じまいになってもおかしくない状態でした。しかし、ある時から、急に儲かり始めたのです。そのきっかけは、父が『神の意図に沿うように、日々の損得を調節する』という方針を取り始めたことです。父は、私たち移民の商人に伝わる古い言い伝えを見つけ、試しにそのとおりにしてみたそうです。そうしたら、急に羽振りがよくなった、と」
「『神の意図に沿うように』とは、具体的にはどうするのですか？」
「申し訳ないのですが、私の口からそれを言うことはできません。父の遺言で禁止されているのです」
　それが重要である気がするが、主人はけっして言おうとしない。さいわい、僕はあらかじめ本を読んできたので、「週に三日損をするようにする」などの説は一応、知っている。よって、そこはあえて追求せず、主人の話の続きを聞くことにした。
「いったん方針を決めたら、父の働きは天才的でした。普通は、日々の損得を思いどおりに調節するなんて、できるわけがありません。しかし、父にはできたのです。そして父がそうしている間は、けっして儲けが減ることはありませんでした。損を出す日が続いても、他の日に必ず、損した分を何倍も上回る売り上げが出るのですから。そこには神の意志が関わっている、と考えざるを得ませんでした」
　主人は辛そうに、一度息をつく。
「しかし、いよいよ父も年を取り、病を得て、私に跡を継がせなくてはならなくなりました。父は私のことを非常に心配しており、私が自分のようにはできないと判断したのです。そして、自分の死後であっても、自分が実践してきた『原則』が自動的に守られる方法を探り出しました」
「それが、あの影像なのですか？」
「そのとおりです。父は誰かに大金を払って、あの影像を手に入れました。そしてその直後に亡くなりました。秘密の『原則』を絶対に口外するな、週の最後の日はけっして働くな、そしてその日、祭壇にはいっさい触れてはならない、と言い残して」
　それはつまり、週の最後の日に祭壇に貨幣を供えるのはあの影像にまかせろ、という意味だろうか。僕がそう尋ねると、主人はそうだと認めた。週の最後の日に影像に貨幣を置かせることで、一週間の損得のつじつまを合わせることにしたらしい。
「しかし、最終日に働いていないのに供え物をするのは、神に対して嘘の報告をしていることにならないのですか？」
　僕がそう言うと主人は苦しげに顔を歪め、胸の奥から絞り出すように言った。
「……ですから、私の成功は、私の実力ではないのです！　私が店を継いでから、何があっても、店は順調でした。それはもう、恐ろしいほどに。しかし私は同時に恥じています。だから、言いたくなかったんです」
　辛い告白をする主人の前で、僕はただうろたえるばかりだった。
「私は、神や他の商人たちに対する罪悪感から、必死で働いてきました。他人への援助や、貧しい者たちのための施しも欠かしたことはありません。父の『提案』に逆らえなかったことを恥じて、せめて、できるかぎりよい商人になろうと……」

　僕は、主人に対する評判を思い出した。確かに、非常に尊敬されているということだった。
「しかし同時に、心の奥底で、父の『術』に頼っていたことも確かなのです。三週間前から急に彫像の『動き』が変わり、売り上げが落ち始めてからは、気が気でなく……私も体力に衰えを感じ、息子のアッカートに店を任せようと考えていた矢先でしたから」
「三週間前から、動きが変わった？」
「そうなのです。本来の動きとは、違うことをするようになりました。それも、週に奇数回『得』をしたことになるように――つまり、もっとも避けるべき『配置』を示すようになったのです。ああ！　父は、神に虚偽の報告をしても、それは彫像がすることだから、私たちは罰せられないと言っていました。それなのに、今になって罰が下るとは！」
　主人は再び顔を手でおおって黙り込んだ。僕は主人に尋ねた。
「その、三週間前に、何か変わったことはありませんでしたか？　彫像が動きを変えるきっかけに、何か心当たりは？」
「私の知っているかぎりでは、何も。ちょうど私はそのころ数日出かけていて、息子に留守を任せていましたが、息子もとくに何もなかったと言っていました」
　息子は何か知っているのではないだろうか。とはいえ彼はここにいないので、事情を聞くことはできない。ここで、他に僕にできることは、もうないのだろうか？　僕はぐるぐると考えをめぐらし、主人に言った。
「もう一度、地下室に行ってもいいでしょうか」
　主人は承諾し、灯りを持って再び僕を地下室へ案内した。二体の彫像は一番左の祭壇の横に、何もなかったように立っている。僕は主人に許可を得て、改めて彫像の背中を見た。

《富者の像》

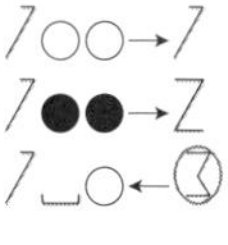

《貧者の像》

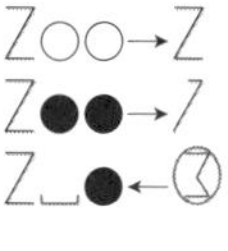

「ご主人、この背中の模様には、何か意味があるのですか？」
「背中の模様？　ああ、何やら小さく刻まれているものですな。私には何とも……。彫像には、できるかぎり、近づいたり触れたりしないようにしてきたものですから」

僕は、この模様に何か意味があることを確信していた。おそらく、先生はこれを見て何かをつかんだのだ。先生は何も情報をくれなかったが、何か分かることはないだろうか。

僕はまず、この模様を構成している「→」と「←」に目を付けた。素直に考えて、これらは方向を表していると考えていいだろう。「→」は右、「←」は左だ。これらはさきほどの、彫像の移動方向を表しているのではないだろうか。

そして、模様の中の「○」（金貨）と「●」（銅貨）は明らかに、祭壇の上の金貨と銅貨を表している。そして、「7」と「Z」の文字。「7」は富者の額に、「Z」は貧者の額にも刻まれている。これらはそれぞれ、富者と貧者を表しているのではないか？

だとしたら、どうなるだろう。模様の並びの意味は分からないが、「富者と貧者」「動く方向」「金貨と銅貨」という、さっき見た彫像の動きにまつわる要素は、一応そろっていることになる。

とはいえ、僕の予測はまだ漠然としていて、具体的に模様のどの部分が、どのような動作を表すのか分からない。それにこの模様には、「␣」という文字も含まれている。この意味もよく分からない。

僕は目を閉じて、もう一度、さっき見た彫像の動きを思い出してみた。

◇

さっきの状況を思い出すと、まず富者が動き出して、一番左の祭壇の前に立った。そして金貨を見つめて、右へ移動した。次に富者は左から二番目の祭壇の前に立ち、銅貨を見つめて、一歩右に踏み出して、消えた。その直後に、貧者が現れたのだ。

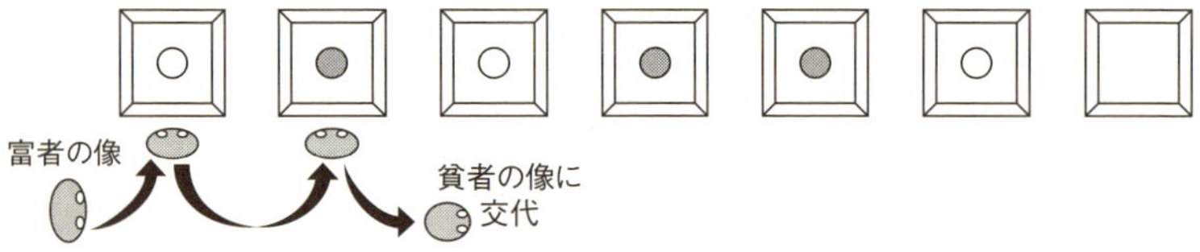

（あれ？）

僕はここで、富者の像の背中に彫ってある、上から二番目の列に注目した。「7●●→Z」という列だ。富者、銅貨、銅貨、右向きの矢印、貧者。もしかすると、「富者が銅貨を見て、右に動き、貧者に交代する」ということではないのか？

もしこれが正しいとすれば、一番目の列の、「7○○→7」はどういう意味になるだろう。「富者が金貨を見て、右に動き、富者に交代する」か？　「富者が富者に交代する」ということを、「富者のままでいる」ということだと解釈していいなら、さっき見たことと矛盾はしない。

7○○→7「富者が金貨を見て、右に動き、富者のままでいる」
7●●→Z「富者が銅貨を見て、右に動き、貧者に交代する」

まだよく分からないのは、これらの模様の列には、それぞれ貨幣が二枚ずつ付いていることだ。なぜ二枚ずつ？

疑問は残るが、僕はとりあえず続きを考えることにした。消えた富者の後に現れた貧者は、金貨の載った祭壇の前に止まった後、右に移動した。そして次の銅貨の載った祭壇を見つめた後、右に移動しようとしたところで消えて、富者に交代したのだ。これらの状況についても、貧者の背中に彫られた「Z○○→Z」を、「貧者が金貨を見て、右に動き、貧者に交代する（つまり、貧者のままでいる）」と解釈し、「Z●●→7」を「貧者が銅貨を見て、右に動き、富者に交代する」と解釈すればいいような気がする。そして僕のここまでの「仮説」は、最後の祭壇に至る直前までの状況と矛盾しないようだ。

Z○○→Z「貧者が金貨を見て、右に動き、貧者のままでいる」
Z●●→7「貧者が銅貨を見て、右に動き、富者に交代する」

問題は最後の祭壇だ。貧者は、何もない祭壇に銅貨を置いて、左に一歩踏み出し、消えた。その後は何やら光が現れた。僕は、貧者の像の最後の列を見る。

Z⎵●←Ⓩ

この列には、銅貨が一枚しか付いていないし、銅貨の前は「⎵」という記号が入っている。しかし、左向きの矢印が現れているということは、貧者が最後にとった行動と、この列に関係がある可能性が高い。つまり、貧者は左へ一歩動き、何らかの「光り輝くもの」に「交代」したのだ。「◎」は、その光る何かを表しているのかもしれない。では、「␣●」の部分は何か。これが「祭壇に銅貨を置く」という行動に相当すると考えるのが、自然であるような気がする。

しかし、この結論で納得してしまっていいのだろうか。僕はまだ、何か腑に落ちないものを感じていた。というのは、「␣●」が「祭壇に銅貨を置く動作」を表すことと、「●●」が「祭壇の銅貨を見る動作」を表すこととの間に、どのような関係があるのかよく分からないからだ。

そうだ。仮に、「●●」や「␣●」のような部分が、「貧者が来る前の祭壇の様子」と、「貧者が立ち寄った後の祭壇の様子」を表しているとしたら？　つまり、左側が「もともとの祭壇の上にあるもの」で、右側が「貧者が立ち寄った後に祭壇の上にあるもの」を表していると考えるのだ。これが正しいとすると、「●●」は、「もともと祭壇に銅貨があり、貧者が立ち去った後にも銅貨がある」、つまり変化がないことを表していて、「␣●」は、「もともと祭壇には何もなく、貧者が立ち去った後に銅貨がある」、つまり祭壇に銅貨が置かれたことを表していると考えられる。

僕は急に、目の前が明るくなったような気がした。これまでの考えをまとめると、各行の五つの文字の意味は、次のようになる。

一番目の文字：現在動いている者（「7」は富者、「Z」は貧者を表す）
二番目の文字：もともとの祭壇の様子（○か●か␣）
三番目の文字：富者あるいは貧者が通り過ぎた後の祭壇の様子（○か●）
四番目の文字：富者あるいは貧者が動く方向（右か左）
五番目の文字：交代する相手（富者か貧者か「光」（◎））

そして、「Z␣●←◎」の意味は「貧者が何もない祭壇に銅貨を置き、左に動き、光り輝く何かに交代する」ということになる。

僕は再度、富者の像に目を向けた。富者の像の模様の、一番下の列の意味も、今なら次のように推測することができる。

7␣○←◎「富者が何もない祭壇に金貨を置いて、左に動き、光り輝く何かに交代する」

さっきは、このような動きを見ることはできなかった。七番目の何もない祭壇の前に立ったのが貧者の方だったからだ。しかし、もし状況が違って、富者が七番目の祭壇の前に立っていたとしたら、そこには金貨が置かれたことになる。富者が七番目の祭壇の前に立つような状況は、どういう場合に訪れるだろうか？

模様に対する僕の解釈が正しいとすれば、富者は金貨の載った祭壇が続くかぎり、富者のままでいる。銅貨の載った祭壇に出合ったら、貧者に交代する。他方貧者も、金貨の載った祭壇に出合う間は貧者のままだし、銅貨の載った祭壇に出合ったら富者に交代する。

僕は考えてみた。もし、貨幣の載った六つの祭壇の中に、銅貨が一つも載っていなかったらどうなるか。富者は貧者に交代せず、富者のままでいるから、最後の祭壇に富者が金貨を供えることになるだろう。

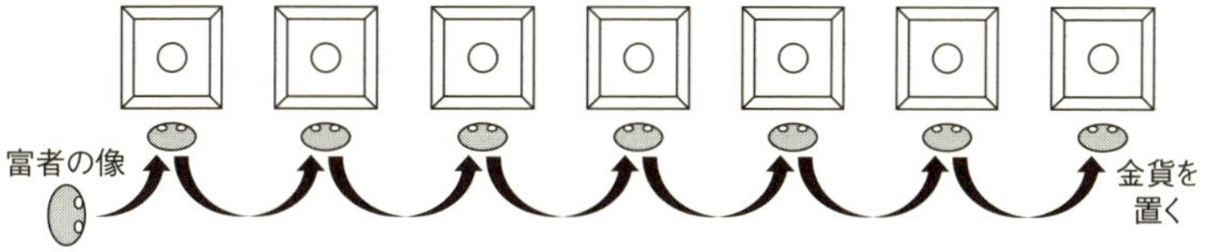

では、もし六つの祭壇のうち、銅貨が載っているものが一つだけあったら？その場合、富者は銅貨に出合った直後に貧者に交代する。そしてそれ以降、貧者が富者に交代することはないから、最後の祭壇には貧者が銅貨を供える。

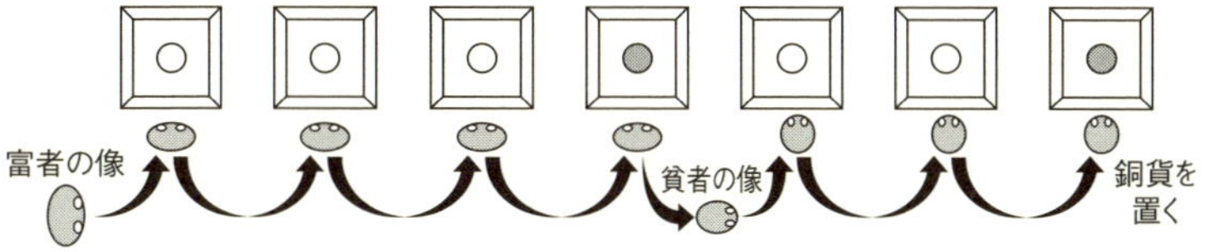

重要なのは、一つの銅貨がどこにあっても同じ結果になることだ。銅貨が載った祭壇が一番目であろうと、六番目であろうと、最後の祭壇の前に立つのは貧者だ。

また、六つの祭壇のうち、銅貨が載っているものが二つあった場合は、最初の銅貨の後に富者が貧者に交代し、二つ目の銅貨の後に貧者が富者に交代するから、最終的には富者が空の祭壇に金貨を載せる。この場合も、二つの銅貨がどの祭壇に載っているかに関係なく、結果は同じになる。

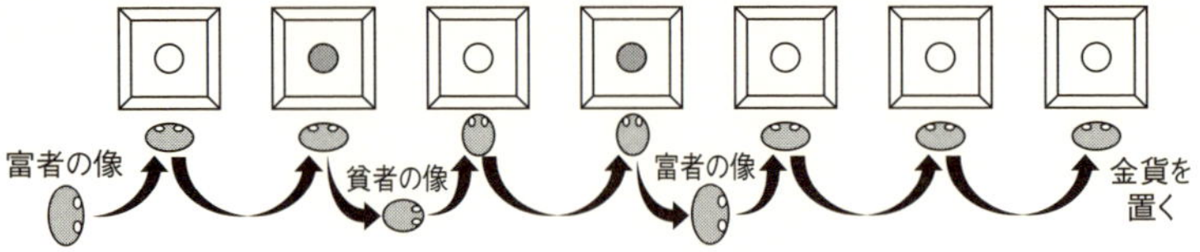

そして、銅貨が三つ、四つ、五つ、六つの場合は……？
（なるほど）
僕には少し分かってきた。富者が最後の祭壇に金貨を供えるのは、そこまでの六つの祭壇に、銅貨が一つも載っていないか、あるいは偶数枚載っているときなのだ。他方、貧者が最後の祭壇に銅貨を供えるのは、それまでの祭壇に銅貨が奇数枚載っているときだ。僕は主人に言った。
「ご主人。彫像の模様の意味が分かりました。そしてその模様に従うと、七つの祭壇に供えられる銅貨の数は、つねに偶数になります」
「何ですと！？」
僕は主人に説明した。
「一番右の空の祭壇を除く六つの祭壇に、銅貨が一枚、三枚、あるいは五枚載っているとき、最後の祭壇には銅貨が置かれます。そしてそれ以外の場合、つまり銅貨が一枚もないか、二枚、四枚、六枚の場合は、最後の祭壇には金貨が置かれます。つまり、銅貨の数が全体で必ず偶数になるようになっているのです」
「なんということだ。それだと、全体で祭壇は七つあるわけだから、結果的に金貨の枚数は必ず奇数になるということですな。それで、一番避けるべき『配置』になっていたのか！　しかし、なぜこんなことになったのでしょうな？」
「さあ、僕には何とも」
そう言いながら、僕は、もう一度ランプを彫像に近づけて、注意深く模様を見た。主人も一緒にのぞき込む。
「おや？」
主人が怪訝な声を出した。
「どうかされましたか？」
「この、貧者の像のこの辺なんですが、他のところと少し違うような……。ここのところです」
主人が指さすところをよく見てみると、貧者の像の背中の一部に、他の部分と質感の違う部分がある。
「確かに、何か新しく、粘土か何かを塗り込んだような跡がありますね。暗いから分かりにくいけど、継ぎ目みたいなのが見えます」
　そしてその部分は、模様の一部にまで及んでいた。一列目と二列目の最後の文字が、質感の異なる部分の上に刻まれている。

《貧者の像》（質感の違う部分の上に刻まれている文字を二重下線で示す）

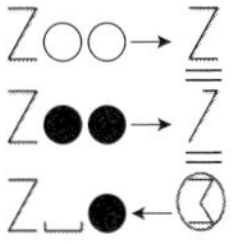

　主人がつぶやく。
「まさか、アッカートの奴が……」
「アッカート？」
「息子です。私の留守中に影像のこの部分を壊したのでしょう。そして私が帰る前に修理したんです、きっと」
「それで、模様を一部描き変えた、ということですか？」
　主人は怒りを込めて言う。
「なんという奴だ！　あれほど影像には触るなと言っておいたのに！」
「しかし、息子さんが模様を描き間違えたせいで影像の動きが変わったのだとすると、模様を描き直せば元に戻るのかもしれませんね」
　僕がそう言うと、主人の怒りはすっと収まった。
「ふうむ、なるほど。では、元どおりにしていただけますかな？」
「それは、できることならしたいですが、僕は元の模様がどうなっていたか知りません。ご主人も、覚えていらっしゃらないのでしょう？」
「ええ、残念ながら」
「それに、もともと影像がどのような動きをしていたか、教えていただくこともできないのでしょう？」
「ええ。先ほど申し上げたとおり、それは絶対にできません。それを口外したら最後、例の『原則』のききめがなくなると、私の父は話していました。ですが、そこを何とかして、元に戻していただけないでしょうか……？」
　元の状態を教えずに、元に戻せというのは虫が良すぎるのではないだろうか。僕はそう言いかけたが、直前で思いとどまった。もし、先生だったらどうするだろう。先生なら……「よろしい、やってみましょう」とでも言うかもしれない。

「分かりました。考えるだけ考えてみます。少し時間をください」

◇

結局その夜は主人に泊めてもらうことになり、部屋をあてがわれた僕は、影像の模様と数時間格闘して、やっと眠りについた。朝方、起き出して行ってみると、主人が若い男を叱りつけていた。近寄ると、主人は僕に気がついた。
「すみません、お見苦しいところをお見せして。これが息子のアッカートです。先ほど、ファカタから戻ってきました」
息子が丁寧に挨拶をする。
「初めまして。父がお世話になっているそうで」
僕も挨拶を返した。二人は何を言い争っていたのだろう。主人が言う。
「例の影像の件で、息子を問いつめておりました。最初は何も知らぬととぼけておりましたが、さっき、ついに認めて」
「では、やはり貧者の像を壊したのですか？」
僕が尋ねると、息子はばつが悪そうにうなずいた。主人は憤慨して言う。
「あれほど、影像に触るなと言っておいたのに。私がいないのをいいことに、乱暴に扱ったのだろう」
父親の言葉に、息子は反論する。
「違います！　けっして、乱暴に扱ったのではありません」
「では、なぜ影像は壊れたのだ？」
「夢を見たのです」
「夢？」
僕と主人はほぼ同時に疑問を口にした。アッカートは続ける。
「はい。白髪頭の老人の夢です。先祖代々の肖像画を見慣れていた私には、それが先代、つまり祖父であることがすぐに分かりました」
「何？　父が？」
「私の夢に出てきた祖父は、見ていられないほど苦しんでいました。しきりに、自分が間違っていた、これ以上無意味に罪を重ねたくない、と言うのです。それで、祖父に聞いてみました。『おじいさまの苦しみを取り除くために、私に何か、できることはないでしょうか』、と」
「それで？　何か答えがあったのですか？」
「はい。祖父は『地下室へ行け』と言いました。私は夢か現実かも分からないまま、地下室へ行きました。そこでは祖父が祭壇の左脇にいて、手招きをしていました。私がそちらに歩いていくと……」

「彫像にぶつかったのですか？」
　息子はうなずく。
「衝撃に気がついて、目を覚ましました。見ると貧者の像が倒れていて、背中の一部の、表面が割れていました。私はたいへんなことをしたと思い、その日のうちに友人の石工師に頼んで、欠けた部分を修理してもらいました。欠けた部分の模様は、私の記憶を頼りに刻んでもらったのですが、それが間違っていたのですね」
　息子は、目に涙を溜めて訴える。
「父さん！　本当に申し訳ありません。本意ではなかったとはいえ、約束を破ってしまい、それを隠していました。私が悪かったのです」
　息子がそう言ったとき、背後でよく聞きなれた声が、こう言った。
「何も悪いことはない。安心するがいい」
　声の方を見ると、店の雇い人に伴われて、先生が立っていた。
「先生！」
「ああ、アルドゥイン様、お越しくださったので？」
「来たことは来たが、私がすることはほとんど残っていない。もうすでに問題の原因も、解決策も突き止められているようだ。そうだな？」
　先生はそう言って、僕の方をちらりと見た。僕は先生にうなずいて見せ、主人に言った。
「ご主人。僕は夕べ、貧者の像の元の模様がどのようであったか、ある程度推測することができました」
「おお、それはどのようなものですかな？」
　僕は説明を始めた。

◇

　夕べ、僕は彫像の模様の復元を試みていた。貧者の像の破損部分は、模様の一行目と二行目の最後の文字に及んでいた。改変された後は一行目の最後が「Z」、二行目の最後が「7」になっていたが、もともとこれらの場所にどのような記号が刻まれていたか、推測しなくてはならない。

《富者の像》
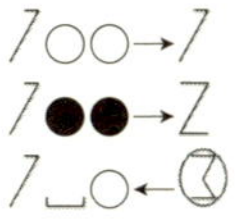

《貧者の像》
Z○○→？（改変後は「Z」になっていた）
Z●●→？（改変後は「7」になっていた）
Z␣●←◎

富者の像の模様を参考に考えると、やはり「？」の場所には「7」「Z」のいずれかが入ると考えるのが良さそうだ。「◎」が入るという可能性も一応考えたが、却下した。なぜかというと、「◎」が一番左に来ている行がどこにもないからだ。これはつまり、「◎」の行動が指定されていないということだ。つまり、「◎」そのものは祭壇の前を左右に動いたり、貨幣を載せたりしない。きっと「◎」は、彫像の動きの最後に出てきて、「終わり」を意味するだけなのだろう。よって、もし二つの「？」の場所の両方あるいはいずれかに「◎」が入るならば、最後の祭壇に至る前に、彫像の動きは止まってしまうはずだ。そしてそれはおそらく、もともと意図されていた動きではない。

そこで僕は、次の三つの可能性を考えてみた。二つの「？」の両方に「7」が入る場合、両方に「Z」が入る場合、そして上の「？」に「7」が入り下の「？」に「Z」が入る場合だ。

可能性１：両方に「7」が入る場合
《富者の像》
7○○→7
7●●→Z
7␣○←◎
《貧者の像》
Z○○→7
Z●●→7
Z␣●←◎

これがどのような動きを意味するかを調べるのに、僕は非常に苦労をした。すべての可能性を数え上げると、全部で 64 通りもあった。僕はそれらの一つ一つに対して、彫像の動きを予想し、七番目の祭壇に何が置かれるかを考えたのだ。

その結果分かったのは、左から六番目の祭壇に金貨が載っている場合は、その他の祭壇にどの貨幣がどのように載っていようと、最後の祭壇には金貨が載せられるということだ。他方、左から六番目の祭壇に銅貨が載っている場合は、一筋縄にはいかない。そこまでに銅貨がいくつ連続しているかによって、最後の祭壇に載せられるものが変わってくる。そこまでに銅貨が奇数個連続している場合（つまり、六番目のみ、あるいは四番目から六番目まで、あるいは二番目から六番目まで銅貨が載っている場合）は、それより左側の祭壇がどうなっているかに関係なく、七番目の祭壇には銅貨が置かれる。逆に、銅貨の連続が偶数個である場合（五番目と六番目、あるいは三番目から六番目、あるいは一番目から六番目まで銅貨が載っている場合）は、最後の祭壇に置かれるのは金貨だ。このように、一応法則性はあるが、やや複雑だ。

可能性２：両方に「Z」が入る場合
《富者の像》
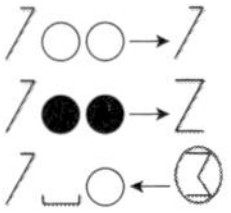
《貧者の像》
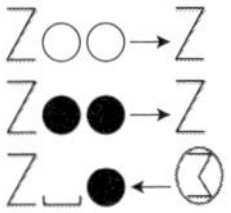

この場合は、最初の可能性よりも簡単だった。貧者は目の前に何があっても、富者には交代しない。これはつまり、一度富者が貧者に交代すると——つまり一番目から六番目の祭壇の上に一つでも銅貨があると、最後の祭壇には必ず銅貨が置かれるということだ。最後の祭壇に金貨が置かれるのは、一番目から六番目もすべて金貨の場合のみだ。

可能性３：一行目の最後が「7」で、二行目の最後が「Z」の場合
《富者の像》
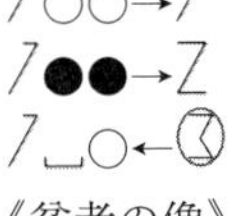
《貧者の像》
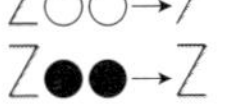

Z_●←③

この場合、富者は金貨を見たとき、富者のままでいる。他方、貧者は金貨を見たとき、富者に交代する。これはつまり、もし左から六番目の祭壇に金貨が載っているならば、最後の祭壇の前に立つのは必ず富者の方だということだ。つまり、最後の祭壇には金貨が置かれる。

また、富者は、銅貨を見た後貧者に交代する。貧者は、銅貨を見たときは貧者のままでいる。もし左から六番目の祭壇に銅貨が載っていたら、最後の祭壇の前には貧者が立つことになる。そして、祭壇には銅貨が置かれる。

上の状況を考え合わせると、結局、「最後の二日間に必ず同じ種類の貨幣が置かれる」ということになる。つまり、週の最後の二日については、どちらも損をするか、どちらも得をするか、いずれかだということになる。僕の記憶に、ぼんやりとひっかかるものがあった。確か先生が、そのような説があると言っていなかったか？　しかし、そういう説があるからといって、この可能性が正しいと考えていいのだろうか？

僕はしばらく悩んだが、徐々に眠くなってきたので、寝ることにした。そして目覚めるころには、僕は「可能性 3」が正しそうだと、ほぼ確信していた。

◇

「……それで、どの可能性を選ぶべきか悩んだのですが、結局最後の可能性を選ぶことにしました。というのは、今朝方、僕は《富者と貧者》の説話を思い出したのです。あの話では、富者は銅貨を見て帰ってしまい、貧者は金貨を見て帰った。その説話に一番合致しているのが、最後の可能性だと思ったのです。なぜわざわざ《富者と貧者》を模した彫像が置いてあるのか、その意図を考えると、最後の可能性がもっとも納得できると思ったのです」

僕が説明を終えると、主人は満足げにつぶやいた。

「実にすばらしい。もちろん、私の口から答えは申し上げられないが」

つまり、正解ということらしい。

「さて、では、早速彫像を元どおりにしていただけますかな？」

すぐにでも地下室へ行こうとする主人に、先生はこう言う。

「それは、お勧めしない」

「どういうことです？」

「それが何の解決にもならないからだ。むしろ、亡くなった先代を苦しめることになる」
「しかし、あれはもともと父の遺言で……」
「そのお父上が、ご子息の夢に現れた。その意味は考えなくてはなるまい。お父上は、あの彫像を取り除くことを望んでおられるのではないか？」
「まさか！　そんなことをすれば、この店は安泰ではなくなります。もうすぐ、息子に継がせなければならないというのに！」
「父さん。私ならば大丈夫です。私はおじいさんの『助け』なしに、自分の力でやってみたいのです」
　アッカートがそう言っても、主人はかたくなに首を振る。
「いいや、駄目だ。商売はそんなに甘くない。今のお前の力では、とてもやっていけないだろう。私ももう年だし、いつまでもお前を助けられるとはかぎらん。それに私は、父が私に与えてくれたものをお前に与えてやれないのは、心苦しいのだ」
　先生が口を挟む。
「ご主人。他人が口を出すようなことではないと思うが、一つ言わせてほしい。私はむしろ、あなたがお父上から与えられなかったものを、息子さんに与えるべきだと思う」
「私が父から与えられなかったもの？」
「『信頼』だ」
　その言葉に、主人は固まったように動かなくなった。
「ご主人は、先代から信頼を与えられなかった。そのために、苦しんでこられたのではないですかな？　そして、その苦しみを次の世代にも引き継がせるおつもりか？」
　主人は黙ったまま、眉間にしわを寄せて聞いている。
「さらに、もう一つ言っておこう。私は、移住商人に伝わる言い伝えについて、古い研究書をいくつか調べた。それによると、『週の最後の二日間の損得を同じにしなくてはならない』という説は広く信じられているものの、実際に効果があるかどうかは分からないそうだ。まったく反対のことをして、成功した者も多いという」
「何ですと？」
「また南方のキヴィウスには、あなたたちと同じ移民の末裔が多くいるが、彼らは『週に奇数回得をする』ことを禁忌とせず、むしろ歓迎しているそうだ」
「そんな……」
「タヤロ神の意図については、私も本当のところはよく分からない。ただ、このような『経験に基づく法則』に関しては、それが本当にこの世のあり方を規定しているのか、それともこれまで偶然正しそうに見えているだけなのか、見分けがつかないこともある」

主人は全身の力が抜けたように、ぺたりと座り込んだ。

「もちろん、何らかの法則を信じることで、安心できたりするということはあるだろう。しかしそれにとらわれすぎると、かえって不安を増幅したり、本当に必要なことを見失ったりする危険もある。また、効果があろうとなかろうと、神に虚偽の報告をし続けていることは、明らかにあなた方の魂をむしばんでいるはずだ」

息子が父親を助け起こしながら言った。

「父さん、魔術師様のおっしゃるとおりにしましょう。私なら大丈夫です。信じてください」

主人はようやく、息子にうなずいてみせた。

◇

先生は、主人に言ってすべての雇い人を帰らせた。そして、家じゅうの扉や窓を完全に閉めさせた後で、一人地下室に降りていった。僕は、主人とその息子と三人で、上の部屋で待機するように言われた。先生が戻ってくるまで、けっして地下に降りてはならないという。

まもなく、床の下から地響きのような音が聞こえてきた。僕らは慌てて立ち上がったが、先生の言いつけを思い出して、その場から動かなかった。音はますます大きくなり、振動が床を通して伝わり、とうとう立っていられなくなった。信じられないことに、床は波のようにうねり、僕らは三人とも這いつくばって耐えるしかなかった。何やら地下でたいへんなことが起こっているようだが、先生は大丈夫なのだろうか？　突然、何かが爆発したかのような、ひときわ大きな音が聞こえ、凍りつくような冷気が床からわき上がり、部屋中を満たした。しかしそれはすぐ消え、床の振動も、音も止んだ。先生が戻ってきたのは、その数分後だった。

「すべて終了した。地下へ」

疲れ切ったこちら三人とは対照的に、先生はさっきと変わらない、涼しい顔で言う。みんなで降りていくと、地下室は薄暗いながらも、これまでと違う暖かな空気に満たされていた。そして、並んだ祭壇の左にあった《富者と貧者》は、跡形もなく消えていた。突然、主人と息子が同時に叫んだ。

「父さん！」「おじいさん！」

二人は、彫像があったあたりに駆け寄る。僕には何も見えないが、彼らには先代の姿が見えているのかもしれない。やがて主人はひざまずき、声を上げて泣いた。息子は父親を優しくなだめる。その背中は大きく、頼もしく見えた。

◇

商人の家を出たのは昼下がりだった。僕はまる一日、ここにいたことになる。先生と僕のために扉を開けながら、主人が先生に言う。
「……では、父が誰に彫像の製作を依頼したか、分かり次第アルドゥイン様にご報告すればよろしいのですな？」
「そう願いたい。はっきりと分からなくても、何らかの手がかりが見つかれば、その都度手紙で報告していただきたい。お手数をおかけするが」
「とんでもございません。今回のお礼になるのであれば、手間でも何でもありません。極力早く調べて、お知らせいたします」
家の外に出て、主人と息子は先生に深々と頭を下げる。
「アルドゥイン様、今回は本当に、ありがとうございました。おかげさまで、長年の苦しみから解放されました。これからは息子と二人、世のために働きたいと思います」
先生はうなずく。
「それから、あなたにもお礼を言わなければなりませんな」
主人は僕の方に向き直った。
「あなたには、いろいろと失礼な振る舞いをしたことをお許しいただきたい。あなたはお若くて一見頼りないけれども、お師匠様のいない間、見事に謎を解いてくださいました。お師匠様は、あなたを信頼しているのですね。若い人を信頼することの大切さを、あなたに教わりました」
主人のそばで、息子のアッカートも笑顔を見せている。僕は、なんだかひどく照れくさくなって、なんと返してよいか分からなくなった。主人が僕に尋ねる。
「失礼だが、あなたのお名前をもう一度、お聞かせくださいますかな？」
「僕は、ガレットと言います。ガレット・ロンヌイです」
「『ガレット・ロンヌイ』。そのお名前は、よく覚えておきましょう。お若い魔術師殿に、タヤロ神の祝福のあらんことを！」

第2章

酒宴

「ねえ、ヴィエン。僕ら、学術院の上級会員になってしまって、本当によかったのかな」

キィシュ国の都ファカタの中心部近く、小高い丘の上に建てられた王国学術院本部の廊下を、二人の若い学者が並んで歩く。背が高い方のユフィンがこう尋ねると、相棒の小柄なヴィエンはいつものように眠そうな目をしたまま、とぼけた様子で返事をする。

「さっきから同じことばかり言ってますね、ユフィン」

「だってさ、僕らは一度、自分たちの手で下級会員資格を捨てた身じゃない。あれだけ他の会員たちの前で『もう会員資格は要らない』とか言っておいて、一年足らずでにこにこしながら上級会員の資格をもらうなんて、どうなのかね」

ユフィンはそう言いつつも、とても機嫌がよさそうだ。彼は普段からよくしゃべるが、今日はとくに口数が多い。

彼らはこの日の午前中に、学術院の全会員の前で栄えある上級会員の称号を受けたばかりだ。彼らは数ヶ月前に、第一古代セティ語を認識する「ゼウの塔」と、伝説の「万能装置」である「ソアの塔」に関する二本の論文を発表した。もちろん、ソアの塔の存在そのものを伏せることを条件とし、ティマグ神殿の大神官ザフィーダ師に内密に許可を受けた上でのことだった。二人が神殿にとって最重要の聖地であるソアに行けたのは一度だけで、しかも数時間の調査しか許されなかったため、「万能装置」のしくみの詳細はまだ分かっていない。よって、論文には漠然とした予想のようなものしか書けなかったが、それが新しい学術院長にいたく気に入られ、今回の称号授与につながった。まだ二十代前半で、しかも一度下級会員の資格を失った者が上級会員になるのは、学術院の二百年に及ぶ歴史でも初めてのことだったらしい。
「ユフィンはいろいろ気にしすぎですよ」
「そう？」
「そうですよ。僕は素直に喜んでます。だって、僕らの論文がいつもどおり学者連中に黙殺されかけていたところを、あのファウマン卿が救ってくれたんですから。その上、上級会員にまで推薦してもらって」
「そうだね。しかしあの高名な人物が、学術院長になるなんてね」
「僕は感謝していますよ。だって、学術院の会員章がないと、どこに調査に行っても協力してもらえないんですから。僕なんかは会員資格がない間、自分で偽造してましたよ。ほら」
ヴィエンは懐から小さな金属のバッジを取り出し、ユフィンに見せる。ユフィンはそれを間近で眺め、半ば呆れ、半ば感心したように言う。
「いやあ、ヴィエン。君は本当に、研究のためなら手段を選ばない人だよね」
「体裁よりも実質を重視する、と言ってほしいですね」
やがて彼らは、この建物の中でもひときわ大きく、美しい装飾がなされた扉の前で足を止めた。学術院長室の扉の両側には、二つの旗が飾られている。扉の左手にある紫の旗は、学術院の旗だ。そして右手は、現在の学術院長の家柄を示すファウマン家の旗である。その緋色の布地の中央に、王冠を付けた五人の人物の図像が刺繍されている。どれも正面を向いた直立の全身像で、上の方に三人の男性が横一列に並び、中央には一人の女性、その下には一人の男性が描かれている。ヴィエンがつぶやく。
「あのファウマン家の紋章、何て呼ばれているんでしたっけ」
「『囚われの貴人たち』だね」
「ああ、そうでした。しかしなぜ、『囚われの』なんですか？」
「よく見ると、男も女も、頭や手足を縛られているんだよ」
ヴィエンが旗に近づいて眺めると、確かに五人の人物の頭や手足に細い紐が描かれている。上の三人の男性は、左の者は左手首、中央の者は両足首、右の者は右手首を縛られ、それぞれの紐が下方に伸び、中央の女性の王冠につながっていた。女性の両足は一本の紐で縛られ、その紐は下の男性の王冠につながっているようだ。ユフィンが独り言のように言う。
「『王妃は三人の王によって焼かれ、王は一人の王妃によって焼かれる』」
「何ですか、それ？」
「旗の隅の方にそう書いてあるんだ。古ホーンシュ文字で。どういう意味か分かんないけど」

「不気味な文句ですね。僕はこの旗、いまいち好きではないです。同じ名家でも、テンリウス家の旗の方が好みですね。緑の布地に金糸で大きなダリアの花があしらってあって、とても美しい。そう思いませんか？」
「え？　あ、まあ、そうだね。さて、そろそろ時間だけど、入る？」
　ヴィエンも扉に目をやる。
「そうしましょうか。ところで、ユフィンが全部しゃべってくれるんですよね？　君の方が僕よりも一つ年長だし」
「ヴィエンはしゃべらないの？」
「僕は身分の高い人が苦手なんですよ。第一、愛想よくできる自信がないし。それに、僕よりユフィンの方が上品ですから」
　ユフィンは苦笑する。
「何言ってんだい。本当は、面倒くさいだけなんだろう？」
「それもありますけど、お願いしますよ。今晩酒をおごりますから」
「それならいいよ。今晩行くなら、『運河亭』がいいな」
「あそこはいい店ですけど、高いでしょう？　勘弁してくださいよ」
「そうか。じゃあ、別の店でもいいよ」
　ユフィンはヴィエンに笑って見せた後、一度深呼吸をし、扉を叩いた。そして中からの声に促されるまま、部屋の中へ入った。深紅の絨毯が隅々まで敷き詰められた空間。大きな紫檀のテーブルの奥に座っている人物こそ、高名な政治家で、強大な隣国ホーンシュとの外交を務めてきたファウマン卿である。年齢はすでに老境に達しているが、縁なし帽に包まれた大きな丸い頭と広い額からは、衰えを知らない若々しい知性がにじみでている。見開かれた大きな目はめったに瞬きをすることなく、映るものすべてを捕らえて逃がさないかのようだ。彼はユフィンとヴィエンに、近くに寄るよう手招きした。ユフィンとヴィエンは歩をそろえて前に進み、胸に手を当て挨拶をした。ユフィンが、二人を代表して感謝の言葉を述べる。
「閣下には、このたび私ユフィン・クースと、このヴィエン・キリマに対し格別のお計らいを賜り……」
　ファウマン卿はユフィンの挨拶をにこやかにさえぎる。
「いやいや、君たち、堅苦しい挨拶は要らんよ。何せ、今回のことで一番喜んでいるのは、私なのだからね」
　その言葉に、二人は再び恭しく頭を下げた。ファウマン卿は二人に、紫檀のテーブルの手前の長椅子に掛けるよう勧める。ビロードの張られた長椅子はやけに柔らかい。長椅子の右手のすぐそば、一歩も離れていないところに本棚がある。その中の、まだ数の少ない本の背表紙に、ユフィンはさっと目を走らせる。本棚を見ると、彼はつい反射的にそうしてしまうのだ。ファウマン卿が口を開く。

「私は君たちの二編の論文を目にして、たいへん感銘を受けたのだ。すばらしい論文だが、学者たちの間ではあまり注目されていなかったようだね」

「ええ、そのとおりです」

「しかし、私が君たちの論文に支持を表明したことで、学者たちも、君たちが発見した『塔』に注目し始めたようだ。これまでの『装置派』と『規則派』の古い枠組みから脱却して、『塔』の研究を開始した者たちも出てきたと聞く。学者たちが生活していくためには、彼らが競って取り組める『明確な問題』がなくてはならないし、そのような問題が生じるには、新しくて強固な『共通の土壌』が必要だ。それを君たちはもたらした。君たちが作った土壌の上で、多くの学者たちが『問題』を育てて、研究してゆけるのだ。つまり……」

ファウマン卿は少し間をおいて、二人の若者を交互に見つめる。

「つまり、君たちがこれからの学者たちを『食わせていく』と言っても過言ではない。これは実に誇らしいことだね」

そう言って、ファウマン卿は笑みを浮かべた。高貴な人物にもかかわらず、彼の笑顔はまるで無垢な子供のようだ。しかしユフィンは、ファウマン卿の言葉にわずかながら違和感を感じたため、どのような顔をすればよいのか分からなかった。隣のヴィエンは無表情だが、ユフィンの微かな動揺を気配で感じ取っていた。ファウマン卿は続ける。

「ところで、今日この部屋に君たちを呼んだのは、お祝いを言う以外に、もう一つ理由がある。私の頼みを聞いてほしいのだ」

「それは、どのような？」

「君たちに、ある『装置』を設計してほしい。端的に言うと、『塔』を使って、ある問題が解けることを証明してほしいのだ」

ファウマン卿は机の上に、彼らが書いた二編の論文を取り出す。

「君たちの論文によると、『塔』は古代ルル語や古代クフ語のような特殊な言語を認識する装置の一種だそうだね。それは、この建物にもある『昇降設備』に似た装置で、文字列の『入力』を受け付ける、と」

「塔」は縦に長い柱状の建造物で、縦に並ぶ丸い扉と、その内部の空洞を上下に動く「小部屋」とを持つ装置だ。塔に文字列を入力すると、その文字列は塔の各階の「扉の色」として表現される。例えば古代ルル語の○は白い扉、●は黒い扉として表現される。

塔の内部を動く「小部屋」はいくつかの「状態」をとることができる。小部屋がどの状態にあり、かつ目の前にある「文字」——正確には塔に付けられた「扉」のことだが——それが何色であるかによって、小部屋の次の動作が決まる。つまり、小部屋の状態と、目の前の扉の色との組み合わせにより、その扉の色を何色にするかということと、小部屋が上下のどちらに動くかということ、そして、次にどの状態に入るかということの三つが決まるのだ。

「そして、小部屋が『最終状態』に入って停止すれば、『塔』の動作は適切に終了したと見なされるんだったね。その場合、塔に入力された文字列は『受け入れられた』と見なされる。君たちは論文中に、いくつかの古代語を認識する『塔』の設計図を示しているが……たとえば、これだ」

ファウマン卿は、論文の中の設計図を指し示す。それは、「第四十七古代ルル語」、つまり、最後が○●で終わる文字列をすべて、そしてそれらのみを「文」とする言語を認識する塔だった。

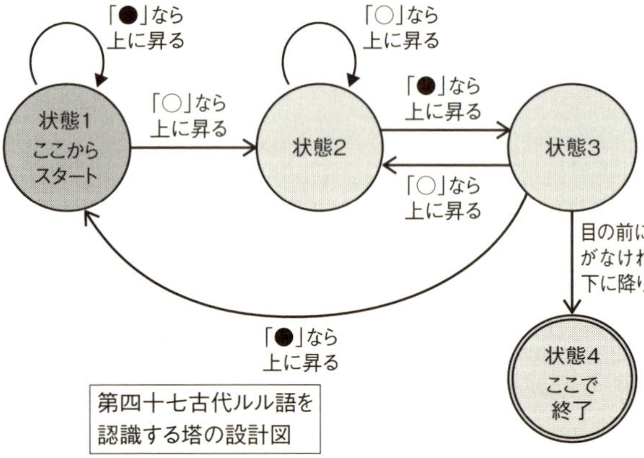

第四十七古代ルル語を
認識する塔の設計図

この塔に○●で終わる文字列——たとえば○○●○●を入力すると、塔は次のように動作して、正常に終了する。つまり、この文字列を第四十七古代ルル語の文として認識し、「受け入れる」のだ。

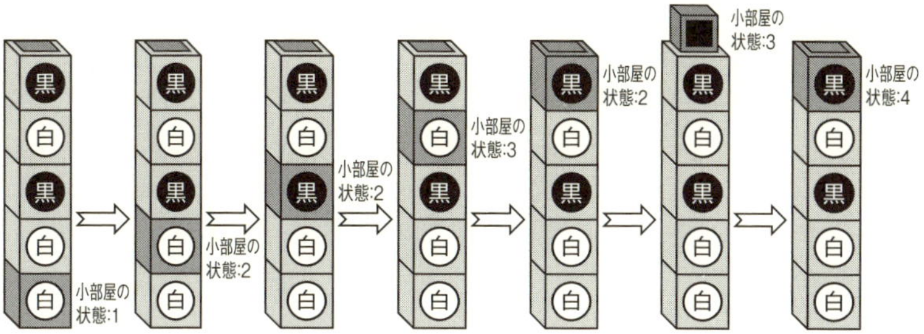

「これを見て、私はたいへん興味深く感じた。この装置は、『入力された文字列が第四十七古代ルル語の文であるか否か』という問題を解いていると言ってもいいと思うが、どうかね？」
「ええ、そのとおりです」
「さらに私は、次のように言うことができるとも思う。この塔は、『文字列の最後に○●が含まれているか否か』という問題を解いている、と」
　二人は同意する。しかし同時に、それは単にさっきの問題を別の言葉で言い換えただけではないか、とも思う。ファウマン卿は二人の考えを察したように、説明を続ける。
「もちろん、これは単に問題の述べ方を変えただけにすぎない。だが、私は思うのだ。この世の中には、一見すると言語の認識の問題ではないが、言語の認識の問題として言い換えられる問題が多く存在するのではないか、と。そして、そのような問題もまた、『塔』のような装置で解決できるのではないかということだ」
「どういうことでしょう？」
「少し長くなるが、私がなぜこのような考えに至ったか、聞いてほしい。実は、私はホーンシュ国での業務の一環として、数百年前に我が国からホーンシュ国に流出した文書を探し集めていた。マガセア文書やメルク文書については、君たちも聞いたことがあるだろう」
「ええ。大部分が失われたと聞いています」
「その多くは国外に持ち出されており、ホーンシュ国にはかなりの文書がよい状態で残っていた。しかし、収集作業はたいへんだった。数百年の間に、偽の文書が数多く出回っていたからね。本物と偽物を区別する作業には多くの人手が必要だったが、ほとんどの者は我が国の古文書についての知識を持たない。また、困ったことに、彼らを教育するための時間も資金もなかった。

そのような中、私は次のような手段を講じた。作業者たちに、偽物に多く見られる『表面的な特徴』を探し出すように指示したのだ。たとえば、偽の文書には、本物の文書が作られた当時には存在せず、ずっと後の時代になって現れた単語や言い回しが特徴的に現れる。そのような表現を集めた一覧表を作り、それらが文書中にあるかないかを判定させたのだ。つまり、古文書の意味するところが分からなくても、偽の文書をある程度検出できるようにした」

ユフィンが言う。

「閣下がおっしゃりたいのは、その作業と、『塔』による第四十七古代ルル語の認識が似ているということですね。どちらも、文字列の中から特定の部分を見つけだすという問題ですから」

「そのとおりだ。それがまさに、私が言いたかったことだ。文書の中からある語句を見つけるという作業は、一見すると、『特定の言語を認識する』ということとは無関係に思える。しかし実は、言語を認識する『塔』によって、できる作業なのではないか、と」

ユフィンとヴィエンはやや衝撃を受けていた。ファウマン卿の示している「新しい見方」は、実にささいなものかもしれない。しかしそれは、彼らが思ってもみなかった方向に、「塔」の可能性を広げて行くように思われた。

「もう少し、古文書の話を続けさせてくれたまえ。古文書を収集する作業がひととおり終わると、次はそれらを系統づける作業に入った。その第一歩は、内容がまったく同じ文書どうしをまとめることだった」

「写本の系統を明らかにするための作業ですね」

「そうだ。同じ文書をまとめて、その紙の質、書体の特徴などから年代を特定し、可能ならばどれがどれの写本であるかを推測するのだ」

「それは私にも少し経験がありますが、たいへんな作業であると記憶しています。そもそも、内容が同じ文書を見極めるのが非常に骨の折れる作業であったかと」

「そうなのだ。実際、我々も苦労した。しかしやがて、これについても古代文字や古文書の知識は要らない作業だということが分かった。二つの文書を最初から一字ずつ順番に比べていき、すべてが同じかどうかを見極めればよいのだからね。時間はかかったが、知識がなくても注意深い者を集めればこなせる作業だった。そこで私は思った。この作業も、『塔』によって行えるものではないかと」

ファウマン卿は二人に目を向ける。

「そこで、君たちに設計してみてほしいのだ。二つの文字列が与えられたときに、それらが完全に同じか、そうでないかという問題を解く『塔』を。どうだろう。そのような装置は、作れるだろうか？」

ユフィンはヴィエンの方をちらりと見る。装置の設計は、ヴィエンの担当だからだ。彼に返事をさせようと思い、肘で彼の肩のあたりをつつく。ヴィエンは横目でユフィンを見て、面倒くさそうに口を開き、愛想のない声で短く返事した。

「作れると思います」

「おお、そうか！　ではぜひ、設計図を描いてきてくれないだろうか？」

「二つほど質問があります」

ヴィエンは間髪入れずに続ける。

「まずは、入力となる文字列についてです。我々が研究してきた『塔』は、○と●という二つの文字からなる文字列のみを入力としてきました。しかし、閣下のおっしゃる『塔』には、より多くの種類の文字が入力されることが前提になっているように思えます。私の考えでは、○と●からなる文字列についてそのような装置を作ることができれば、より多くの種類の文字からなる文字列についても対応できるよう、拡張することが可能だと思います。まずは、○と●からなる文字列のみについて、考えてもよろしいでしょうか」

「もちろん、かまわんよ。ちょうど私も、そのようなものを期待していたからね。そして、もう一つの質問は？」

「そのような装置を設計する目的は何でしょうか」

ヴィエンの早口の質問に、ファウマン卿は一瞬驚いたような顔をしたが、やがて笑顔に戻って言った。

「そうだな、依頼するからには、当然目的は話さなければなるまい。実は近いうちに、学術院で新たな研究会を組織しようと思っているのだ。君たちの『塔』を、これまでのような『言語の認識装置』としてではなく、より広い問題を解決する装置として考察することが主旨だ。もちろん、君たちにはその会の中心になってもらうつもりだよ。その手始めとして、『二つの文字列の同一性を判定する装置』を君たちに設計してもらい、発表してほしい。そういうことだから、よろしく頼むよ」

◇

その夜、二人はファカタ中心部のカナース地区に出かけた。昼間、「運河亭」は高いからいやだと言っていたにもかかわらず、なぜかヴィエンはユフィンを「運河亭」に誘った。「運河亭」は、このあたりでもっとも大きな酒場で、二人が店に入ったときはまだ客はまばらだった。テーブルに落ち着くと、二人は昼間のことについて話し始めた。
「でさ、どう思う？」
「そうですねえ」
「本当なら、僕らなんかが直接話すことなんてできないくらい、偉い人なんだよね？」
「それはそうです。あの人がホーンシュ国との関係を長年うまく取り持ってくれたおかげで、我がキィシュ国は長年平和でいられたっていうぐらいだし。実際、頭のよい人物には間違いないですね。『塔』のような装置が言語を認識すること以外にも使えるのではないかという洞察には、かなり感銘を受けました」
「僕もだよ。しかしなあ、何かひっかかるんだよなあ」
ヴィエンはコップに満たされた酒を飲み干して言う。
「僕は知ってますよ。ユフィンが最初に違和感を感じたのは、ファウマン卿が『君たちがこれからの学者たちを食わせていく』とか何とか言ったときでしょ？」
「そうだよ！　何で分かったの？」
「なんとなくですよ。僕も、まずそこで引っかかりましたし」
「なんか、僕らは全然そういうつもりじゃなかったからね」
「僕も同じです。ファウマン卿の言う『みんなで取り組める明確な問題がなければならない』ということも分かるし、そのために『共通の枠組みがなければならない』というのも分かるんですよ。分野の発展のためには、少なからず必要なことなんだとも思うんですけど……でも、ねえ」
「僕らはこれまで、まさにそういう『枠組み』の中の『明確な問題』のせいで、嫌な思いをしてきたからね」
「『装置対規則』という『枠組み』の中の、『第何古代クフ語は、装置と規則のどちらによってより適切に記述されるか』っていう『明確な問題』ですね」
ヴィエンはそう言って、またコップに酒を注ぐ。この国の南方、カゴン地方で作られている強い酒だ。そんな酒をたらふく飲んでもヴィエンはほとんど酔わない。
「僕らの研究はあれよりはましだと思いますけど、ああいう言い方をされると、あまりよい気はしないですよね。だって僕らは、まさに飯の種を完全に失う覚悟までして、古い『枠組み』に別れを告げたわけじゃないですか。そこまでして作り上げたものが、学術院の連中の飯の種になるのかと思うと……

まあ、別にいいんですけど」
「いや、ヴィエンの気持ちはよく分かるよ。しかも、連中は僕らの研究に納得したわけではなくて、ファウマン卿が推薦したから信じ始めたんだよね。本当に、気にくわないよ」
　ユフィンはため息をつく。
「でも、他人のことをいろいろ言っても仕方がない。とりあえずは僕ら自身が、今までの方針を絶対に変えないことが重要だね。僕らが、あのガレット君の『論証』以来守っている方針をね」
「『自分の頭で判断し、権威に屈しない』、ですね」
　広大な店内も徐々に客で埋まり始め、にぎやかになってきている。
「ところでヴィエン、ファウマン卿に頼まれた『装置』は、本当に設計できるの？」
「え？　ああ、たぶん」
「たぶん？　君さ、さっき自信満々で『できる』って言わなかった？　僕はもう、君の頭の中に設計図ができていると思っていたよ」
「大丈夫ですよ」
「本当？　だって、今回の『塔』は、今までと違うんだよ？　第一に、文字列を二つ入力しないといけないんだよ？　どうするの？」
「そんなの、そのまま二つ入力すればいいことです。なんなら、間を区切りますか？　一文字分空けるか、区切りの文字を入れるかして。ははは」
　ヴィエンは笑うが、本気で言っているのか、実は酔っているのか、ユフィンには区別がつかない。
「まあ、二つの文字列を一列に並べて、立て棒『｜』で間を区切るとしましょう。『塔』は文字列を下から上に並べますけど、見づらいから、とりあえず、横並びで考えていいですよね。こんな感じです」

○●○｜○●○

●○●●｜●○●●

「ええと、こういう入力があった場合、塔がどうやって、左右の文字列が同じと判断するか、という問題だよね。うーん。まず、人間がその作業をする場合、どうするだろうね？」
「まあ、短い文字列どうしなら、ぱっと見ただけで分かりますよね。でも、長くなると見ただけでは分からなくなりますね。たとえばこれとこれ、どうです？」

●○○○●○●●●○●○●●○● | ●○○○●○●●●○●○●●○●

○●●●○●○●●●○●○○● | ○●●●○●○●●○●○○●

「あー、上の方も下の方も、区切りの左右が同じように見えるけど、自信はないな」
「正解は、上の方は『左右とも同じ文字列』、下の方は『違う文字列』です。下の方は、長さも違うんですよ。このとき確実な手は、一文字ずつ見ていくことですよね」
「そうだね。まずは区切りの左側の文字列の一番目の文字を見て、右側の文字列の一番目と同じかどうか判定する。それが終わったら、次は二番目どうしを見る。三番目どうし、四番目どうし、……と繰り返して、最後まで同じなら『同じ文字列』と言えるよね」

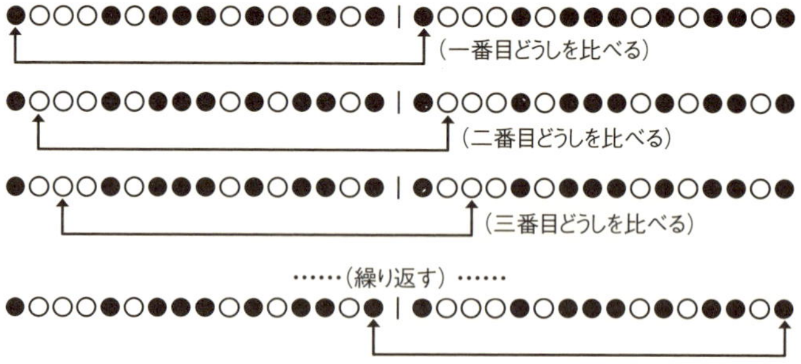

「まずは、こういう動きをどうやって、『塔』にさせるか、です」
「で、具体的な考えはあるの？　簡単そうに見えるけど、『塔』でこれをやるとすると、単純にはいかないよね？」
「そうですね。『塔』の中を動く『小部屋』の状態をいくつか決めることで、これを実現しないといけないですね」
「しかも、小部屋の状態が同じときには、同じ文字に対して、同じ動作をするっていう約束があるからねえ。つまり、小部屋の状態と文字の組み合わせが同じ場合は、変更後の文字、次の状態、動く方向も同じにする必要があるね。僕にはいまいちいい考えがわかないけど、ヴィエンはどうなの？」
「まあまあ、焦らずに。もうそろそろ分かりますよ」
　ヴィエンの意味不明な返答にユフィンが首をかしげていると、店の奥の方から罵声と歓声が混じったような騒がしい音が聞こえてきた。見ると、何やら人が大勢集まっている。

「お、始まったようです。行きましょう」
「え、何が？」
ヴィエンはコップに残った酒を飲み干して、素早く人だかりの方へ移動する。ユフィンは慌ててヴィエンの後を追った。

◇

二人が群衆の中に入り込み、人々の間からのぞき込むと、正面に二つの長テーブルが横に並べてあるのが目に入った。どちらのテーブルにも酒の入ったコップが一列に並べられていて、それぞれのコップの前に薄い板の札（ふだ）が置かれている。向かって左側のテーブルの向こう側には、目隠しをした男が一人立っている。向かって右側のテーブルの奥には、目隠しをした男が二人いる。ユフィンがヴィエンに尋ねる。

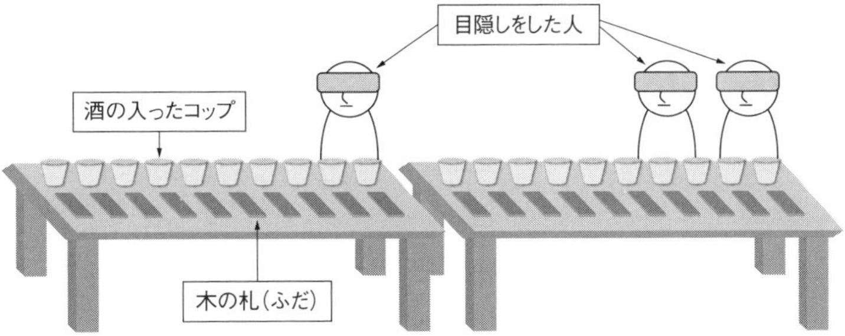

「これ、何なの？」
「『利き酒大会』ですよ」
「利き酒大会？」
「見ていれば分かります」
テーブルの手前にいる給仕が大声で言う。
「さて、最初の挑戦者の方々です。いいですか？　観衆のみなさんは、くれぐれも、三人に余計なことを言わないように！　誰かが手がかりになるようなことを言ったりしたら、その時点で彼らは失格ですからね！　そんなことをして、後でひどい目に遭わされても、当店は責任を持ちませんよ！」
観衆から、同意の拍手が起こる。
「では、挑戦者のみなさん、始めてください！」
観衆が、向かって右側のテーブルに注目する。目隠し男の一人が、手探りで右端のコップをつかみ、一気に飲み干す。コップは給仕によって元の場所に置かれる。男は腕組みをしてしばらく何か考えているようだったが、給仕にせかされる。
「さあ、『第一列の判定役』のお兄さん。早く隣の『伝言役』に、分かったことを伝えてください」
「もう少し時間をくれよ！　もうすぐ分かりそうなんだ」
「だめです」
「しょうがねえなあ」
男は、隣にいるもう一人の目隠し男の耳元に何やらささやいた。隣の男はうなずき、テーブルづたいにゆっくり、慎重に歩きながら、左のテーブルへ向かっていく。彼は、左のテーブルのそばに立っている男を手で探り当てると、何やら耳打ちする。耳打ちされた男は手探りで、左のテーブルから右端のコップを取り、一気に飲む。給仕が男をせかす。
「さあ、『第二列の判定役』のお兄さん、いかがですか！？」
男はしばらく沈黙した後コップを置き、しばらく考えて言った。
「うーん……あっちのテーブルと同じ酒……だと思う」
その宣言の後、給仕は置かれたコップの前にある木の札を裏返した。札にはこう書いてある。
「キー島産、ネセン酒、七年もの」
観衆が静まりかえる中、給仕は右のテーブルの方へ戻り、空になった右端のコップの前に置かれた札を裏返す。そこにも、「キー島産、ネセン酒、七年もの」と書いてあった。
「おおー！」
観衆から歓声が上がった。要するに、右のテーブルの目隠し男が飲んだ酒と、左のテーブルの目隠し男が飲んだ酒が同じかどうかを当てるようだ。二人の間を行き来するもう一人の目隠し男は、伝言役というわけだ。

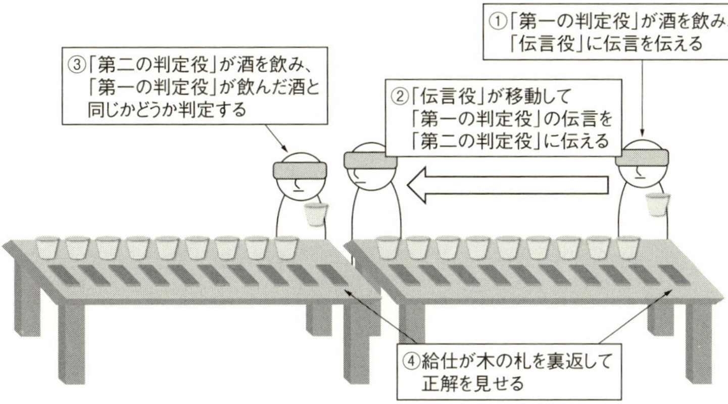

「これ、難しそうだね。一人で酒を飲み比べるんじゃなくて、他人が飲んだ酒と、自分が飲んだ酒が同じかどうか当てるんだから。全員目隠ししているのは、色で酒の種類が分からないようにするためかな？」
「たぶん、そうでしょうね」
「でもこれ、ヴィエンが出れば楽勝だよね。君はどんな酒でも銘柄を言い当てられるだろう？」
「どんな酒でもってわけではないですよ。でも、この店に置いてあるものぐらいだったら分かります」
「ほら、やっぱり。でも、三人一組なんだよなあ。ヴィエンが二人いればいいのに。そうしたら、僕が伝言役をするのになあ」
　その時、ユフィンの隣にいた見物客が口を挟んだ。
「お兄さんたち、ずいぶん自信があるみたいですね」
「ははは。僕は酒の味はあまり分からないんですが、ここにいる僕の相棒はすごいですから」
「そうですか。しかし、ここからが問題ですよ。次は、左右のテーブルの右から二番目の酒が同じかどうか当てるんですが、どちらの『判定役』も目隠しをしたまま、他のコップに触らずに、目当てのコップを手に取らないといけないんです。だいたいみんな、それで失敗します。ほら、あの人も、さっそく迷ってますよ」
　彼が指さす方向を見ると、右のテーブルの目隠し男——つまり「第一列の判定役」は、まるで犬のように顔をテーブルに近づけている。おそらく匂いを手がかりに、次のコップの位置を探っているのだろう。彼はかろうじて、右から二番目のコップを手に取った。それだけで、客から拍手が上がる。そして先ほどと同じように、第一列の判定役から耳打ちされた伝言役の男が、左のテーブルの「第二列の判定役」の方へ向かう。
「ねえヴィエン、あれ、何を伝えているんだろうね。銘柄まで予想しているのかな」
「まあ、銘柄が分からなければ、味とか香りとかを漠然と伝えるしかないでしょうね」
　第二列の判定役は、伝言を受けると渋い顔をした。おそらく、あまりよい情報が得られなかったのだろう。そして彼も、右から二番目のコップを探すのにかなり苦労した。なんとか正しいコップを手に取ると、すぐに口に含む。
「……たぶん、違う酒だと思うんだが」
　これも正解だった。観衆は沸いたが、挑戦者たちが順調だったのはここまでだった。右のテーブルで第一列の判定役が次のコップ――右から三番目のコップの位置を探っていたのだが、実際に彼が手を触れたのは右から四番目のコップだったのだ。ここで彼らは失格となった。隣の客がユフィンに言う。
「きっと酔いが回ったんでしょうね。嗅覚も怪しくなるだろうし、手元も狂いやすくなる」
「なるほど。これは難しそうですね」
「コップは二つのテーブルに十ずつ置いてあって、すべて正解したら、15万ガナの賞金が出るらしいですよ。まあ、そこまで行かなくても、一番多く正解を出した三人組は、正解一つにつき1万ガナもらえるそうです」
「へえ。それなら、かなり難しくしないと、店としても割に合わないでしょうね」
　次に挑戦した三人組は最初の酒で間違い、その次の三人組は右から二つ目のコップを手に取るところで失敗した。しかし、その次に現れた三人組は、観衆の目を引いた。身なりから判断するに、かなり金持ちのようだ。とくに、左のテーブルの判定役は色白で太り気味の男で、きらびやかな服を着て、宝石で飾りたてた剣を腰にさしていた。
「ねえヴィエン、あの人たちはずいぶん金持ちそうだけど、何者なのかな？」
　ヴィエンのかわりに、隣の男が答える。
「左側の、ちょっとでっぷりした『第二列の判定役』は、シェッヅマール侯の息子、カルルカンですよ。あとの二人は彼の子分です」
　ヴィエンが驚く。
「へえ、あれが！」

「ヴィエン、知ってるの？」
「ええ。シェッヅマール侯は、僕の故郷のカゴン地方の大領主ですからね。とんでもないドラ息子がいて、財産を食いつぶしているっていう噂です。普段はキヴィウス近郊の城に住んでいるはずですが、こんなところまで遊びに来ているとは」
　カルルカンら三人組は、右から一番目、二番目、そして三番目の酒に、順調に正解を出していく。ずいぶん酒を飲み慣れているのだろう。しかし、驚くべきは、彼らの速さだ。第一列の判定役も、第二列の判定役も、コップを手に取るのが速く、しかも間違わない。
「あれ、目隠しに穴が空いているんじゃないの？」
「どうでしょうね。ここからはよく見えないけど」
　隣の男が言う。
「どうやら細工をしているようですよ。袖の下に何か小さい入れ物を隠し持っていて、酒を飲み終わるたびにその中身をこっそりコップの中にたらしているようです。たぶん、香草で香りをつけた水かなんかでしょう」
「本当ですか？」
　ユフィンとヴィエンは、カルルカンともう一人の判定役の手元を凝視する。ユフィンにはよく見えなかったが、ヴィエンには分かったようだ。
「本当だ、何か入れている。あれなら、飲み終わったコップとそうでないコップの境目が、それなりにはっきりするでしょうね」
「でもそういうこと、やっていいの？　見つかったらどうなるんだろうね」
　ユフィンの懸念にもかかわらず、結局彼らの「細工」は他の観衆には気づかれなかった。給仕は気づいているのかもしれないが、何も言わない。そして彼らは右から九番目のコップまで正解し、とうとう残すコップは一つとなった。最後のコップの中身を、右のテーブルの目隠し男が口に含む。手元はまだしっかりしているが、顔はずいぶん赤く、さすがに酔いが回ってきているようだ。彼から耳打ちされた伝言役が、左のテーブルで待っているカルルカンの方へ行く。伝言を受け、赤ら顔のカルルカンは最後のコップをつかみ、高らかに上げて飲み干した。そして自信ありげに宣言する。
「うん……分かったぞ。向こうのテーブルとは違う酒だ！」
　給仕が、カルルカンの置いたコップの前にある板の札を裏返す。「キリマ産　黒キリマ酒　三年もの」とある。観衆はみな息を飲み、給仕が右のテーブルへ行き、もう一つの答えの札を裏返すのを見守った。そこに書かれていたのは、「キリマ産　黒キリマ酒　三年もの」。つまり同じ酒だったのだ。

観衆から失望の声が上がる中、カルルカンは目隠しをはずし、もう一人の判定役に食ってかかった。
「おい！　何が『甘い口当たり、微かな柑橘の風味』だよ！　ふざけるな！」
もう一人の判定役も目隠しをはずしたが、その目には恐怖の色があった。
「す、すみません、カルルカン様！　しかし、いや、でも……黒キリマ酒はそういう味では……？」
「何だと！　お前は俺の舌がおかしいって言いたいのか！？」
カルルカンは彼に掴みかかろうとしたが、伝言役の男と給仕が仲裁に入って引き離された。カルルカンはしばらく怒りがおさまらないようだったが、子分たちと給仕になだめられて、ようやく椅子に腰掛けた。「今まで九回も正解した人はいませんよ」とか、「たぶん賞金はもらえますから」などと言われて、少し機嫌が直ったらしい。給仕は次の挑戦者を募るが、彼らの後では賞金がもらえないと見たのか、誰も名乗りを上げない。
「誰も挑戦しないね。もう終わりかな？」
「そのようですね」
そのとき、隣の男が二人に言った。
「あの、お兄さん方。よかったら私と組みませんか？」
「え？」
「そっちの小さいお兄さんは、自信があるんでしょう？　私もそれなりに味覚には自信があるのですが、一人では出られないので」
ヴィエンは改めて、男をよく見てみた。落ち着いた雰囲気だが、年齢は自分たちと同じくらいか、やや若いように見える。ユフィンが言う。
「ええと、どうする？　僕は『伝言役』、やってもいいけど」
ヴィエンは男を観察し続ける。旅行者風の、たっぷりした服を着ているが、それでも体軸の強さは見て取れた。無骨さのまったく感じられない優しげな顔をしているが、その手に目をやると、荒っぽいことにもかなり慣れていることが分かる。
（何者なのだろう？　でも、面白そうだ）
ヴィエンは男にうなずいて見せた。
「やりましょう。僕はヴィエン、そしてこの背の高い相棒はユフィンと言います」
「どうも、私はイシュラヌと言います。よろしく」
イシュラヌが給仕に向かって挑戦の名乗りを上げると、観衆から驚きの声が上がった。「本気か、兄ちゃんたち！」「やめとけ、もう賞金はもらえねえぞ！」という野次も飛ぶ。イシュラヌがヴィエンに言う。
「私が右のテーブルで『第一列の判定役』をします。ヴィエンさんは左のテーブルで、最終的な判定をお願いします」
「分かりました」
三人は給仕に促されるままテーブルの向こう側へ回り込み、目隠しを手渡された。目隠しをすると、ヴィエンは急に世界から遮断されたような心地がした。しかし逆に感覚は鋭くなり、給仕が新しい酒のコップと木の札を並べている様子が手に取るように分かる。
給仕が開始の合図をする。向こうのテーブルで、イシュラヌが酒を飲んでいる気配がした。そしてユフィンの足音が近づいてくる。テーブルに沿って移動しているようだが、目隠しのせいか少し足元がおぼつかない。二つのテーブルの境目あたりでユフィンがこちらに手を伸ばしたのが分かったので、ヴィエンはその手をとってやった。ユフィンは安堵した様子でヴィエンに近づくと、小声で伝言をささやいた。それを聞いたヴィエンは、一瞬耳を疑った。
「クム川のトリカ酒、四年もの」
「え？」
思わず聞き返したヴィエンに、ユフィンは小声で答える。
「彼が言ったまんまだよ。僕もびっくりしたんだけど、『間違いないから』って。すごい自信だよ」
ヴィエンは半信半疑だった。しかし、自分が答えを出せばはっきりするだろう。彼は何も見えないまま迷わず端のコップに手を伸ばし、中身を飲み干した。
（なんてことだ。もし、本当なら……）
「さあ、答えて下さい！」
給仕に促されて、ヴィエンは言った。
「あっちのテーブルと同じ酒。クム川産のトリカ酒、四年もの」
ヴィエンが銘柄と年代まで答えたので、観衆はざわついた。しかし給仕が答えの札をひっくり返すと、それは驚愕の声に変わった。ヴィエンの言ったままが書いてあったのだ。しかもそれだけでなく、イシュラヌの飲んだ酒も、まったく同じものだった。銘柄と年代まで当てての正解に、観衆はどよめいた。しかし、一番驚いているのはヴィエンだった。
（なんて奴だ）
次の伝言も、次の次の伝言も、銘柄と年代をぴたりと当ててきた。ヴィエンはそのたびに驚いたが、観衆はもっと驚いていた。何しろヴィエンは、二つのテーブルの酒が同じかどうかを当てるだけではなく、毎回銘柄と年代まで当てるのだ。四番目の酒は、イシュラヌの飲んだ方が「ヒーズ産　カイ・ドニ酒　十年もの」で、ヴィエンの方は「サウ産　コチィ酒　十三年もの」だった。彼らが正解を出すたびに、観衆の興奮度は上がっていく。

さらに観衆を驚かせたのは、イシュラヌとヴィエンの二人がコップを手に取る速さだった。二人とも、まるで見えているかのように、迷わず正しいコップを手に取る。他の挑戦者たちがしたように、コップに無様に顔を近づけることもない。あまりに速いので、一度カルルカンが、何か細工しているんじゃないか、目隠しと袖の下を調べろと、いちゃもんをつけたほどだった。給仕は二人を調べたが、細工の証拠は出なかった。ヴィエンは思う。

（俺は小細工などしなくても、目隠しをしたままで目当ての物に触れることができる。そういう修行を積んできたからな。それに、空のコップと中身の入ったコップの違いぐらいは、匂いでも分かる。しかし、あいつはどうやっているのか……？）

とうとう、残るコップは最後の一つとなった。全問正解への期待に、観衆も盛り上がる。ユフィンの足音が近づき、最後の伝言がヴィエンに伝えられた。

「タミリ産のモリゾー酒。八年もの、だってさ」

ヴィエンはユフィンにうなずいて見せた。もう完全に、イシュラヌの判定は正しいという確信があった。最後のコップをつかみ、一息に飲む。観衆は物音一つたてない。空気が張りつめる中、ヴィエンが給仕に向かって口を開く。

「答える前に聞きたいんですが」

「何でしょう？」

「この『競技』では、銘柄が同じで、年代が違う酒は『同じ酒』と見なすのですか？　それとも『違う酒』？」

ヴィエンの質問に、給仕が青ざめたのを、観衆は見逃さなかった。給仕がぼそぼそと答える。

「ええと……違う酒です」

「分かりました。では、答えは『違う酒』です。僕が飲んだのは『タミリ産、モリゾー酒の七年もの』、向こうのテーブルで彼が飲んだのは『八年もの』です」

給仕が札を裏返す。ヴィエンが言ったとおり、ヴィエンの方の酒は「タミリ産　モリゾー酒　七年もの」、イシュラヌの方は「タミリ産　モリゾー酒　八年もの」だった。

「うおおー！」

「運河亭」の店内いっぱいに、歓声と拍手が響きわたった。喝采の中、三人は目隠しをはずし、互いに健闘を称え合った。
「すごい！　すごいよ二人とも！」
　ユフィンはとても興奮している。イシュラヌがヴィエンに手を差し出す。
「ヴィエンさん、あなた、ただ者じゃないですね」
　ヴィエンはその手を握り返した。
「何言ってるんですか、そちらこそ」
　そう言いながら、ヴィエンは目の端で、カルルカンとその子分たちが憮然として店を出て行くのをとらえていた。弱り顔の店主が、15 万ガナの賞金を彼らに渡す。彼らは話し合い、結局一人 1 万ガナずつもらうことにして、残りの 12 万ガナで観衆全員に酒をおごることにした。それを聞くと、店主も給仕も観衆も大喜びで、みなが三人を称えた。

◇

　イシュラヌと別れて席に戻っても、ユフィンは興奮状態だった。
「いやー、僕も賞金もらっちゃってよかったのかなあ。僕はただ、二人の間を行ったり来たりしていただけだけど」
「いいに決まっているじゃないですか。それに、僕とイシュラヌ氏はいい酒をたらふく飲めたし。君は飲んでないですから」
「ははは、それなら遠慮なく」
「今日ここに来たのは、ユフィンに『利き酒大会』を見せたかったからですよ。ファウマン卿の問題を解く『塔』について、説明する手間が省けると思って」
「え？　それ、どういうこと？」
　戸惑うユフィンにヴィエンが説明する。
「さっき問題になったのは、どうやって『塔』が、二つの文字列の一番目どうし、二番目どうし、三番目どうし、……を比べていくか、ということでしたよね。さっき僕らがやったようにやればいいんですよ」
「『僕らがやったようにやればいい』というのは？」
「僕らの動きを、『塔』の『小部屋』の動きと考えるんです。
　まず、イシュラヌ氏。彼は、自分の前にある酒を飲んで、ユフィンに交代します。ユフィンは僕のテーブルの方へ進む。そのとき、君はたくさんの酒の前を通るけれど、取って飲んだりはしませんよね。ただ、二つのテーブルの境目を探して歩く。そして、二つのテーブルの境目まで来ると、僕に交代する。僕は目の前の酒を飲みます。
　つまり、第一列の判定役であるイシュラヌ氏、伝言役のユフィン、そして第二列の判定役の僕は、それぞれ、『小部屋』の異なる『状態』だっていうことですよ。第一列の判定役は一方の文字列を、第二列の判定役はもう一方の文字列を見る役。そして伝言役は、その二人をつなぐ役です。『酒の並び』を○と●からなる文字列に置き換えて、『テーブルの境目』を『｜』で置き換えると、さっきの状況は次のように表せます。もちろん、さっきはいろんな種類の酒があったから、その点は実際と違いますけど」

○●●○○●○○●●｜○●●○○●○○●●

「なるほど。それで？」

「まずは、第一列の判定役から始まります。彼は目の前の文字を、○でも●でもない別の記号に変えます。これはさっき、イシュラヌ氏が目の前の酒を飲み干してコップを空にしたのと同じと見てもいいし、その前の奴らがコップに香水を入れたのと同じと見てもいい。とにかく、『すでに見た』とか『判定済み』とかいうことを表す記号に変えるんです。とりあえず、それを『×』で表しますね。つまり、第一列の判定役は、目の前の文字を×に変えて、その後一つ右に動いて伝言役に交代するんです」

○●●○○●○○●●｜○●●○○●○○●●
↑
第一列の判定役。文字を「×」に変えて右へ、伝言役に交代。

「そして、『伝言役』——さっきの『利き酒』で君の役割にあたる者は、○を見ても●を見ても文字の変更をせず、他の奴にも交代しない。ただ、境界『｜』に出合ったとき、第二列の判定役に交代するんです」

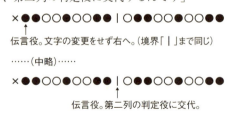

×●●○○●○○●●｜○●●○○●○○●●
　↑
伝言役。文字の変更をせず右へ。(境界「｜」まで同じ)

……(中略)……

×●●○○●○○●●｜○●●○○●○○●●
　　　　　　　　　　↑
伝言役。第二列の判定役に交代。

「そして、第二列の判定役——つまり、さっきの『利き酒』での僕の役割にあたる者は、文字を×に変える」

×●●○○●○○●●｜○●●○○●○○●●
　　　　　　　　　　　↑
第二列の判定役。文字を「×」に変える。

「なるほど。でも、この後どうするの？　第二列の判定役は、この後どっちに動いて、誰に交代するの？」

「左に動いて、『戻り役』に交代するんですよ」

「戻り役って？」

「僕が勝手に考えた役です。とにかく列の左端まで行って、何もないところにぶち当たるまでは、途中何に出合おうと、ただ左に動くんです。さっきの最後の場面から再開すると、こうです」

×●●○○●○○●●｜○●●○○●○○●●
↑
第二列の判定役。文字を「×」に変える。左に動いて、戻り役に交代。

×●●○○●○○●●｜×●●○○●○○●●
↑
戻り役。文字の変更をせず左へ。

×●●○○●○○●●｜×●●○○●○○●●
↑
戻り役。文字の変更をせず左へ。（左端の空白まで繰り返し）

……（中略）……

×●●○○●○○●●｜×●●○○●○○●●
↑
戻り役。右へ動き、第一列の判定役に交代。

「そうか。戻り役は、何もない場所まで来たら、右に動いて第一列の判定役に代わるんだね。そうすれば、また同じ過程を繰り返せるわけか」

「ええ。ただ、このときはさっきと違って、『第一列の判定役』が『判定済みの文字』を表す×に出合ってしまう。このとき、どうするかを決めないといけないんですが、もう分かっていますよね」

「○か●に出合うまで、何もせずに右へ移動だね」

×●●○○●○○●●｜○●●○○●○○●●
↑
第一列の判定役。文字の変更をせず右へ。

「そうです。そして○か●に出合ったら、さっきと同じです」

×●●○○●○○●●｜×●●○○●○○●●
↑
第一列の判定役。文字を×に変更して右へ、伝言役に交代。

××●○○●○○●●｜×●●○○●○○●●
↑
伝言役。文字の変更をせず右へ。（「｜」まで繰り返し）

……（中略）……

××●○○●○○●●｜×●●○○●○○●●
↑
伝言役。文字の変更をせず右へ。第二列の判定役に交代。

「第二列の判定役も、第一列の判定役と同様、×に出合ったらそのまま右に移動、だね」

××●○○●○○●●｜×●●○○●○○●●
↑
第二列の判定役。文字の変更をせず右へ。

「そして、○か●に出合ったらそれを×にして、さっきと同じく『戻り役』に交代すればいい」

××●○○●○○●●｜×●●○○●○○●●
↑
第二列の判定役。文字を「×」にする。左に動いて、戻り役に交代。

××●○○●○○●●｜××●○○●○○●●
↑
戻り役。文字の変更をせず左へ。（左端まで繰り返し）

「なるほど、これで、繰り返しの手順がほぼ決まったね。とりあえず、二つの列の、一番目どうし、二番目どうし、三番目どうし、……を繰り返し『見ていく』枠組みはできたわけだね。でも、これだけだと、まだ『左右が同じ列か』の判定はできないよね？」
「もちろん、分かってますよ。どうするんだと思います？」
　ヴィエンの質問に、さっきから酔いのせいで頭が回らないユフィンは、唸りながら考え始める。
「うーん……さっきの『利き酒』で、君が、自分の酒とイシュラヌ氏の酒と同じかどうかを判定できたのは、伝言役の僕が、イシュラヌ氏の酒の情報を君に伝えたからだよね？」
「そうです」

「ここでも、そういうことが必要だと思うんだ。つまり、第一列の判定役が出合った文字が○か●のどちらであるかを、伝言役から第二列の判定役に伝えられるようにする仕組みがなくちゃいけない。そうしないと、第二列の判定役は、出合った文字が第一列の文字と同じかどうか、判断できないから」
「そのとおりです。具体的にはどうします？」
「そうだなあ。僕らは人間だから、情報を記憶することができるし、それを他人に伝えることもできるけど、『塔』の『小部屋』で同じことをするには、どうしたらいいんだろう」
　ユフィンは頭を抱えながらも、今にも答えを言おうとするヴィエンをさえぎる。
「もうちょっと待って。ああそうだ、こういうのはどう？　僕が二人いるの」
「君が二人？」
「さっきの僕の役割、つまり『伝言役』を二人用意する。一人は、第一列の判定役が○に出合ったことを伝える役で、もう一人は、第一列の判定役が●に出合ったことを伝える役。前者を『伝言役（○）』、後者を『伝言役（●）』としようか。第一列の判定役は、○に出合ったら『伝言役（○）』に交代して、●に出合ったら『伝言役（●）』に交代する」

〈第一列の判定役が「○」に出合った場合〉
○●●○○●○○●●｜○●●○○●○○●●
↑
第一列の判定役。文字を「×」に変えて右へ、伝言役(○)に交代。

〈第一列の判定役が「●」に出合った場合〉
●●●○○●○○●●｜○●●○○●○○●●
↑
第一列の判定役。文字を「×」に変えて右へ、伝言役(●)に交代。

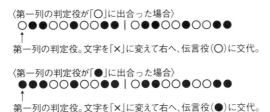

「どちらの伝言役も、『｜』に出合うまで右へ進んで、『｜』に出合った後に第二列の判定役に交代するというところは同じ。ただ、第二列の判定役も二人いないといけないね」
　ヴィエンがうなずく。
「前者は『第二列の判定役（○）』、後者は『第二列の判定役（●）』と呼びましょう。『伝言役（○）』は『第二列の判定役（○）』に、『伝言役（●）』は『第二列の判定役（●）』に交代する。『第二列の判定役（○）』は目の前の文字が○の時だけ『戻り役』に交代し、『第二列の判定役（●）』は目の前の文字が●の時だけ『戻り役』に交代する。
　そしてどちらの判定役も、他の場合には『何もできない』ことにしてしまえばいいですね」

〈第一列の判定役が「○」に出合っていた場合〉

×●●○○●○○●● | ○●●○○●○○●●

↑

伝言役（○）。右へ移動、第二の判定役（○）に交代。

……（中略）……

×●●○○●○○●● | ○●●○○●○○●●

↑

第二の判定役（○）。目の前の文字を「×」に変えて、戻り役に交代。

〈第一列の判定役が「●」に出合っていた場合〉

×●●○○●○○●● | ○●●○○●○○●●

↑

伝言役（●）。右へ移動、第二の判定役（●）に交代。

……（中略）……

×●●○○●○○●● | ○●●○○●○○●●

↑

第二の判定役（●）。目の前の文字が●ではないため、次の行動に移れない。
ここで不正に終了。

「なるほど。こうすれば、第一列と第二列の文字が一致している間は、正しく動き続ける。しかし、一致しない場合は止まって、そこで『失敗』して終わり、となるわけか。ところでヴィエン、もしかして、僕をここに誘った時点で、もうここまで考えてたんだね？」
「実は、そうです。ファウマン卿との面会の後に、少し時間があったので」
「何で言ってくれなかったの？　心配して損したよ」
「考えている時に、『利き酒大会』のことを思い出したんです。ユフィンと一緒にあれを見たら面白いんじゃないかと」
「そうだったのかあ。でも、僕らが今まで考えてきた『塔』は建物だったけど、人間の行動でも同じことを表せるっていうのは、ちょっと面白いね。このあたり、時間があったらもう少し突き詰めてみたいな」
「運河亭」の店内もいよいよ混雑してきた。夜も更けてきたので、二人は店を出た。酒場の立ち並ぶカナースの通りを抜けると、人気のない暗い道に出る。少し歩いたところで、ふとヴィエンが言った。
「ユフィン。ちょっと、先に行っていてもらえますか？　すぐ追いつきますから」
「どうしたの？」

ユフィンが尋ねた時には、ヴィエンはもう道を引き返し、その姿は闇の中に消えようとしていた。ユフィンは怪訝に思ったが、すぐに状況を理解した。

（ケンカだ！）

ユフィンは急いで道を引き返す。心配しているわけでもないし、非力な自分が加勢をしようと思っているわけでもない。早く追いつかないと、まともに見物できないと思っているのだ。そしてユフィンの予想どおり、暗い夜道で再びヴィエンの姿を認めた時は、すべて終わっていた。相手は五人の大男で、みな長い剣を抜いたまま、腕や足を変な方向へ曲げて地面に倒れ、うめき声を上げていた。

「ああ、遅かった。もちろんいつものように素手で倒したんだよね。見たかったなあ」

「何言ってるんですか。今日はちょっと危なかったです。何しろ武器が立派でしたからね。この人たちは、さっき酒場で会ったドラ息子の手下たちですよ」

「え？　僕らが優勝したから、腹いせに？」

「いいや、『金を出せ』って言ってたから、賞金目当てでしょう。貴族のくせに、数万ガナ程度のために強盗みたいなまねをするなんて、よっぽど金に困ってるんでしょうね」

「なるほど。でも、そうだとしたら、僕らと組んでたあの人――イシュラヌさんも危ない目に遭ってるんじゃない？」

ユフィンがそう言い終わらないうちに、近くの曲がり角の向こうが騒がしくなった。二人が行ってみると、剣を抜いた六人の男たちが、一人の男を取り囲んでいた。取り囲まれているのは、イシュラヌだ。

「うわ、やっぱり。どうする、助ける？」

「僕が見るかぎり、必要ないと思いますよ」

なぜそう言い切れるのだろう。再びユフィンが目をやると、イシュラヌはゆったりとした動作で剣を抜いた。その姿を見ているだけで、ユフィンの手がひとりでに震え始めた。イシュラヌの前方にいる三人の男たちも同じように感じたのか、一歩後ずさる。ただイシュラヌの後方にいる三人が、じりじりと距離を詰めている。

（危ない！）

ユフィンがそう思った時には、後ろの三人の剣が空中高く跳ね飛ばされていた。ほとんど衝撃がなかったのだろうか、三人の男たちは何も持っていない手を振り上げる動作をして、初めて剣を失ったことに気づいたようだった。

「うわあ！」

彼らの驚きの叫びに呼応するかのように、前方の男たちがイシュラヌに切りかかろうとする。しかし彼らはすぐに、固まったように動かなくなった。見ると、リーダー格の男の眉間に、イシュラヌの剣先がぴったりと突きつけられている。そしてイシュラヌのもう片方の手には、先ほど後ろの男の一人の手からはね飛ばされた剣がいつのまにか握られていた。さらに、リーダー格の男の両側の二人のすぐ前の地面に、さっきはね飛ばされた残りの二本の剣が鋭く突き刺さる。リーダー格の男は恐怖の叫び声を上げ、抜き身の剣を持ったまま転がるようにして逃げていく。そして他の男たちも後へ続く。やがて、その場にいるのはイシュラヌ一人となった。彼は周囲を見回した後、暗闇の中へ消えていく。

誰もいなくなったところで、ユフィンが大きなため息をついた。

「いやあ、驚いた。君の戦いは見逃したけど、かわりにすごいものを見た」

「あれは相当な達人ですね。あれほど素早くて、美しい剣さばきは見たことがない。まるで踊りを見ているようでした」

「いったい何者なんだろうね」

ヴィエンは少し考え込むようなそぶりを見せた。

「ヴィエン、どうかした？」

「いや、ちょっと思ったんです。もしかしてイシュラヌさんは、僕らの後を付けて来ていたんじゃないかって。きっと、考えすぎでしょうけど」

◇

数日後。二人は再び王国学術院の院長室で、ファウマン卿に面会していた。ヴィエンが作った設計図をユフィンが説明する。ファウマン卿は熱心に説明を聞いている。

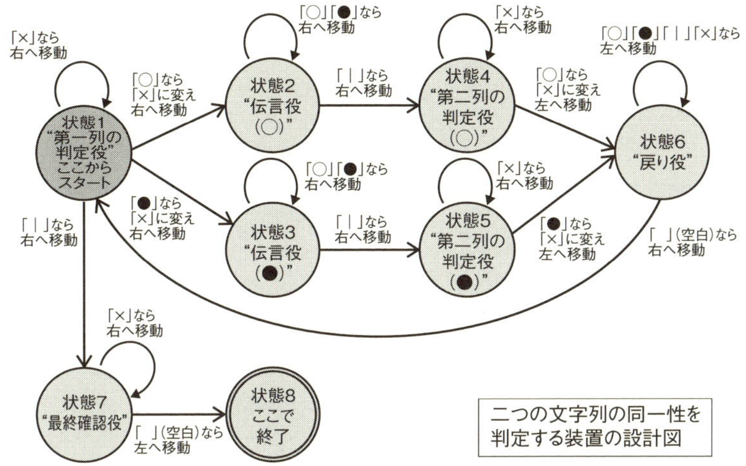

二つの文字列の同一性を
判定する装置の設計図

ファウマン卿が一つ一つ、確かめるようにユフィンに尋ねる。

「『状態 1』は、第一列の文字を調べるのだね？　そして『状態 1』は、出合う文字が○だったら『状態 2』、●だったら『状態 3』に変わる。そして『状態 2』も『状態 3』も、文字列の境界『｜』に出合うまでは、ただ右に動く。そこで『状態 2』は『状態 4』に、『状態 3』は『状態 5』に変わるのか。

それから……なるほど、『状態 4』は、目の前の文字が○なら『状態 6』に変わる。それ以外の場合は何も指定がない。つまり、次に続かないので、そこで塔の動作は不正に終了する。逆に『状態 5』は目の前の文字が●なら『状態 6』に変わり、それ以外の場合は次に続かず終わるんだね？」

「そうです。そうやって、左の文字列と右の文字列の文字が一致している間は、塔は正しく動き続ける。しかし、一致しない場合は止まって、そこで『失敗』して終わりです。最後の『状態 8』になって塔が止まれば、『成功』です」

「そこまでは分かった。しかし、この『状態 7』とは何かね？　この、『状態 1』が文字列の境界に出合ったときに、この状態になるようだが？」

「ええ。『状態 1』が文字列の境界に出合うということは、第一列の文字の判定はすべて終わっているということです。そして、もし第一列と第二列が同一ならば、第一列の文字の判定が終わっている時点で、それに対応する第二列の文字の判定も終わっています。つまりこういう状態です。

××××××××××｜××××××××××
↑
第一列の判定役(状態1)。文字の変更をせず右へ、状態7に変わる。

それで『状態 7』は、判定済みの文字を表す『×』に出合うかぎりはただ右に動いて、何もないところに出てしまったら『最終状態』である『状態 8』に変わるのです」

××××××××××｜××××××××××
↑
状態7。文字の変更をせず右へ。(右端まで繰り返し)

……(中略)……

××××××××××｜××××××××××
↑
状態7。変更をせず左へ、状態8(最終状態)に変わる。

××××××××××｜××××××××××
↑
状態8(最終状態)。左右すべての文字の判定に成功。

ファウマン卿はやや腑に落ちない顔をする。
「しかし、これだけ見ると、『状態 7』は不要であるようにも思える。『状態 1』が『｜』に出合った時点で、最終状態に変わってもいいように思うが……」
そう言いながら少し考えた後、ファウマン卿はぱっと目を見開いて言った。
「そうか！　左右の文字列が『違う長さ』の場合を考えたのだね。とくに、左の文字列よりも右の文字列が長い場合は、『状態 1』が二つの文字列の境界に出会った時点でも、まだ右の文字列には判定していない○や●が残っている。『状態 7』は、そういう○や●が右の文字列に残っていないかを確認するんだね。たとえばこんな場合だ」

〈左右の文字列が一番目～十番目まで同じだが、第二列の最後に第一列にない「○●」という文字列が付いている場合〉

○●●○○●○○●●｜○●●○○●○○●●○●
↓(塔の動作)
「状態1」が文字列の境界に出合ったところ
××××××××××｜××××××××××○●
↑
第一列の判定役(状態1)。文字の変更をせず右へ、状態7に変わる。

「そのとおりです。『状態 7』がないと、左側の文字の判定がすべて終わった時点で、右側の文字の判定も全部終わっていることが保証できないのです」

「なるほど。では逆に、左側の文字列より右側の文字列が短い場合はどうなるのかね？」
「その場合は、第二列の判定役——つまり『状態 4』か『状態 5』が、いずれ『何もないところ』に出てしまうので、その時点で『失敗して停止』します」
「すばらしい」
　ファウマン卿は設計図から目を離し、ビロードの椅子の背もたれに体重をかけるようにして、天井に目をやった。たいへん満足しているようだ。そして改めて、二人の方を見る。
「これほど早く、完璧な設計図を見られるとは思わなかったよ。君たちのおかげで、『塔』を『言語の認識装置』としてだけでなく、より広い『問題を解決する装置』とする私の認識が正しいことが分かって、たいへんうれしい。そこで、今日はさらに、また別の種類の装置の設計について相談したい」
「別の種類の装置とは、どのようなものでしょうか」
「端的に言うと、『数の計算をする装置』だ」
　ユフィンもヴィエンも、意外な答えにやや戸惑った。
「数の計算、ですか？」
「ずっと古代語の研究をしてきた君たちが、急に『数の計算』などと言われて戸惑うのは無理もない。しかし私は君たちの論文で述べられている『塔』に、つい数日前、また新たな可能性を見いだしたのだ」
「それが、数の計算である、と」
「そうだ。たとえば、君たちが論文で紹介している、とある場所に実在する遺跡——君たちが第一古代セティ語と命名した言語を認識する『塔』だが」
　ファウマン卿は論文の該当部分を指で示す。

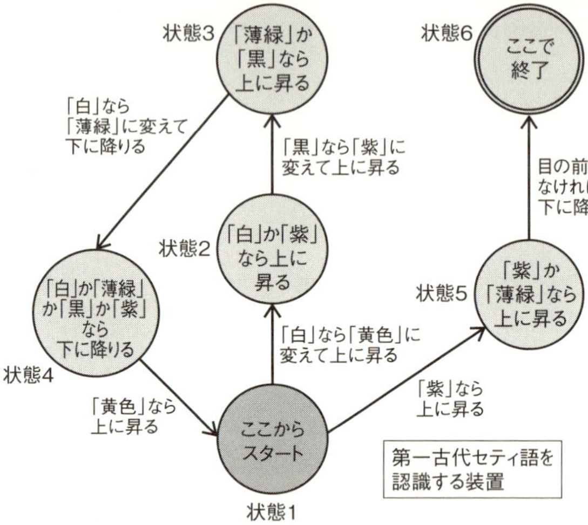

「これは、○○●●○○のような文字列を入力されると、これを次のように変化させ、最終状態に至るのだったね」

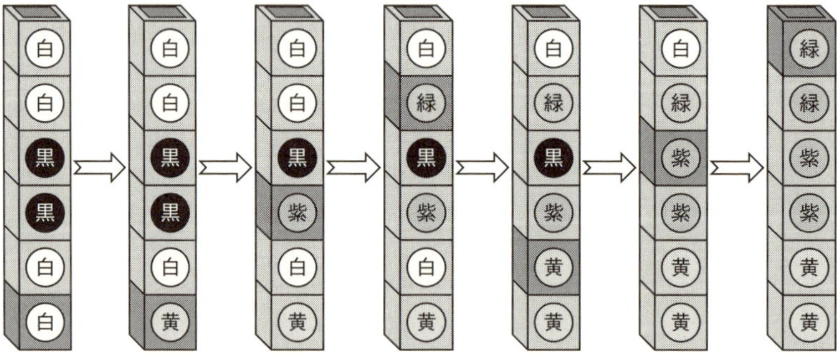

「ええ、おっしゃるとおりです」

「私は、この『文字列の変化』を非常に興味深く思うのだ。『塔』を『言語の認識装置』と見れば、○や●といった文字が黄色や紫や薄緑の丸に変化することは、さほど重要ではない。この塔に関して言えば、文字の色の変化は、『この文字はすでに確認済みだ』という印をつけるようなもので、文字列の認識を補助するぐらいの意味しかない。そうだったね？」

「はい」

「しかし私はこれを見て、『塔』についてまた別の見方ができることに気がついた。『文字列の変換装置』としての見方だ」
「文字列の変換装置——つまり文字列を、別の文字列に変えるということですか？」
「そうだ。つまりこの塔は、『第一古代セティ語』の認識装置であると同時に、○○●●○○——すなわち白白黒黒白白のような文字列を、黄黄紫紫緑緑という別の文字列に変換する装置でもある」
　ユフィンはなるほど、と思った。しかし、塔を「文字列を変換する装置」と見なすのはよいとして、それと「数の計算をする装置」とはどう結びつくのだろうか。ユフィンは軽く考えをめぐらせた。
（ああ……なんだ、そういうことか）
　そしてすぐ口に出した。
「つまり、閣下は『数の計算』というものは、本質的に『文字列の変換』であると考えていらっしゃるのですね。たとえば足し算は、『4+7』のような文字列を、『11』という文字列に変換させる操作である、と」
　ファウマン卿は目を丸くして、この若い学者を見た。
「驚いたな、まさにそのとおりだよ。私が君たちに設計してほしいのは、二つの数を文字列として入力すると、それらを変換して、最終的にそれらの数を足した結果を表示するような装置だ。足し算こそは、すべての計算の基本であると私は考えているので、まずはそれを作ってほしい。とりあえずは、正の整数の場合だけ、しかも同じ長さの数字どうしの足し算について考えてもらいたい。どうだろう、できるだろうか？」
　ユフィンはヴィエンの方を見て、答えを促した。ヴィエンは仕方なさそうに答える。
「やってみないと分かりませんが、できないことはないように思います。ただ、一つ確認させてください。閣下がお望みの装置には、数字を入力することになるのですか？　普段我々が計算に使うような、0 から 9 までの文字からなる数字を？」
「それに関してだが、これまでどおり○と●からなる文字列を入力してほしいのだ」
「○と●からなる文字列を入力に？　しかしそれでは、数を表せないように思えますが」
「そんなことはない。○と●の二文字だけで、数を表す方法があるのだ。これから説明するので、よく聞いてほしい」
　怪訝な顔をする二人に、ファウマン卿は説明を始めた。

◇

　ファウマン卿の説明が終わり、院長室を辞した後、二人はしばらく無言のまま歩き続けた。ヴィエンは、ファウマン卿から聞いた「方法」のことを繰り返し考えていた。
「ねえ、ユフィンはどう思います？」
　ヴィエンが話しかけても、ユフィンは反応しない。前を向いて歩きながら、一人考えに耽っている。
「ユフィン？」
　再び問いかけると、ユフィンは我に返ったようにヴィエンの方を向く。
「ああ、ごめん。考え事をしていて」
「やっぱり、あの方法について考えていたんですか？　僕も驚きました。あれ、ファウマン卿が考えたんですかね？」
　そう言うと、ユフィンは「さあ、どうなのかな」とぎこちなく返事をし、再び黙った。少しおかしな反応だが、彼も自分と同じく、あの方法についてあれこれ考えているのだろうとヴィエンは思った。二つの文字しか使わないにもかかわらず、どんな大きさの数でも適切に表すことができる方法。その原理はそれほど難しいものではないが、だからといって、簡単に思いつくようなものでもないはずだ。そんな方法を、なぜファウマン卿は知っているのか？それに、「塔」に数の計算をさせるということも、本当に「つい数日前に」思いついたのだろうか？　ヴィエンの中に、ファウマン卿に対する疑念が芽生え始めた。

第3章

泉の試練

煌々と光る月と季節はずれの星座。静寂の中に響きわたるのは、先生の怒声だ。先生が怒鳴るたびに、周囲の空気がびりびりと震え、夜霧が水滴となってしたたり落ちる。

僕と先生がいるのは、夜明け前のジジューカ山だ。ここはミラカウ郷の中でも、民家のある集落とは離れた人気のない場所だ。僕は毎日まだ暗いうちに起き出して、山道を走り、指定された木に登りながら山頂を目指す。そして山頂に着くと先生が待っていて、夜明けまで戦いの訓練をする。訓練といってもこれまでのところは、杖を水平に構えたまま腰を低くして長い時間立っていたり、先生の視線から逃げ回ったりする練習ばかりだ。ここ数日はとくに、逃げ回る時間が多いような気がする。

「おい、もっと集中して動かんか！」

先生の周囲には小さな炎が浮いていて、僕から先生はよく見える。逆に、先生から僕は見づらいはずだが、僕が先生の死角に回ろうとしても、すぐに見つかってしまう。先生に見つかると、僕の顔や身体のあたりの闇が、四角く切り取られたように白っぽく、薄く光るので分かる。先生によると、これは「燐光」という呪文の効果らしい。もちろん僕は使えないし、まだ教えてもらえる気配もない。

僕は眠気と疲労でふらふらになりながら走り回る。連日の疲れがたまって、膝が思うように動かない。少し気を抜くと、また僕のわき腹のあたりがぼんやりと光り始める。慌ててよけようとして、足が滑って尻餅をつく。すると光は僕の顔を正面から照らす。

「最初からやり直しだ。立て」

「……」

「なんだその目は。また『こんな練習に意味があるのか』とでも言うつもりか？　お前が『こうした方が実戦的だ』と思うやり方が他にあるなら、試してみればいい。ただし、私が指定する練習をすべてこなした上での話だが」

先生は片方の口角を上げて笑う。確かに僕は、この練習の仕方に疑問を感じている。逃げ回るだけの練習なんて、あまり実戦的ではないと思うのだが。

「いいか？　相手の視界にまともに入らないようにすることは、武器を用いた戦闘だけでなく、魔術を使った戦闘においても重要だ。呪文を使う際は、その対象が術者の視界に入っていなくてはならない。呪文を使う敵の視界に不用意に身をさらすことは非常に危険なのだ」

僕にもそれは分かっている。しかし僕が最近知ったところによると、呪文というのはそれほど自由に使えるものではないらしい。たとえば、いかなる呪文も人間の体に対して直接唱えることはできないという。先生が時々僕に見せる「発火」や「凍結」などの恐ろしい上級呪文も例外ではなく、人体に向けて唱えても何の効果も現さないそうだ。だとしたら、相手の視界に入ることはそれほど危険ではないのではないか？　僕がそう言うと、先生は「では、試してみよう」と言って、僕から距離を置き始めた。

離れたところから先生がこちらを振り向いたとき、僕は不意に危険を感じた。ここに立っていたらまずい、と思ったときはもう遅かった。胸のあたりが四角く明るくなったと思うと、両肩がずしりと重くなった。僕は足がもつれて、うつ伏せに倒れた。しかし、起き上がることができない。まるで、背中に誰かが乗っているかのようだ。手足をじたばたさせるしかできない僕の上から、先生の声がする。

「何が起こっているか分かるか？　お前の服を重くしたのだ。『変重』という呪文でな。これは、一度唱えると物体の重さを二倍にする。二度続けて唱えると四倍、三度で八倍、……というふうに、もっと重くすることもできる。ただし、65536 グラヴィウム以上のものに対して唱えると、かえって重さが減ってしまうことがある。そして最大でも、131071 グラヴィウムより重くすることはできない」

131071 グラヴィウム、だって？　大人の男二人分ぐらいの重さじゃないか。僕はしばらく苦しんだ後、ようやく重さから解放された。呪文を使う敵の視界に入ることがいかに危険かは、いやというほど分かった。自分の体そのものが安全でも、身につけているものを狙われるとたいへんだ。僕は体中がきしむような思いを味わいながらしばらく逃げ回る練習をした後、先生の合図で立ち止まった。息を切らして座り込もうとする僕に、先生が言う。

「今日からは、別の練習も始める」
「え、どんな？」
先生は僕に杖を持つように言った。杖は、ファカタのティマグ大神殿で魔術師になる儀式を受けたとき、大神官のザフィーダ師から授けられたものだ。
「杖の、このあたりを持ってみろ。そして、軽く右に、手首を 90 度だけひねるのだ。素早くな」
言われたとおりにすると、杖に異変が起こった。僕がつかんでいるところから杖の先まで、○と●からなる文字列が現れたのだ。
「見えたか？　その文字列は、お前の方からしか見えない。どう使うかは、分かるな？」
僕はうなずいた。杖に、○と●からなる文字列が書いてあるということは、「省き」と「延ばし」が使えるのだ。
「省き」と「延ばし」というのは、今のところ僕が唯一使うことのできる呪文だ。地味な呪文だが、「異なる二つの特徴を持ったもの」の「並び」に対して唱えることで、その一部あるいは全体を消したり、増やしたりすることができる。たとえば、大小の小石の並びに対して唱えて一部の石を増やしたり、濃淡の異なる床板の一部を消して床に穴をあけたり、自分に向けられた二種類の武器の並びを消したりすることもできる。ひもや棒など、長いものに二種類の文字からなる文字列を描いておけば、その文字列に対して「省き」「延ばし」を唱えることで、長さを調節することもできる。つまりこの杖も、「省き」と「延ばし」によって、長くしたり短くしたりすることができるのだ。
「では、やってみろ」
先生に言われて、僕は「延ばし」の呪文を唱えようとした。
「第……古代ルル語において、……ええと」
「どうした？」
僕は唱えるのを中断した。何と唱えたらよいか、分からなかったのだ。
「省き」と「延ばし」を使うには、まず魔法をかける対象となる「並び」を見極め、それを「古代ルル語系」か「古代クフ語系」のいずれかの言語の文と「見なす」必要がある。古代ルル語系の言語は、千年ほど前に妖精が使っていた秘密の言語で、知られている限りでは三百余りの種類があり、それぞれ「第一古代ルル語」「第二古代ルル語」……のように呼ばれている。古代クフ語系の言語は、同じ時期に小人たちが使っていた言語で、こちらも「第一古代クフ語」から「第百九十八古代クフ語」までが知られている。これらの言語で使われる文字は、「○」と「●」の二つだけだ。だから、一見したところどの言語も同じに見えるのだが、実は各言語ごとに、どのような文字の並び——つまりどのような「文字列」がその言語の文と見なせるかについて、明確な決まりがあった。

僕は先生に特訓されたおかげで、比較的短い「並び」に対しては、失敗せずに呪文を唱えられるようになった。しかし、これほど長いものについては、まだ時間がかかる。

「どうした。実戦では、相手は待ってくれないぞ」

先生にせかされ、僕は慌てて文字列の先の方を見た。かろうじて、一番先が「○●」になっているのが見えた。とりあえず、これが第四十七古代ルル語の文と見なせることは分かる。

このように、魔法をかけたい「並び」をどの言語の文と見なすかを決めたら、次は、呪文によって「省ける部分」「繰り返せる部分」の見極めをする必要がある。実際のところ、呪文によって省いたり繰り返したりできる部分というのは、省いても、繰り返しても、結果として得られる文字列が依然その言語の文と見なせるような部分のみだ。

僕は目を凝らして、杖の文字列を凝視した。ずらりと並んだ文字は、ざっと見たところ、50 ぐらいあるだろうか？　1 番目から 30 番目ぐらいを「延ばし」てみても、おそらく害はないだろう。僕は意を決して唱えた。

「第四十七古代ルル語において、この列の 1 から 30 を延ばせ」

杖は前に向かって伸びる。しかし、僕が思っていたほど長くはない。先生が僕の背後に回り、杖を眺める。

「なるほど。元の文字列は、文字が 87 個あるのだな。30 ぐらい『延ばし』ても、たいして伸びないだろう。より正しい見極めが重要だ」

87 個か。「50 個ぐらい」という、僕の目測は違っていたようだ。

「この文字列は、お前が同じ部分を持ち、90 度ひねるたびに不規則に変化する。よって、毎回現れる文字列を正しく見極めなくてはならない」

「こんなに長い文字列で、そんなこと、できるんですか？」

先生は無言で僕の手から杖を取り上げ、僕から距離をとった。先生が杖をひねったかと思うと、杖が急激に伸び、僕の喉元に触れるか触れないかの位置で止まった。

「ひゃっ！」

僕は腰を抜かして、その場にへたり込んでしまった。僕は、先生が杖をひねってから（つまり、新しい文字列が杖に現れてから）、杖が伸びるまでほとんど間がなかったことに驚いていた。つまりその間に、先生は文字列の見極めをし、呪文を唱えたことになる。その上、僕と先生の間は、杖の長さの三倍以上離れていたのに、僕の喉すれすれまで杖が伸びてきた。
「分かったか？　今、私は『延ばし』を二回使った。『延ばし』で得た文字列に対して、さらに『延ばし』を使ったのだ。そうすれば、元の文字列の長さにかかわらず、杖を伸ばすことができる」
「なるほど！」
「これからしばらく、時間に余裕があれば、望む長さに杖を変化させる練習をする。分かったな」
　夜が明けると練習は終わりで、僕は来た道を走って先生の家へ帰る。帰ると、いつも先生は先に家に着いている。普段はすぐに朝食の用意をするのだが、今日はその前に先生に呼び止められた。先生は何やら手紙を持っている。
「ハマンの商人から手紙が来た。例の《富者と貧者》の像についてだ」
　先生から渡された手紙には、デンデラーリ氏が見つけた先代の日記の内容が引用されていた。それによると、先代は怪しげなつてをたどって出会った「二人組の呪術師」に悩みを相談し、あの像を得たのだという。先代がそのために支払った金額が「キュビエ金貨 2000 枚」というから驚きだ。二人の呪術師については、「二人とも三十歳前後の男性」ということしか書かれていない。
「いずれにしても一大事だ。あの像の背に刻まれていた文字は『塔文字』といって、ティマグ神殿内でも限られた者しか知ることのできない神聖な文字だ。それが三十年も前に外部に漏れていたとは。いち早くザフィーダ師に報告しなければならない」
「ファカタの大神殿へ行くのですか？」
「そうだ。近いうちに行くつもりだったが、予定を早める必要がある。二日後に発つことにしよう。お前も一緒に来るのだ。お前にはお前の用事がある」

◇

　ファカタ郊外にある大神殿に着いたのは、小雨の降る午後だった。「ティマグ神殿」というのは、知識を司る最高神であるティマグを祭るための組織の名前であり、また同時に、それが王国内の各地に所有している建物の総称でもある。ファカタの大神殿はその中でも中心的な役割を果たしており、神殿内での最高の権威者であるザフィーダ大神官がいる。僕は最近まで知らなかったが、大神殿を囲む広大な森まで、神殿の土地らしい。
　先生の後に付いて神殿の回廊を歩いていると、背後から先生を呼び止める声がした。振り向くと、丸っこい体型の初老の男性が早足で歩いてきた。丸い顔に、小さな丸い目。こめかみのあたりに出ている吹き出物を見て、僕は前に受けた医術の授業を思い出した。あの場所に吹き出物が出るのは、確か「美食のしすぎ」ではなかったか。彼の背後には、従者だろうか、十人ほどの若者がいる。

「アルドゥイン、今日到着したのか？」

「珍しいな、モーディマー。王宮ではなく、こちらにいるとは」

「何かと問題続きで、最近はここと王宮を行ったり来たりの毎日だ。王国中のあちこちで、人さらいが増えただの、魔物が出ただの、騒がしくてな。国王陛下も心配しておられて、各地の領主に解決を求めているが、奴らはまともに動こうとしない。それで結局、神殿に助けを求めてくるのだ」

「その橋渡し役というわけか。王宮付きの祭司もたいへんだな。まあ、副大神官でもあるから、頼られるのだろう」

　ティマグ神殿内の人々の役割については、以前先生に説明を受けた。まず、神殿の構成員はすべて、「神官」と呼ばれる。そして神官は、儀式を司る「祭司」、錬金術を行う「錬金術師」、国内の各地で人々に奉仕する「神殿騎士」などという役割に分かれているらしい。魔術を専門とするのは「魔術師」だが、魔術師以外の神官もたいてい、いくつかの基本的な呪文を使えるという。それを考えると、まだほとんど呪文を使えない僕は、魔術師と名乗っていいのかどうか分からなくなる。

「アルドゥインよ、これからザフィーダ師に挨拶に行くのか？　あいにく今は『国守り』のご祈祷の最中だが」

「挨拶には後で行く。まずは弟子のための用事をすませようと思うのだ。モーディマー、ここにいるのはロンヌイのガレット、私の後継者だ」

　先生に紹介されて、僕はモーディマー師に頭を下げた。しかし彼は丸い目で僕をちらりと見て興味なさそうに「ああ」と言っただけで、先生との話に戻る。

「ところでアルドゥイン、『塔文字』が外に漏れていたというのは本当なのか？」

　先生は商人の家での経緯をかいつまんで話した。モーディマー師は不安げな顔をする。

「悪いことの予兆でないといいが。何か新しいことが分かったら教えてくれ」

　モーディマー師は従者たちを連れて回廊の向こうへ去っていった。彼の後ろ姿を見ながら、先生は言う。

「あれがティマグ神殿の副大神官の一人、モーディマー師だ。王家専属の祭司も務めているので、普段は王宮にいるが」

副大神官ということは、ザフィーダ師に次ぐ存在だということだが、僕にはそれほどすごい人のように思えない。いずれにしても、僕は挨拶を適当にあしらわれたこともあって、あまり好感を持てない。

先生は回廊を抜け、神殿の敷地内を奥へ奥へと進んで行く。そして、森の中へ続く小道に入る。しばらく歩くと、木々の奥に奇妙に細長い建物が見えてきた。建物の向こう側からは、もうもうと湯気らしきものが立ち上っている。

「これから、あれに入ってもらう」

「もしかして、遺跡ですか？」

僕は、先生に弟子入りして一年経った頃から、古代の遺跡にたびたび入って調査をしてきた。遺跡には白と黒の扉があり、入り口から出口に至るまでに選ぶ扉の並びが、古代ルル語系や古代クフ語系の言語の文字列に対応していた。今回も、これらの遺跡の内部構造をつきとめて、どの言語に対応するか調べるのだろうか。

「これらの遺跡に入って、中を調べればいいのですか？」

「いいや、違う。設計図はすでにある。これを見ろ」

先生から渡された紙を広げると、次のように描いてあった。

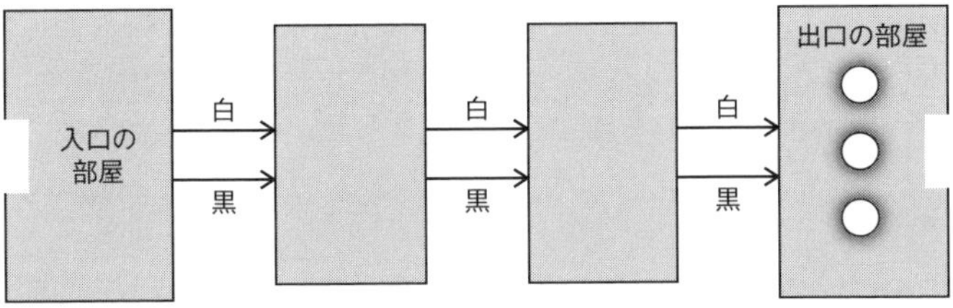

見たところ、古代ルル語の遺跡のようだ。ただ、出口の部屋に三つ並んだ丸いものが気になる。

「この遺跡がどのような文字列を受け入れるか、分かるな？」

「ええと、入り口の部屋から出口の部屋まで、四つの部屋がまっすぐに並んでいますね。そして、どの部屋の白と黒の扉も、すぐ次の部屋につながっている。これはつまり、三つの文字からなる文字列なら、すべて受け入れるということですか？」

「そうだ。文字列をすべて挙げてみろ」

僕は文字列を挙げてみた。

○○○
○○●
○●○
○●●
●○○
●○●
●●○
●●●

つまり、これら八つの文字列のみを含む言語だということだ。このような言語は、今まで教わった中にはなかった。
「これは、第何古代ルル語ですか？」
「この図のような遺跡に対応しているという点で、古代ルル語系の言語と同じ特徴を持っていると言える。しかしティマグ神殿では、これを古代ルル語とは呼んでいない。なぜならこれは、『言語戦争』の時代に妖精たちが使っていた言語に含まれていないからだ」
「では、何という言語なんですか？」
「これは『言語戦争』以降に、神が新たな契約の証として人間に与えたルル語系の言語の一つだが、我々はこれを言語とは呼んでいない。かわりに、『第三ティマグ数字』と呼んでいる」
「第三、ティマグ数字？」
「この遺跡に入る目的は、この言語を使う資格を得ることだ。まずはこの遺跡に入り、○○○に対応する経路を通ってこい」
僕は言われるまま、遺跡の正面に立った。僕がこれまでに入ったことのある遺跡はいずれも千年以上前に、妖精や小人、あるいは巨人が作ったものだ。それらに比べてこの遺跡は少々新しく、壁には美しい装飾もなされている。明らかに「現在でも使われている」といった印象だ。僕は正面の壁にあいた入り口をくぐり、中へ入った。入り口の広間の奥に、白と黒の扉が見える。僕は白い扉を開けた。次の部屋、その次の部屋でも白い扉を選ぶと、出口の部屋に出た。
出口の部屋は屋外で、高い塀と木々に囲まれた、ちょっとした庭園のような場所だった。目の前には、周囲を石で囲まれた泉が三つ、横一列に並んでいる。小雨の降る中、水面からは湯気が上がっている。
何か起こるのかと思い、しばらく待っていたが何も起こらない。僕は泉の一つに近寄り、おそるおそる水に触れてみたが、程良い温かさ以外、何も感じるものはなかった。奥の塀には扉がついており、それが開け放たれているのが見えた。そこから外へ出て木々の中を道なりに歩くと、やがて目の前がひらけ、先生の姿が見えた。遺跡の正面に戻ってきたのだ。

「戻ってきたか。では、いよいよだな」

「何がいよいよなんですか？」

「次に、お前は○○●に相当する経路を通る。そして出口にある『三つの泉』の周辺で 30 秒間無傷でいられたら、次の段階へ進む。できなければやり直しだ」

「30 秒間無傷で？　何か出てくるんですか？」

「そうだ。次は、お前を襲ってくる者がいる。まずは行ってこい」

僕は、杖を握る手に自然に力が入るのを感じた。体中に緊張が走る。

「そう興奮するな。とにかく無傷でいることが肝心だからな。応戦するより逃げた方が得策だ。そのために、逃げる練習をさせたのだから」

先生はそう言うが、僕は緊張と興奮を抑えられない。どんな相手が出てくるのかは分からないが、できれば戦って倒してやりたい。僕は遺跡の入り口へ入り、白→白と進んだ。最後の部屋で大きく深呼吸をしてから、黒い扉を開く。

外へ移動した直後に、僕は杖を構えた。目の前には先ほどと同じく、湯気を上げる三つの泉がある。敵はどこにいる？　小雨が霧のようになり、顔にさわさわと触れる。僕は遺跡の壁を背にして、杖を構えたまま上下左右に目を動かした。こっちから出てきたらこう応戦して……などと、頭の中で戦いを組み立ててみる。

そうするうちに、一番右の泉に異変が起こっているのに気がついた。音もなく水面が乱れ、波が立っている。僕は杖をそちらに向ける。

やがて、その泉から黒い影が姿を現した。見たところ、人間の男性のようだ。水の中から出てきたにもかかわらず、まったく水に濡れた気配がないそいつは、カラスのように黒い髪をして、真っ黒な長い服を着ていた。僕と同じような長い杖を持ち、泉から上がってゆっくりと歩き始める。

そいつは顔を上げ、僕の方を見た。野暮ったく伸びた前髪の間から、黒い瞳がのぞく。

その顔をはっきりと見て、僕は驚きのあまり動きを止めた。次の瞬間、そいつは僕の方へ、ものすごい速さで向かってきた。そして、高く振り上げた杖を、僕の頭めがけて振りおろす。

「わ！　うわ！」
　僕は慌てて杖をかざし、相手の杖を受け止めた。両手に衝撃が走る。しっかり持っていないと、杖を落としてしまいそうだ。
　相手はすかさず杖を構え直し、今度は僕の腰のあたりを払おうとする。僕は飛びのき、かろうじて避けた。杖の振りが大きいので、動きが読みやすいのがせめてもの救いだ。しかし相手は攻撃の手をゆるめず、息つく暇もない。僕は攻撃を受け止めたり避けたりするのに精一杯で、反撃どころではない。
　僕の息が上がり始めたころ、相手の動きが急にぴたりと止まった。その目はもはや僕を見ておらず、杖を振りおろした姿勢のまま静止し、やがて湯気となって消えてしまった。
　消えていく前に見えた顔は、僕とまったく同じだった。

◇

　遺跡の正面に戻ってきた僕に、先生は意外そうに言った。
「ほう、無傷で戻ったか」
「先生、あれは何なんですか？　まさか自分にそっくりな奴と戦うなんて、思ってもみませんでした」
「あれは、泉に住む魔物の一種だ。もとは蛇のような形をしているが、遺跡を通った者の姿と能力を写し取る能力がある」
　今の僕と同じ？　ということは、客観的に見れば僕はあれぐらいの力を持っているというわけか？
「次は、お前が好きな経路を選んでいい。ただし、これまでに通っていない経路だ」
「出口に行ったら、またあいつが出てくるんですか？」
「そうだ。30 秒間持ちこたえるんだ。油断するなよ」
　僕は深く考えずに、●○○に相当する経路を通ることにした。遺跡の扉をくぐりながら、頭の中で戦略を練る。さっきは驚いたぶん後れをとったが、次は何とかうまく倒してやりたいものだ。さっきと同じならば、また右端の泉から出てくるのだろう。そうだ、泉の前で待ち伏せをしてやろう。そして、相手が顔を出したら、すかさず杖で叩くのだ。
　僕は最後の白い扉をくぐるとすぐに右端の泉に走り、そばに立った。杖を構えて、じっと待つ。しかしなかなか出てこない。僕の予想は外れたのだろうか？
　その時、視界の隅の方で何かが動いた。見ると、左端の泉の中に、黒い影が立っていた。僕は慌てて体の向きを変えたが、相手が向かって来る方が早い。
（今度は、左端だったのか！）

僕は相手の攻撃を受け止めながら、間違った予想をしたことを悔いた。出てくるところさえ間違えなければ、先手を取れたのに。自分と同じ力の相手だったら、先に攻撃を仕掛けた方が有利に決まっている。それでも、相手が大きく杖を振り上げて隙を見せたところで、僕は反撃に出た。左に避けながら腰を低くし、素早く相手の胸のあたりを突いてみたのだ。小さな動きであったにもかかわらず、相手は意外に大きくよろけた。

（よし！　勝てる！）

今度は僕の方が杖を振り上げ、よろけた相手に叩きつけようとした。しかしそのとき、相手の後方に、三つの影が見えた。

そいつらも、僕とまったく同じ顔。同じ顔が、目の前に四つ。

後ろにいる奴の一人が、僕の方に杖を向け、何かを唱えている。僕はこれから何が起こるかをすぐに悟った。

（『延ばし』だ。『延ばし』をやるつもりだ）

僕は慌てて後ろに下がった。相手の杖は急速に伸びたが、僕より半歩ほど手前で止まった。しかし、安心したのもつかの間、すでに他の二人が前に進み出ており、二人同時に僕の杖を強く打った。僕はその衝撃に、杖を落としてしまった。そこへ体勢を立て直した一人目が襲いかかる。僕はたまらず、出口を目指して逃げた。しかし塀についた扉はふさがっていて、ぴくりとも動かない。後ろを向くと、四人とも僕に向かって走ってくる。

避けようにも、間に合わない。頭に手をやり、その場にうずくまったところで、急に静かになった。おそるおそる目を開けると、敵が四人とも動かなくなっている。やがて「彼ら」は、湯気とともに消えた。

◇

「四人も出てくるなんて聞いていませんでした！」

抗議する僕に、先生は平然と言った。

「四人出てこないとも言っていないぞ」

「四人も、しかも左端の泉から出てくるなんて。持ちこたえられたのが不思議なくらいです」

「お前は、さっきと状況が変わる可能性を、まったく考えていなかったのか？」

「どういうことです？」

「一回目、○○○に相当する経路を通ったとき、お前は敵に出くわさなかった。

二回目、○○●に相当する経路を通ったとき、一人の敵と遭遇した。また別の経路を通ったらまた違うことが起きるぐらい、予想がつきそうなものだが」
「うーん……」
「次の経路に挑戦する前に、少し反省をする必要がありそうだな。まずは、戦い方についてだ。これまで二回の戦いを経験して、気づいたことはなかったか？　『自分』を相手にしてみて、長所も短所もよく見えたと思うが」
気づいたことはいくつかある。まずは、攻撃の動作が大きすぎて、動きが読みやすかったこと。有利な時は、つねに杖を振り上げて、上から攻撃しようとすること。それから、ちょっとした衝撃で体勢を崩してよろけていたことだ。いつも先生に指摘されていたことだが、客観的に見るまで実感がわかなかった。
同時に、してやられたと思ったこともあった。「延ばし」を使われたことだ。
「さっきの四人の一人に、『延ばし』を使われたのには面食らいました」
「つまり、今のお前の実力でも、やろうと思えば同じことができるということだ」
なるほど、そうか。
「次に、敵が出てくる場所と、その人数についてだ。お前はすでに、三つの経路を通った。残る経路は五つだが、それらを通ったときに何が起こるか、想像はつくか？」
「ええと……」
僕は考えてみた。今までの経験をまとめると、こうだ。

白白白（○○○）　敵は出てこない
白白黒（○○●）　右の泉から一人
白黒白（●○○）　左の泉から四人

ここから、すぐに思いつく仮説が一つある。それは、これらの文字列に含まれる三つの文字が、三つの泉に対応しており、●の位置に相当する泉から敵が出てきて、○の位置に相当する泉からは出てこない、というものだ。僕がそう言うと先生は「そのとおりだ」とうなずく。
「では、もし僕が○●○に対応する経路を通ったら、中央の池から敵が出てくるんですね？」
「そうだ」
「何人なんです？」

「どの泉も、出てくる人数は毎回同じで、変化はない。そして中央の泉から出てくる人数は、左より少なく、右より多い。そして、遺跡の中で異なる経路を選んだ時には、三つの泉から出てくる合計人数も必ず異なるようになっている。これだけ言えば、もう分かるだろう」

◇

僕は、○●○に相当する経路を通って、遺跡の出口へと向かった。最後の白い扉を開けて、僕は中央の泉の近くに立った。自分の杖は泉の方に向けて構え、湯気と霧雨を凝視して空気の流れを読む。泉は波立ち、黒い影が複数現れる。

（止まっていたら、やられる）

僕はすぐに、近い方の影に攻撃をしかけた。しかし、かわされた。そして別の影は後ろに下がり、距離をとり始めている。

（一人が僕とやりあっている間に、後ろにいるもう一人が『延ばし』で後方から攻撃する気だ）

さっきより人数が少ないとはいえ、圧倒的に不利だ。後ろの奴を気にしていたら前の奴に攻撃を食らうし、逆もそうだ。しかし、相手は「僕」なのだ。つまり、僕と同じ弱点を持っているはずだ。

僕は、後ろの奴が呪文を唱え始めたのを確認しながら、目の前の奴を攻めるのを一瞬やめてみた。相手は攻撃がやんだと見るや、杖を振り上げる気配を見せた。予想どおりだ。高く振り上げられた杖が打ちおろされる前に、僕は重心を低くし、杖を構えて小さな動きで相手の胸元をねらう。

僕の杖は相手に当たり、確かな手応えがあった。相手は後ろ向きに倒れ、そして湯気とともに消えていく。

倒れた奴の背後から、長く伸びた杖が襲ってきた。後ろの奴の「延ばし」が発動したのだ。しかしもう今は一対一だ。僕は先生の視界から逃げる練習をしてきたのだし、相手が「僕」一人なら逃げるのはそれほど難しくない。むしろ、相手を観察する余裕があった。相手は長く伸びた杖を振り回しているが、その長さをうまく使えないようで、かえって攻撃が遅くなっている。

僕は隙を見て、攻撃をくぐり抜けて死角から相手に近づいた。長すぎる杖は、近い相手には使いにくい。僕は極力動きを小さくして、相手の体の中心をねらって杖を突き出す。相手は避けようとする。その方向は——左だ。僕は杖を一度引いて、左に向かってもう一度突き出した。まるで僕の杖に誘われるように相手の体は動き、衝撃とともに倒れた。

消えてゆく二人目の「僕」を、僕は荒くなった息を整えながら見つめた。

◇

結局、順調だったのはここまでだった。しかも、僕が文句なく勝てたと言えるのは、この「二人の自分」との戦いだけだった。○●●の時は、二つの泉から同時に現れる合計三人の敵に対して、途中から防戦一方になった。残りの三つの経路では、相手に立ち向かうことなどろくにできず、ただ逃げ回るだけだった。そして、合わせて十回失敗した。怪我はさいわい軽傷ですみ、なんとかその日のうちに試練を終えられたのは奇跡のように思えた。
敵が出てくる場所と人数は、僕の予想どおりだった。

白白白（○○○）敵は出てこない
白白黒（○○●）右端の池から一人
白黒白（○●○）中央の池から二人
白黒黒（○●●）中央の池から二人、右端の池から一人
黒白白（●○○）左端の池から四人
黒白黒（●○●）左端の池から四人、右端の池から一人
黒黒白（●●○）左端の池から四人、中央の池から二人
黒黒黒（●●●）左端の池から四人、中央の池から二人、右端の池から一人

僕がこのように考えたのは、「中央の泉から出てくる人数は、左より少なく、右より多い」という手がかりがあったからだ。これはつまり、中央の泉からは、四人より少なく、一人より多い人数の敵が出てくるということだ。すなわち、二人か三人かのどちらかだ。
では結局、二人なのか、三人なのか。判断の決め手となるのが、二つ目の「遺跡の中で異なる経路を選んだ時には、三つの泉から出てくる合計人数も必ず異なる」という手がかりだ。もし中央の泉から出てくるのが三人だとすると、この条件に反する場合が出てくる。具体的には、次の場合だ。

○●●　中央から三人、右から一人（合計四人）
●○○　左から四人（合計四人）

上のように、異なる経路を選んだのに、出てくる敵の数が同じになってしまう場合が出てきてしまうのだ。よって、「三人」ではありえない。「二人」なら

ばこのような状況が生じないことは、さっき見たとおりだ。

ここまで思い返してみて、僕はふと疑問を感じた。なぜ、「異なる経路を選んだ時には、つねに異なる人数が出てくる」のだろう？　何か意味があるのだろうか？　夜、神殿で食事をしながら尋ねると、先生はこう答えた。

「それは、この言語が数字であるということと関係がある。この言語は『第三ティマグ数字』と呼ばれていると話したはずだ」

「ええ、確かにそう聞きましたが、なぜ数字なのですか？」

「この八つの文字列を、0 から 7 までの数を表す数字と見なすことができるからだ」

○○○　0
○○●　1
○●○　2
○●●　3
●○○　4
●○●　5
●●○　6
●●●　7

僕はとても奇妙な気持ちで、八つの文字列を見つめる。

「これらは、お前が普段見慣れている数字とは違うように見えるかもしれない。だが、この八つの数字も、我々の使う数字と原理的には同じだ。我々は『0』から『9』までの十個の記号を使うが、この『ティマグ数字』では、『0』に相当する『○』と、『1』に相当する『●』の、二個の記号を使う。それだけの違いだ」

僕にはよく分からない。

「まず、我々の数字がどのように数を表しているかを知る必要があるな」

先生は次の数字を僕に示す。

215

「この数字がどのような数を表しているか、分かるな？」

「もちろん。にひゃくじゅうご、です」

「では、この数字を構成しているそれぞれの記号が何を表しているか、言うことはできるか？」
「ええと、『2』は2という数、『1』は1という数、『5』は5という数を表しているんじゃないですか？　当たり前ですけど」
「では、2と1と5で、どうやって『にひゃくじゅうご』を表せるんだ？　2と1と5なら、全部足しても8、掛けても10にしかならないぞ？」
「それは……」
「また、『215』と『512』、あるいは『125』がそれぞれ異なる数を表すのはなぜだ？」
そうか。数の並び方が問題なんだ。
「いいか？　我々の数字では、同じ記号であっても、右から何番目に現れているかによって意味が異なる。たとえば、『215』『125』『512』には、すべて『2』という記号が現れているが、それぞれ異なる意味を持っている。それぞれどういう意味を持っているか、答えられるか？」
「ええと……『215』の『2』は200、『125』の『2』は20、『512』の『2』は2を表している、ということでいいでしょうか？」
先生はうなずく。
「それで正しいが、また別の言い方をしてみよう。『215』の『2』は『100が2つあること』、『125』の『2』は『10が2つあること』、『512』の『2』は『1が2つあること』を表している、という言い方でどうだ？」
理解はできるが、それはさっきの言い方とたいして変わらない気がする。
「さらに次のように言い換えてみる。『215』の『2』は『10の2乗が2つあること』、『125』の『2』は『10の1乗が2つあること』、『512』の『2』は『10の0乗が2つあること』を表している、と」
「えっ？」
僕はとたんに混乱した。昔習った算術の知識を引っ張り出して考えると、確か「10の2乗」というのは、10を2つ掛けるということだから、10 × 10で、100。「10の1乗」は、10を1つ掛けるということだから、結局10。しかし、「10の0乗」というのは？
「10の0乗は1だ。あらゆる数の0乗は1と見なすことができるからな」
そう言えば、そう教わったような気もする。

100の位	10の位	1の位
2	1	5
10の2乗（つまり100）が2つある	10の1乗（つまり10）が1つある	10の0乗（つまり1）が5つある

十進法の数字による数（215）の表現

「つまり我々が普段使う数字では、各桁の記号が 10 の累乗の個数を表している。それらをすべて足した数が、その数字の表す数であるというわけだ。このような表し方には、便利な点がいろいろある。まず、桁数を制限しないかぎり、どんなに大きな数字でも表せて、しかも表し方が実に簡潔だ」
「それって、そんなにすごいことなんですか？」
「今の数字だけを知っていると分かりにくいかもしれんが、我が国でも過去には違う数字を使っていた。1 を i という記号で表し、10 を x、100 を c、1000 を m で表して、それらを必要なだけ並べて数を表していた。たとえば 867 と 3545 は次のようになる」

867　ccccccccxxxxxxiiiiiii
3545　mmmcccccxxxxiiiii

僕はこの数字を見て面食らった。この表し方では、どんな数なのかがすぐには分からない。それに、小さい数である 867 の方が 3545 より長いというのも、直感に反している気がする。
「この数字では、9999 以上の数字を表すことができない。10000 を表す記号がないからな。しかも、この数字を使って計算をすることを想像してみろ。気が遠くならないか？」
確かにそのとおりだ。不注意な僕などは、きっと間違えてしまうだろう。
「このように我々は、今の数字から多大な恩恵を受けているのだ。そしてティマグ数字も、記号が二つしかないという違いはあるが、理屈は今の数字と同じだ。ティマグ数字では、●は我々の『1』、○は我々の『0』に相当する。そして、それらが並んでいる場合、各桁の記号は 2 の累乗の個数を表す。たとえば、右から一番目の数字は『2 の 0 乗がいくつあるか』、右から二番目の数字は『2 の 1 乗がいくつあるか』、三番目の数字は『2 の 2 乗がいくつあるか』

を表す」

「なんだか変な感じがしますけど、●○●の場合、右から三番目の●は『2の2乗が1個ある』、つまり『4が1つある』ことを表しているんですか？」

「そうだ。そして、2の1乗は2なので、右から二番目の○は『2が0個ある』。さらに2の0乗は1だから、右から一番目の●は『1が1個ある』ことを表す。結果として、●○●は、4+0+1、つまり5を表す。ティマグ数字とは、そのような数字の体系なのだ」

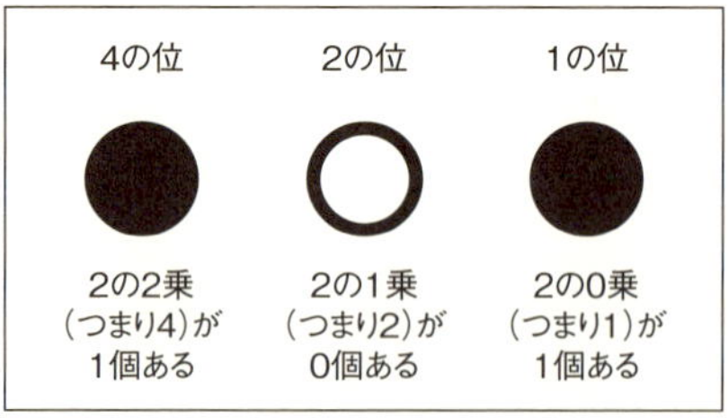

ティマグ数字による数(5)の表現

「今日お前は、あの遺跡の奥の『三つの泉』の試練を受けた。その結果、『第三ティマグ数字』、つまり○と●からなる三桁の数字を使う資格を得た。今後しばらくは、他の桁数のティマグ数字も使えるように、試練を受け続けることになる。おそらく次の機会には、六桁からなる『第六ティマグ数字』を使うための試練を受けることになるだろう」

「六桁というと、○○○○○○とか、●○●●○●とかですか？」

「そうだ。第六ティマグ数字も、桁数が違うだけで数の表し方は第三ティマグ数字と同じだ。たとえばお前が言った●○●●○●だが、どんな数を表しているか分かるか？」

僕は考えてみた。一番右の●は、2の0乗、つまり1が1つあることを表す。右から二番目の○は、2の1乗、つまり2が存在しないことを表す。右から三番目の●は、2の2乗、つまり4が1つあることを表している。

問題は、右から四番目の記号が、何の個数を表しているかだ。これまでの先生の説明から考えると、右から四番目の記号は、2の3乗がいくつあるかを表しているはずだ。2の3乗は、2×2×2で8だから、右から四番目の●は、8が1つあることを表す。同様に、右から五番目の○は、2の4乗（つまり16）が存在しないことを表し、右から六番目の●は、2の5乗（つまり32）が1つあることを表す。まとめると、次のようになる。

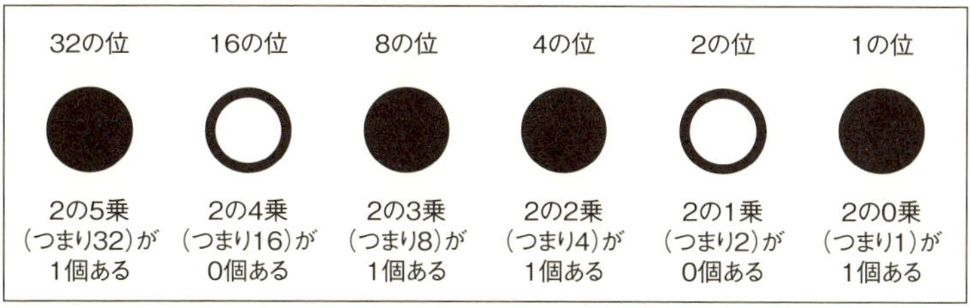

ティマグ数字による数（45）の表現

32+0+8+4+0+1は、45。つまり、この数字が表す数は「45」だ。

数字のしくみはなんとなく分かったが、慣れるまでに時間がかかりそうな気がする。しかし、これはいったい何の役に立つのだろうか。

「先生、ティマグ数字って何に使われるんですか？　まさか、数を計算するのに役立つ、とかではないですよね？」

僕は計算が苦手で、先生に弟子入りする前に父の仕事を手伝っていたときも、会計にはとても苦労した。できることなら計算はやりたくないなどと思っているところに、先生はこう答えた。

「ティマグ数字は魔術に利用される。古代ルル語、古代クフ語と同じようにな。お前も知っているとおり、古代ルル語、古代クフ語は、『省き』と『延ばし』の呪文において、『ものの並び』の様々なパターンを表現するために使われる。それが、魔術の力でそれらを操るための大前提だった。ティマグ神殿では、魔術の対象となる物体や性質を表現する言語を、『表象』と呼んでいる」

「表象」。うっすらと記憶にある。確か、この前翻訳した本にそういう言葉が書いてあった。

「ティマグ数字も、魔術において『表象』として使われるのだ。たとえば第三ティマグ数字は、いくつかの金属を表すのに使われる」

「金属？」

「『基本金属』と呼ばれている八つの元素だ。第三ティマグ数字を利用した呪文では、これらの金属を操ることができる。そして、第三ティマグ数字を使う資格を得ることは、その呪文の正当な使用者になるための第一段階なのだ」

それを聞いて、僕は期待で胸が高鳴った。

「もしかして、新しい魔法を教えてもらえるんですか？」

先生はうなずく。

「ただし、次の段階を突破すればの話だ。キヴィウスの神殿にいる、第三ティマグ数字の『完得者』に認められなければならない」

第4章

変成

ファカタの大神殿を出てから十数日。美しい緑の高原や、岩のごつごつした荒れ地を抜け、先生と僕はこの国の南端にあるキヴィウスという場所に到着した。ここには、ファカタの大神殿に次いで二番目に大きな神殿がある。僕は「第三ティマグ数字」を利用した魔法を教わる許可を得るためにやってきたのだ。とはいえ、許可をもらえるかどうかはまだ分からない。

先生によれば、ティマグ数字を使った呪文を教わるには、それぞれの数字の「完得者」という人に認められる必要があるそうだ。数字を使う資格を得ても、完得者の許可がなくては、その数字にまつわる呪文を教わることはできない。

「なんで、そんな面倒なことになっているんですか？　先生から教えていただくことはできないんですか？」

「ティマグ神殿では各基本呪文について、教えることができる者の数を制限し、誰が誰に伝えたかを厳重に管理している。そのようにして、使う資格のない者や、神殿の外部の者に呪文が知れ渡ってしまうことを防いでいるのだ。私が独断で教えることができるのは、『省き』『延ばし』のような古代呪文と、上級の呪文すべてだ。お前がこれからしばらく学ぶことになる低級から中級の呪文は、それぞれの『完得者』から教わる必要がある」

理屈はなんとなく分かるが、面倒くさいことに変わりはない。ただ、先生によると、今回キヴィウスの神殿に行く目的は他にもあるという。

「お前の『守り手』としての身分の証明となるものをもらいに行く。それは、キヴィウスの神殿の長しか作れないからな。お、いよいよ見えてきたぞ。あれがキヴィウスの神殿だ」

先生は、連なってそびえる小高い山の一つを指さす。その頂上付近に城壁のようなものがあり、その奥から幾筋もの煙が空へ向かって上がっているのが見える。先生について山道を登ると、頂上が平たくひらけ、高い石の壁に空いた門から中の建物が見えてくる。ファカタの大神殿に比べると規模は小さいが、人は多いようで、神官があちこちにいる。一部の人々は重そうなガラスの容器をいくつも荷車に載せ、ゴトゴト音をたてながら運んでいる。別の人々――簡単な防具をつけて槍を持っている人々は、どうやら警備をしているようだ。

「ここは国中にあるティマグ神殿の中でも、錬金術の拠点として知られている。よって、貴重な器具や材料、文献が豊富にある。貴金属や宝石もあるので、昔から盗みに入る者があとを絶たないのだ。それにしても、今日は普段よりも警備が厳重になっているようだな」

先生が警備の者に声をかけていると、壁の奥の建物から、若い神官たちを引き連れた男性が出てくるのが見えた。彼はこちらに気づき、いぶかしげな顔をしてこちらへやってくる。やけに細い身体をしているのに、さらにそれを誇張するかのような高い帽子をかぶっている。彼は少し離れたところで立ち止まり、一言声を発した。

「アルドゥインか？」

「久しぶりだな、メーガウ」

メーガウと呼ばれた男性は、先生が話しかけると眉間にしわを寄せた。頬はこけ、落ち窪んだ眼窩の奥から色の薄い瞳が怪しげな光を発している。それほど年をとっているようにも見えないが、若そうにも見えず、僕は彼が何歳ぐらいなのか判断しかねた。先生とこういうふうに話しているということは、同い年くらいなのかもしれない。彼はきわめて不愉快そうに言う。

「貴様が来るなどとは聞いていなかったぞ」

「事前に手紙など出したら、門前払いを食らうと思ってな」

先生は冗談めかして言うが、相手は苦々しい表情をする。

「何の用だ。あいにくこちらは、あちこちの神殿騎士団に送る『土溶薬』の準備の真っ最中だ。たとえそうでなくとも、お前の相手をしている暇などないが」

「ああ、例の土人形（つちにんぎょう）の件だな。忙しいところすまないが、弟子に、『融合』の呪文と、『守り手』の身分を示す『証し』を授けてほしい」

彼は僕を見る。僕は改めて姿勢を正し、胸に手を当てて挨拶した。

「新しい『守り手』か。貴様が死に損なったことは聞いていたが、こいつがその原因というわけか」

「メーガウ。お前が昔から私をよく思っていないことは知っている。だがくれぐれも、義務と私情を混同しないでほしい」

彼は横目で僕をじろりと見て尋ねた。
「『泉の試練』は受けたのか？」
「はい」
「一度も失敗しなかっただろうな？」
僕は返事に詰まった。
「……それが……」
「まさか、失敗したのか？　何回だ？　一回か、二回か？」
「その……十回です」
「十回だと！」
彼は驚き、先生に向かって言う。
「問題外だ。こんな奴に呪文を教えるわけにはいかん」
「何だと？　何度失敗したかは関係ないはずだ。数字を使う資格を得たのは確かなのだから」
「資格がどうとか言う以前の問題だ。あんな生ぬるい試練で十回も失敗するような鈍い奴に、大切な呪文を教える気はない！」
「メーガウ！」
先生が声を荒らげると、彼は少々体をびくりとさせた。
「よく聞け。このガレット・ロンヌイは、『塔の守り手』だ。いずれ私の後を継ぐことになる。彼に『融合』の呪文と『証し』を授けるのは、お前の義務だ」
「うるさい！『守り手』だろうが何だろうが、特別扱いする義理はないぞ。それに、今のが他人にものを頼む態度か？　この忙しいのに、いきなり押し掛けて来やがって。貴様の頼みなど、聞いてやるものか！」
「ザフィーダ師のご命令でもか？」
先生は懐から手紙を取り出し、開いて見せた。僕からは見えなかったが、手紙の内容には、彼を黙らせる効果があったようだ。彼は手紙を読み終えると、がっくりと肩を落とす。先生は僕に向かって言う。
「そういえば、紹介がまだだったな。この口の悪い男はメーガウ師。このキヴィウスの神殿の長で、ティマグ神殿全体の副大神官の一人。つまりこいつも、ザフィーダ師に次ぐ存在だ。そして、神殿随一の錬金術師でもある」

◇

メーガウ師は先生と僕に神殿内に入る許可を出したが、あからさまに不機嫌な顔をしていた。すぐに先生とメーガウ師は二人だけで、神殿内の一室に入った。僕は、メーガウ師を取り巻いていた若い神官たちと一緒に部屋の外で待っていた。メーガウ師と違い、神官たちはみな親切で、僕のことを歓迎してくれた。部屋の中からはときおり、怒鳴り声や得体の知れない大きな音が聞こえてきて、そのたびに僕も神官たちも震え上がった。二人が部屋から出てきたとき、メーガウ師は若干やつれたような顔をしていた。先生が僕に言う。
「話はついた。お前はこれから七日間、ここに滞在することになる。そして、こいつ……いや、このメーガウ師の出す試験に合格したら、呪文と身分の証しを授けられる」
　メーガウ師はため息をつく。先生はそれを横目で見ながら話を続ける。
「ただし、メーガウ師は一つ条件を出した。それは、私がここから去り、七日の間お前との連絡を絶つことだ。そうしなければ、私がお前を手助けすると思っているらしい。信用されていないにも程がある」
「公平性を保証するための当然の措置だ」
　メーガウ師はそう口を挟んで、僕に向かって言った。
「そういうわけで、このいまいましい魔術師にはお引き取りいただく。ガレットとか言ったな。ついて来い」
　彼はすぐに神殿の奥の方へ歩き出す。僕は不安になり、先生の方を見た。
「そういうわけだから、しばらくはあの性格の悪い錬金術師の言うとおりにしろ。分かったな。私は八日後に戻る」
　先生はそれだけ言って、神殿の出口へ向かった。僕は仕方なく、メーガウ師の後を追った。
　メーガウ師に連れてこられたのは、北向きの窓の付いた小さな実験室だった。部屋には、そこらじゅうに実験用の器具が置いてあり、窓の外には薬草畑がいちめんに広がっている。すぐ目の前には、まったく同じ形の作業台が二つ並んでいて、それぞれに三つずつ、坩堝(るつぼ)が横並びに載せられていた。
　メーガウ師はいきなり僕の方を振り返り、ぶっきらぼうに尋ねた。
「八つの基本金属をすべて挙げてみろ」
「えっ？」
「基本金属、つまり元素だ。『あいつ』から教わってないのか？」
　もちろん教わっている。僕は必死で思い出しながら答えた。
「基本金属は、ええと、金、銀、銅、鉄、鉛、水銀、……」
「あと二つは何だ」
「……塩と……」
　僕がすべて答え終わらないうちに、メーガウ師は早口で次の質問をする。
「それらが『基本金属』と呼ばれている理由は何だ」

「あの、ええと」
　僕は必死で思い出そうとしたが、なかなか出てこない。メーガウ師は答えを待ちながら、苛立ちを隠さない。ふと答えがひらめいて、口を開きかけたとき、メーガウ師はそれをさえぎるように言った。
「もういい。お前の答えをいちいち待っていたら日が暮れる」
　そのように言われて、僕は何だかひどく侮辱されたような気がした。
「基本金属が基本金属たるゆえんは、原則として『他の金属から作ることができない』ということだ」
　それは僕が思いついたとおりの答えだった。それだけに、悔しさが募る。
「これから七日間、この部屋で『黒き土地の技』の 43 ページに書いてある実験をしてもらう」
「『黒き土地の技』？」
　メーガウ師は、本棚から薄い本を取り出し、僕に乱暴に投げてよこした。僕はかろうじて落とさずに受け止めた。
「その 43 ページから数ページには、基本金属の一つである水銀を、別の二つの基本金属――鉄と銀から作り出す実験の様子が書かれている。お前はその最初の段階、つまり鉄と銀から『冷素』と『熱素』を取り出すところまでをやれ。その後はやる必要はない。やろうとしても、できないはずだからな。とにかく『冷素』と『熱素』ができたら私を呼べ。七日以内に実験を成功させられれば呪文を教えるが、できなければ教えない。それが規則だ。分かったな」
　出て行こうとするメーガウ師を、僕は慌てて引き止めた。
「待ってください！　分からないことがあったらどうすればいいんですか？」
「神官どもに聞け。ただし、実験はすべて自分の手でやるんだ。少しでもおかしな真似をしたら叩き出すからな」
　彼は部屋を出ていってしまった。実験室に一人残された僕は、椅子に腰掛け、『黒き土地の技』の 43 ページをめくった。

◇

「冷素と熱素の抽出」と「融合」の実験

　八つの基本金属の間の相互変換は多くの者によって試みられ、そして失敗の山が築かれてきた。私の見たことのある、唯一の成功例を以下に述べよう。これは「融合」あるいは「元素の結婚」と呼ばれる作用で、昔私がキィシュ国に旅したとき、「技を知る者」の一人に教えてもらったものである。私は彼の実験室で実際に、鉄と銀から水銀を作り出すところを見せてもらった。ただし、私は帰国後に自分の実験室で同じ方法を何度も試したが、一度も成功しなかったことを先に断っておく。

この術に必要な設備と材料は以下のとおり。どこの実験室にもあるであろう、実にありふれたものばかりである。驚くことに、貴重な触媒もとくに必要としない。

- 北向きの窓のある部屋に置かれた、二つの台
- 六つの坩堝
- 融合させたい二つの金属（鉄と銀）

手順は次の通りである。まず、二つの台に、坩堝を三つずつ、横一列に並べておく。

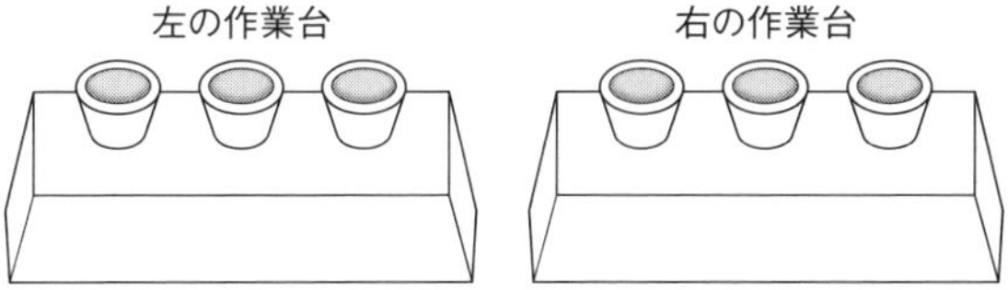

実験は夜を選んで行われる。日が暮れてから、二つの金属をそれぞれ炉にかけて個別に溶かす。そして「ロオニ・レッカ・ミトヴァ」と唱えながら、溶けた金属を三百回ずつかき混ぜる。そうすることによって、溶けた金属は、上・中・下の三つの層に分離する。

「彼」は、溶けた鉄の分離した各層を、左の台の三つの坩堝に分けて入れた。上の層は左、中央の層は中央、下の層は右の坩堝に入れられた。彼は同様にして、溶けた銀も三つの層に分け、右の台の三つの坩堝に入れた。鉄の場合と同じく、上の層は左、中央の層は中央、下の層は右の坩堝の中である。

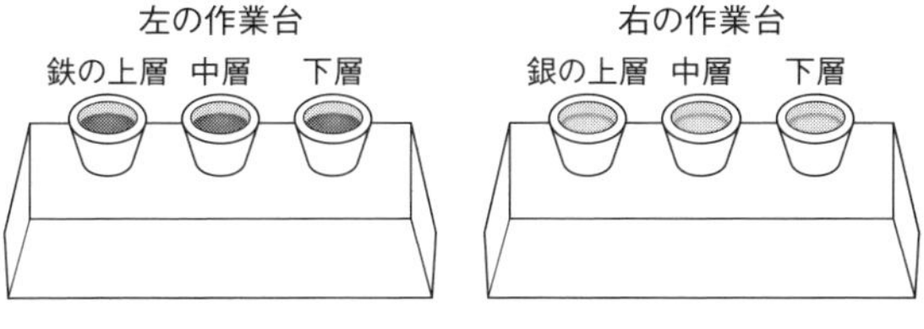

しばらく置いて坩堝の中身を見ると、いくつかの坩堝には無色透明な液体が生じており、その他の坩堝の中には深い赤色をした液体が生じていた。彼

は、無色の方を「冷素」、赤い方を「熱素」と呼んでいた。鉄を溶かした方の坩堝の中身は、三つのうち一番左が冷素で、中央と右が熱素であった。銀を溶かした方は、左と中央が熱素で、右のみが冷素であった。

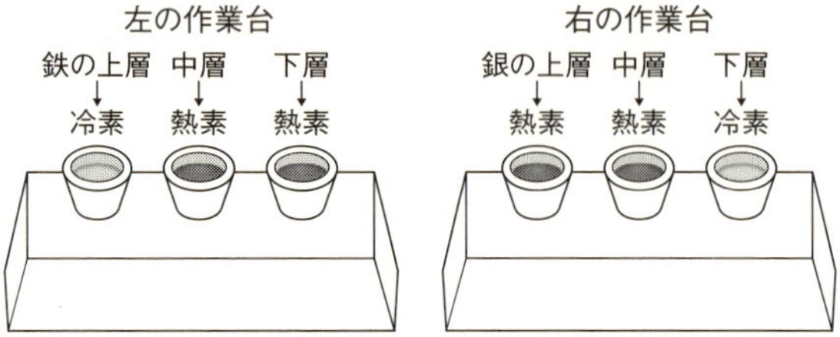

以上が、「冷素と熱素の抽出」である。しかし彼は、ここからが肝心だ、と言う。……

◇

実験の記述はまだ続くようだが、43ページはここで終わっていた。なるほど、僕はここまでをやればいいのか。それほど難しそうではない。金属を溶かすぐらいなら、先生の家でもやらされたことがある。できることなら早く終わらせたいものだ。

さいわい、実験器具は部屋にすべてそろっているし、六つの坩堝もすでに三つずつ、二つの台に並べて置かれていた。周囲を探すと、鉄と銀の塊もすぐに見つかった。どちらも十分な量がある。

あとは、ただ夜を待つだけだ。日暮れまでは数時間ある。僕は時間をどうつぶすか考えた。神殿の中を見て回りたいが、あのメーガウ師とは顔を合わせたくない。僕はなんとなく『黒き土地の技』に目をやり、さっき読んだところの続きを読んでみた。

◇

「彼」は、これから起こる反応について、次のように説明した。

「この『融合』の実験は、『元素の結婚』という別名からも分かるとおり、婚礼の儀式である。すなわち、二つの祭壇に載せられた金属は、花嫁と花婿だ。この実験において二つの金属は、まず互いの下層部分において反応し、次に中層部分、最後に上層部分で反応し、結果として新たな金属を生じるのである。

まず下層で起こる反応について見る。一方の金属の下層が冷素であり、他方の金属の下層が熱素であるときは、それらの結合によって新たに熱素が生じる。冷素どうしが結びつく場合、あるいは熱素どうしが結びつく場合は、冷素が生じる。我々はこのような反応を『陰反応』と呼んでいる。

《下層での反応（陰反応）》
冷素と熱素→熱素
冷素どうし→冷素
熱素どうし→冷素

中層での反応には、若干違う点がある。というのは、下層で『熱素どうしから冷素が生じる』ということが起こった後に限り、下層とは逆の結果が生じるからである。すなわち、冷素と熱素が結びつくときに冷素が生じるようになり、冷素どうしが結びつく場合、あるいは熱素どうしが結びつく場合は、熱素が生じるようになる。我々はこのような反応を『陽反応』と呼んでいる。それ以外の場合は、下層と同じく、『陰反応』が起こる。

《中層での反応》
（下層で「熱素どうし→冷素」が起こった場合：陽反応）
冷素と熱素→冷素
冷素どうし→熱素
熱素どうし→熱素
（それ以外の場合：陰反応）
冷素と熱素→熱素
冷素どうし→冷素
熱素どうし→冷素

上層での反応は、中層で起こった反応に影響を受ける。中層で、『冷素と熱素から熱素が生じる』『冷素どうしから冷素が生じる』『冷素どうしから熱素が生じる』のいずれかが起こった場合に限り、陰反応が起こり、他の場合は陽反応が起こる。

《上層での反応》
（中層で「冷素と熱素→熱素」「冷素どうし→冷素」「冷素どうし→熱素」のいずれかが起こった場合：陰反応）

冷素と熱素→熱素
冷素どうし→冷素
熱素どうし→冷素
(中層で「冷素と熱素→冷素」「熱素どうし→冷素」「熱素どうし→熱素」のいずれかが起こった場合：陽反応)
冷素と熱素→冷素
冷素どうし→熱素
熱素どうし→熱素

ただしこれらの反応は、残念ながら、我々自身の手で起こすことはできない。『陰なる者たち』と『陽なる者たち』を呼び出し、彼らに作業をさせる必要がある」……

◇

頬をかすめる冷たい風を感じて、僕は薄目を開けた。半分開いた窓の外は、もう暗くなっている。僕は、本を読みながらいつのまにか眠っていたらしい。
(やってみるか)
僕は立ち上がり、炉に火を起こした。まず鉄を溶かし、本にあったとおりの言葉を唱えながら三百回かき混ぜた。そして、左の台の上に並べてある三つの坩堝に、溶かした鉄を入れた。同じ量ずつ三つに分けるつもりが、最初の坩堝に多く入れすぎてしまった気がする。が、あまり気にしないことにした。僕は銀についても同じことをし、右の台の三つの坩堝の中に分けて入れた。
僕がすることは、これだけだ。あとは、それぞれの坩堝の中身が無色の液体か、赤い液体に変わるのを待てばいい。
しかし、実験は失敗だった。少し時間をおいてから見ると、六つの坩堝の中ではただ元の金属が固まっていた。その日僕は夜明けまで実験を続けたが、結果は同じだった。坩堝を何時間置いてもただ金属が固まるだけで、無色の「冷素」も赤い「熱素」も生じないのだ。
それ以降の数日、僕は昼間寝て、夜に起き出して実験をするということを繰り返したが、失敗が続いた。四日目の実験を終えた後、僕はついに音を上げて、他人に助言を求めることにした。昼になって、顔見知りの若い神官たちをつかまえて、実験について聞いてみた。彼らはみな錬金術の専門家で、うまくいかない原因について親身になって考えてくれた。「冷素と熱素の抽出」については、みな錬金術の基本実験だという認識ではあったが、「あれは結構難しい」と言う人が意外に多かった。数年修行を積んだ彼らの中でも、つねに成功するという人はほとんどいなかった。ある神官は言う。

「毎回必ず抽出に成功するのは、私の知るかぎりではメーガウ師だけですね。師の技術は、それは素晴らしいものです」

「そうなんですか」

他の者が口を挟む。

「でも、メーガウ師ですら、あの43ページの実験の『続き』は、一度も成功させたことがないんだろう？　結局あの『融合』っていう反応は、呪文で短時間しか起こせないものなんだろうな」

「しっ。それを絶対に口に出すな。それは、師が一番気に病んでいることだ。それに、あの魔術嫌いの師にそんなことを聞かれでもしたら、『お前は魔術の方が錬金術より優れていると思っているのか！』と怒鳴られるに決まってる。師の虫の居所が悪ければ、ここから永久に追放されるぞ」

メーガウ師は、43ページの「続き」を成功させたことがない？　しかも、魔術を嫌っている？　僕はもっとよく聞きたかったが、神官たちはその話題に関しては完全に口をつぐんでしまった。そのかわり、僕の実験について、金属の量は適切か、かき混ぜ方が速すぎるのではないかなど、さまざまな意見をくれた。僕はそれらのことにはほとんど注意を払っていなかったことに気がついた。そしてその日の夜は、とくに注意して実験をしてみた。

そして次の日——つまり五日目の朝、僕はついに六つの坩堝の中に、液体が少したまっているのを発見した。実際のところ、それらはどれも灰色っぽく濁った水で、冷素とも熱素ともつかない。しかし、とにかく液体が生じることを待ち望んでいた僕は、喜び勇んでメーガウ師を呼びに行ったのだった。

メーガウ師を見つけたとき、彼は神官たちをうるさく怒鳴りつけているところだった。そこを僕にさえぎられ、いつも以上に不機嫌そうだった。彼はせかせかと実験室に来て、坩堝をのぞき込んだ。そして僕の方を見もせずに言った。

「こんなものを見せるために、私を呼んだのか？」

「え？　こんなもの、って……」

「これはただの水だ。『冷素』でも『熱素』でもない。今朝は湿気が多かったから、水がたまったのだろう。まったく、こんな基本の実験すら、満足にできないとは……」

メーガウ師は悪態をつきながら部屋を出て行った。僕はがっかりした。もうすでに、五日が過ぎている。

◇

　その日の昼、僕があまりにもひどく落ち込んでいるのを見かねたのか、若い神官たちがまたあれこれ助言をくれた。
「金属の量やかき混ぜ方に問題がないとしたら、他に考えられるのは、器具の問題ですね。器具が汚れているために、実験がうまくいかないことはよくありますから。ここでも、器具の手入れはメーガウ師にしつこいほどやらされます」
　そうだったのか。僕は実験を始める前も始めてからも、一度も器具の掃除をしなかった。もしかすると、それが失敗の原因なのかもしれない。別の一人が僕に助言する。
「錬金術の昔の文献というのは、細かいことが書かれていないことも多いんです。実験を成功させたかったら、上手な人の実験を実際に見るのが一番ですよ。そうだ、今日の夜中、メーガウ師が我々向けに『冷素と熱素の抽出』の実演をするんです。それを見てみたらどうです？」
　僕はなるほどと思ったが、すぐに首を縦に振ることはためらわれた。何よりも、あの意地悪なメーガウ師の顔をあまり見たくなかったのだ。それに、助言どおりに器具の掃除をきちんとすれば、すぐにでも成功するかもしれない。
　僕は実験室に戻り、器具の掃除を始めた。今まで気にしていなかったが、かなり汚れている。掃除が終わると、僕はすぐに実験を開始した。金属の量に気を使い、溶けた金属をかき混ぜるときもゆっくりと丁寧にすることを心がけた。
　しかし、結果は同じだった。なぜ、うまく行かないのか。今日も無駄に、夜が更けていく。
　夜半ごろ、どこかで騒がしい音がした。様子を見ようとして部屋の扉を開けると、ちょうど昼間に話をした若い神官の一人がやってきたところだった。
「ああ、ガレットさん。ここに怪しい者が来ませんでしたか？」
「いいえ、とくに。さっきから騒がしいですが、何かあったんですか？」
「さっき、宝石を保管している倉庫の近くに侵入者がいたんです。見つけた神官の一人が取り押さえようとしたのですが、逃げられてしまって。実は、少し前から誰かが出入りしている形跡があって、警戒していたんです」
「そうだったんですか。侵入者の目星はついているんですか？」
「証拠はありませんが、最近このあたりに『放浪の民』が移動してきたらしく、彼らの仕業ではないかという噂です。何せ、ものを盗むことを何とも思っていない、危険な連中ですからね」

「放浪の民」のことは、僕も祖父から聞いたことがあった。彼らは自分たちのことを「ソーマ」と呼び、住む土地を持たず、世界中を放浪しながら生活する人たちだ。祖父が子供の頃に、僕の故郷の夜長村にもやってきたことがあるという。彼らは村の祭りで見事な踊りや曲芸、占いなどを披露し、村人をおおいに楽しませたが、その一方で収穫直前の野菜だとか、放し飼いにしていた鶏などを盗んでいったという。僕は祖父に「悪い人たちだね」と言ったものだが、祖父は「あの者たちは、わしらと『世界の見方』が違うだけだよ」と言っていたのを覚えている。

「あ、そうだ。もうすぐメーガウ師の『実験』が始まりますよ。騒ぎのせいで少し遅れると思いますが。一緒に行きませんか？」

立ち去ろうとしていた神官が、思い出したように言う。少しぼんやりしていた僕は、はずみで「あ、はい」と答えてしまった。

◇

気が進まないまま案内された部屋は、大勢の神官たちが集まっているにもかかわらず、しんと静まり返っていた。メーガウ師は神官たちの前で目を閉じ、祈りを捧げていた。驚いたことに、その表情は柔らかく、これがあのメーガウ師と同一人物だとは、にわかには信じられないほどだった。僕はまずこの時点で、かなり面食らった。

祈りを終えたメーガウ師は、器具を一つ一つ確認し、丁寧に磨くところから始めた。僕が驚いたのは、その美しい所作だった。彼の背はまっすぐに伸び、指の一本一本の動きまで、完全に意識が行き届いている。そして、すべての器具がぴかぴかに整っていく。僕がさっきした器具の掃除などとは比べものにならない。器具をきれいにするというのは、こういうことなのか。

やがて彼は炉に火を入れ、火加減を注意深く調節する。金属が溶けると、深く棒を刺し入れ、「ロオニ・レッカ・ミトヴァ」と唱えながら、速すぎず、遅すぎず、体全体を使うようにしてかき混ぜる。並んだ坩堝に溶けた金属を分けて入れる作業も、慎重かつ正確そのもので、金属の上層・中層・下層が完全に分かれて三つの坩堝に入れられていくのがよく分かる。しかも、その動きに固さはまったくなく、適度の緊張と、適度の弛緩とが、絶妙に混ざり合っているようだ。彼の周囲だけ、空気が澄んでいるようにすら見える。

（僕の『錬金術』は、錬金術ではなかったんだ）

これが、錬金術の実験というものか。僕は実験を単なる「作業」と考えていて、一つ一つの段階を「処理する」とか「片づける」ような意識で行っていた。それに対して、この実験はどうだ。これは、儀式であり、祈りであり、瞑想でもあるのだ。

金属が冷えるのを待つ間、メーガウ師は絶えず祈りの言葉を低く唱え、部屋の神官たちもみなそれに追随した。僕もいつのまにか、一緒に唱えていた。長い祈りが止むと、メーガウ師は六つの坩堝の中身を、それぞれガラスの器に移した。あるものは透明で、あるものは赤い。あれが「冷素」と「熱素」なのか。それは想像よりもずっと美しく、冷素は清流から汲み上げた水のようで、熱素は上等の赤葡萄酒のようだった。それまで努めて物音を立てないようにしていた神官たちからも、感嘆の息が漏れる。

僕は自分でも不思議に思うほど深い感動を覚え、メーガウ師に対して尊敬の念すら感じ始めていた。しかし、それは長くは続かなかった。実験が終わり、夜が明けて、メーガウ師が神官たちにうるさく指示を出し始めると、僕は急に現実に引き戻された。やっぱりあれは、いつものメーガウ師だ。ただ、実験を見たことについては、素直によかったと思えた。

◇

僕はその日十分に睡眠を取るようにし、日暮れとともに最後の挑戦を開始した。僕は二つの作業台を前に、呼吸を整えることから始めた。十分に気持ちが落ち着くまで、祈りの言葉を唱える。それから器具の一つ一つを丹念に磨く。とにかく、今日見たとおりのことをそのままやってみるのだ。

集中を途切れさせないように作業するのは、思っていたよりもずっと難しかった。僕は何度もメーガウ師の動作を思い起こし、動きが固くなりそうだったら緩め、緩めすぎたと思ったら少し緊張させ、ゆっくりとした呼吸に合わせて動くことを心がけた。火の様子を慎重に見ながら、溶けた金属をかき回す。今までこの段階で疲れたことはなかったが、自分の動き、道具の動きを完全に制御しながら、全神経を使ってやってみると、同じ作業とは思えないほど消耗する。

二つ目の金属をかき混ぜる作業が終わるころには、僕は頭の芯に強いしびれを感じていた。それをこらえながら、三つの坩堝に金属を満たしていく。最後の坩堝に金属を注ぐところで手が震えたが、かろうじて失敗なく終わった。作業は順調だったが、僕の方には問題があった。僕はふらふらと作業台から離れ、椅子に腰掛けた。そしてしばらくの間、動くことができずにいた。

何時間ぐらい、そのままの状態でいただろうか。夜もすっかり深くなった頃、ようやく気力が蘇ってきた。立ち上がって、作業台の方へ進む。坩堝の中身を見るのは怖い。体力的にも時間的にも、今夜中にもう一度実験をするのは無理だろう。失敗していたら、降参するしかない。しかし、もういいのだ。僕は全力を尽くした。現実を見よう。

僕は左の台の坩堝の中身をのぞいた。開いた窓から流れ込む風が僕を包む。それと同時に、坩堝の中身がかすかに波打った。

(まさか……)

三つの坩堝には、確かに液体が溜まっていた。それは、僕がこの前勘違いした時のような、濁った液体ではなかった。左の坩堝には、無色透明な液体が溜まっている。そして中央と右の坩堝には、赤い液体が溜まっていた。僕は興奮しながら、右の台の坩堝も確認した。三つの坩堝の中身は、左と中央が赤い液体、右が無色の液体。

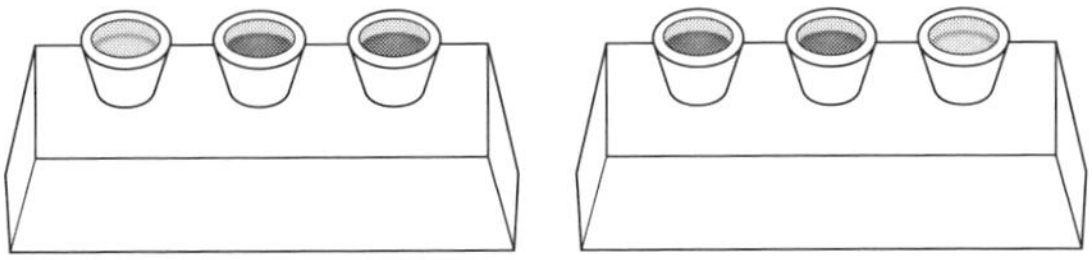

「できた！」

すぐにメーガウ師に報告しなければならない。僕は実験室の扉を開けて、メーガウ師の部屋に行こうとした。

「え？」

僕は思わず声を上げた。扉の外には、信じられない光景があった。神殿の内部の廊下につながっているはずのそこは、屋外だったのだ。何もない草原が、見渡すかぎり広がっている。

僕は恐ろしくなって、実験室に戻った。実験室の中には、変化はない。しかし、ここは明らかにキヴィウスの神殿ではない。いつのまにか、僕はたった一人、よく分からない場所にいる。

僕は夢を見ているのだろうか。僕は自分の顔を叩いたり、引っ張ったりしてみるが、目が覚める様子はない。ふと僕の視界の端に、何か動くものが映った。そちらに目をやると、開け放した窓から、何か小さな生き物がぞろぞろと入ってきた。全身真っ青で、逆三角形の顔に、とがった耳。ぎょろぎょろと大きな目玉。猫の毛をすべて刈ったらこういう感じになるのではないかと思えるような姿形だ。しかし猫と違って、二足で歩行している。彼らは床に飛び降りたが、僕の方に向かってくる気配はない。そのうち一匹が右の台に飛び乗り、右端の坩堝をのぞき込む。
「やめろ！」
　そう言っても、そいつは坩堝を見るのをやめない。無視されているというより、聞こえていないようだ。こいつらが何なのか分からないが、せっかくの実験結果を台無しにされたらたまったものではない。僕は、坩堝をのぞき込んでいる奴をつまみ出そうとした。
「あれ？」
　おかしなことに、そいつに触ろうとした手が、空を切った。いくらつかもうとしても、触れないのだ。床の方に並んで台の上を眺めている五匹にも触ろうとしてみたが、できなかった。最後の手段とばかりに、僕は坩堝を取り上げて移動させようとしたが、なんと、坩堝に触ることもできなくなっている！
　僕が驚いていると、台の上の生き物が、自分の背丈とあまり変わらない坩堝を持ち上げ、中の「冷素」を、どこからか持ってきた乳鉢に器用に移した。そして坩堝を元の位置に置き、蓋（ふた）をかぶせた。そいつは冷素の入った乳鉢を持ち上げ、左へピョン！と踏み出した。その着地点に、いつのまにか別の奴が待っていて、乳鉢を受け取る。乳鉢を受け取ったそいつも、左へピョンピョンと跳び、しまいには右の台を降りて、二つの台の間に着地する。そこに、また別の奴が待機していて、乳鉢を受け取る。
（なんだかよく分からないけど、計画的に動いているみたいだな）

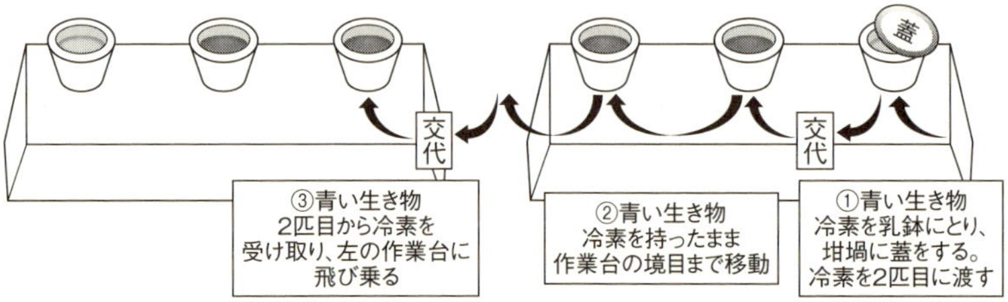

　乳鉢を受け取った「三匹目」は、左の台にピョンと飛び乗った。そして、その上の右端の坩堝の中に、乳鉢の中身を入れる。つまり、乳鉢の中の「冷素」を、坩堝の中の赤い液体――「熱素」と混ぜたのだ。なんということだ。これで、僕の実験は台無しだ！　しかし僕は同時に、混ざった液体はいったいどうなるのだろうという好奇心にかられた。僕が坩堝をのぞき込むと、中身は赤いままだった。
（つまり、熱素に冷素を混ぜても、熱素のままだということか？）

坩堝の前にいた青い生き物は、僕がのぞき込んでいる坩堝に「蓋」をして、ピョンと右へ跳ねた。と同時に、すぐそこにいた別の奴に空の乳鉢を渡して交代する。そいつは台を降りて右に跳ね、右の台に飛び乗り、三つの坩堝の前を素通りして、右端の坩堝の脇で別の奴に交代する。

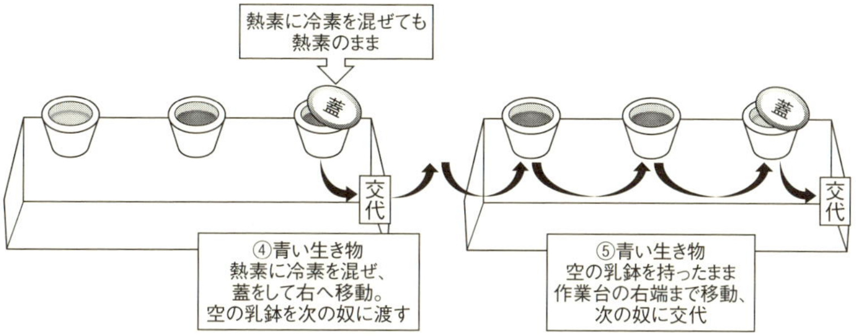

次の奴は、左へピョンと跳ね、今度は中央の坩堝の「熱素」を乳鉢に移し、坩堝に蓋をした。後はさっきとだいたい同じだ。すぐに別の奴に交代し、二つの台の間でまた交代。そいつが左の台の中央の坩堝に乳鉢の中身を入れる。

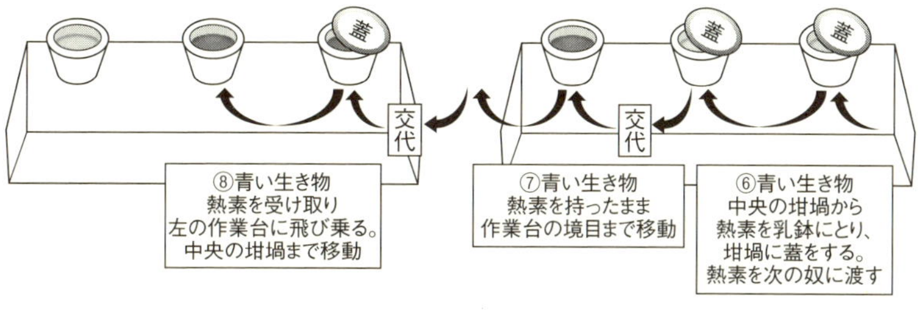

左の台の中央の坩堝には、もともと熱素が溜まっていた。それに、右の台から持ってきた熱素を足したのだ。熱素どうしだから変化はないだろうと思っていたが、僕の予想に反して、液体の色は無色に変わった。もっとよく見ようとしたところで、「生き物」が坩堝に蓋をする。

「もう少し待ってくれてもいいじゃないか、お前」

僕は相手に聞こえないことを承知で悪態をついた。そのときだった。何やらぞろぞろとした赤いものが目に付いた。なんと、開いた窓から「赤い生き物」が入ってきたのだ。形は青い奴とそっくりで、こちらも六匹ぐらいいる。

「うわ、何だ！」

部屋は青い生き物と赤い生き物でいっぱいになった。これから喧嘩でも始まるのかと思って観察していたが、とくに何も起こらず、変わったことと言えば赤い生き物のうちの一匹が左の台に飛び乗ったことだった。その上で乳鉢を持っていた青い生き物は、待っていたかのように飛び跳ねてそいつに近寄り、乳鉢を渡す。赤い生き物は乳鉢を持って、右へ向かってピョンピョン跳ねていく。そいつは左の台を降り、右の台に飛び乗り、右へ右へと移動し、台の右端に近いところで別の「赤い奴」に乳鉢を渡す。

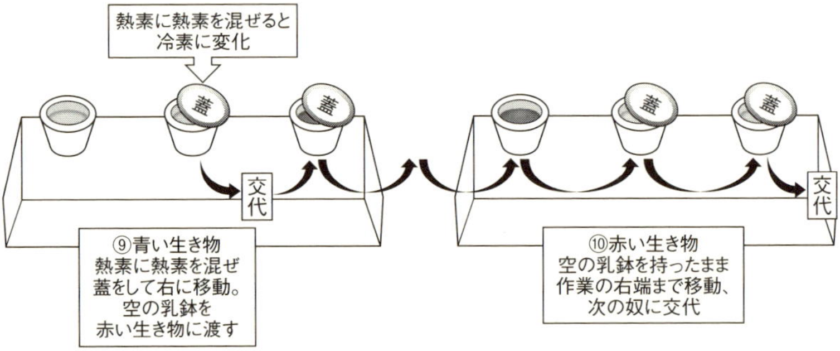

乳鉢を渡されたそいつは左へ移動し、右の台の左端の坩堝から乳鉢に「熱素」を入れる。蓋をして少し左へ跳ね、別の奴に交代だ。そして台と台の境界で、次の「赤い奴」が待ち受けている。

（やってること自体は、青い奴らと変わらないな。それならなぜ、こいつらが出てきたんだ？）

青い奴らが疲れるから代わってあげる、とかそういうわけではないだろう。赤い奴らの出てきた意味は何だ？

僕は、左の台で赤い生き物が最後の坩堝に乳鉢の中身を入れるのを見た。つまり、熱素と冷素を混ぜたのだ。僕はさっき、青い奴らが同じように熱素と冷素を混ぜて、結果として熱素が得られるのを見た。今回もそうなのだろうか。

「あっ！」

左端の坩堝をのぞき込むと、無色の液体が目に入った。さっきと同じく熱素と冷素を混ぜたのに、今度は冷素が得られたのだ。

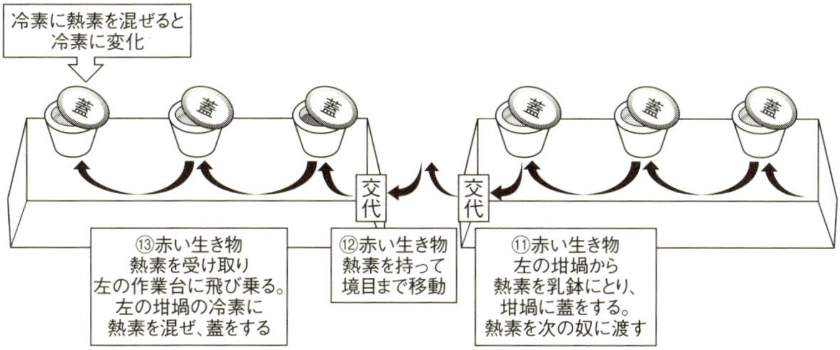

「どういうこと？」

赤い生き物に話しかけても、答えてもらえるわけがない。そいつは最後の左端の坩堝に蓋をして、すぐ右に待機していた赤い奴に交代する。そいつは右へ向かう。まだ何かすることがあるのだろうか。左の台を降り、右の台に飛び乗り、さらにその右端でまた別の赤い奴に交代する。

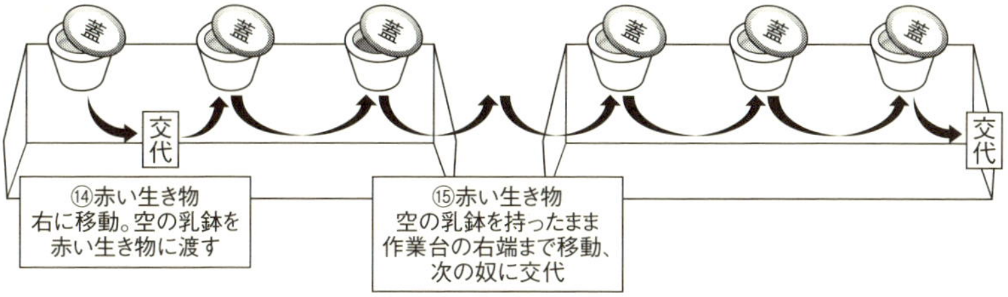

交代した奴はそのまま左へ跳ね、三つの坩堝の前を素通りして右の台を降り、そこで別の赤い奴に交代する。そいつは左の台へ飛び乗り、左へ移動しながら、そこにある三つの坩堝の蓋をすべて取り去った。そして左端から下へ飛び降りる。その直後、左端から強い光が放たれた。

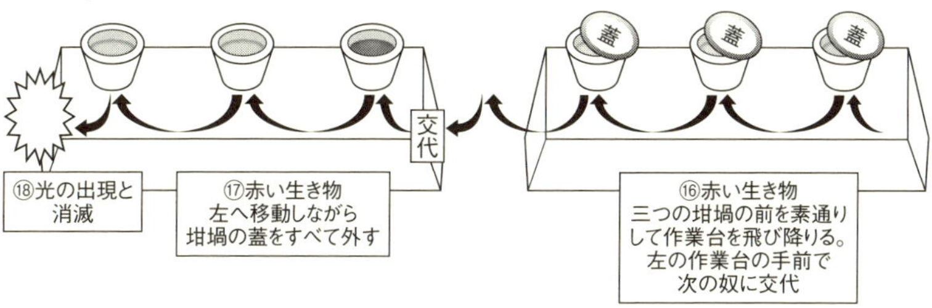

光が消えると、青と赤の生き物たちはすっかりいなくなっていた。僕は部屋中を見回し、あちこちを探したが、やはり彼らの姿は消えている。窓から出たのだろうか？　窓枠によじ登り、外へ顔を出すと、夜の草原の奥の方に白っぽい光の輪が浮いているのが見えた。その黒々とした中心に向かって吸い込まれるように歩いていく、小さな生き物たちの影。光の輪は徐々に小さく閉じていく。

「待て！」

僕は窓から外へ飛び降りようとした。慌てたせいか、つま先が窓枠に引っかかり、僕は頭から地面に落ちた。

◇

後で神官たちに聞いた話によると、僕は体を逆さまにして、薬草畑の土に頭を少しめり込ませた状態で気絶していたらしい。朝方に僕を発見した神官は、侵入者に襲われたものと思いこみ、急遽実験室に寝台を運び込んで僕の手当をした。さいわい軽傷だったが、しばらく安静にしたほうがいいと言われた。実際、僕の頭はずきずきと痛んだので、とにかく休むことにした。

眠っていると、部屋の扉が乱暴に開いた。入ってきたのはメーガウ師だった。

「外で寝ていたそうだな。まったく、何をやっていたんだ。実験はどうなった」

僕は起きあがろうとしたが、背中に痛みが走ってうまく起き上がれない。仕方なく、中途半端な姿勢のまま答えた。

「冷素と熱素の抽出は、ゆうべ成功しました。しかし、その後おかしなことが起こって」

「言い訳は要らん。要するに、失敗したということだろう」

「違います！」

「ふん。坩堝の中身を見れば分かることだ」

そう言って、メーガウ師は左の台の坩堝を見に行く。坩堝の一つを見た彼は、動きをぴたりと止めた。そして、あと二つの中も食い入るようにのぞき込む。僕自身、あの後で坩堝の中身がどうなっているか、確信がなかった。願わくば、冷素と熱素がそのままの形で残っていてくれればいいのだが。

坩堝を覗き込んでいるメーガウ師の背中がぶるぶると震えだした。怪訝に思っていると、彼はいきなり僕に飛びかかり、僕の襟首をつかんだ。

「これは、どういうことだ！？　私へのあてつけか？　アルドゥインの差し金だな？　そうだろう！」

あまりの剣幕に、僕は動転した。

「ちょ、ちょっと待ってください。何のことですか？」
「水銀だ。水銀を、どこから盗んだ？　神殿内の水銀はすべてお前の目に付かないところに隠すよう、神官たちに言っておいたのに。誰かを買収しやがったのか！？　いや、やはりアルドゥインだ。そうだろう。そうか、分かったぞ。このところ神殿に侵入していたのは、アルドゥインだな？　アルドゥインが夜中にこっそり、水銀を持ってきたんだろう！？　この私を侮辱するために！」
「水銀？　水銀って、何のことか……」
「とぼけるな！　見ろ！」
僕は寝台から降り、左の台の坩堝をのぞき込む。三つの坩堝の中身は、冷素でも熱素でもなかった。どの坩堝にも、銀色に光る液体が入っていた。確かに、水銀だ。僕はわけが分からない。
「僕は水銀なんか、作った覚えはありません。冷素と熱素は作りました。でもその後、変な生き物たちが部屋に入ってきて」
僕は正直に、経緯を説明した。しかし、説明すればするほど、メーガウ師の怒りは増していくようだ。やがて彼は「もういい！」と言って、憤慨しながら部屋を出て行った。
キヴィウスの神殿内での僕の立場は、明らかにおかしくなった。メーガウ師が出て行った後、数人の年長の神官たちがかわるがわる話を聞きに来たが、正直に話してもまったく信じてもらえなかった。「なぜ水銀を入れたのか」「どこで水銀を手に入れたのか」と尋ねるばかりで、話がかみ合わない。しまいには、「このままだと、呪文も、身分の証しも授けてもらえないだろう。しかし本当のことを話してくれれば、我々からメーガウ師に、もう一度だけ機会を与えてくれるよう頼んでもいい」などと、半分脅すように言われる始末だ。
僕はすっかり疲れてしまった。そして、何人もの人たちに「本当のことを言え」と問いただされているうちに、自分でも記憶に自信がなくなってきた。僕は冷素と熱素を作ったと思ったが、その後の奇妙な出来事のせいで、もしかしたらそれも夢だったのではないかと疑い始めていた。しかしそれならば、なぜ坩堝の中に水銀が生じたのか？　やはり分からない。
はっきり分かっているのは、僕が得たいものをメーガウ師から授けられることは、もうないだろうということだ。この七日間の苦労は何だったのか。明日は先生が来るが、どんな顔をして会えばいいのだろう。
僕はまた数時間眠り、のどの渇きを覚えて目を覚ました。もう夜も更けている。僕は水を求めて神殿の廊下に出た。そのとき、二人の神官の話し声が聞こえた。顔見知りの人たちだと分かったので、挨拶をしようと近づこうとしたら、彼らの話の内容が聞こえてきた。
「なあ、どう思う？」
「そうだなあ。やはり、メーガウ師が長年かけても成功しない実験を、ガレットさんが成功させたとは思えないな」
「やっぱり、そうだよな。いくら『守り手』だからと言ってもな」
「でも、だからといって、彼がわざわざメーガウ師への嫌がらせのために、水銀を作ったように見せかけたとも思えない」
「まあ、そんな悪いことができそうではないし、それ以前にそれほどずる賢いことを思いついて実行できるほど、器用そうにも見えないしな。彼は素直で好感の持てる青年だが、『守り手』の後継者としては、かなり頼りないよな」
「『泉の試練』で十回も失敗したっていう話か。確かに、歴代の『守り手』で、あの最初の試練に一度でも失敗した者がいるとは、聞いたことがない」
「書物に残っているかぎりは、失敗したという記録は皆無だな。当然、先代のアルドゥイン様も、その前のザフィーダ様も、一度も失敗せずにやすやすと試練を終えている」
「だが、一度に何人もの敵と戦うのだし、ガレットさんはまだお若い。失敗するのが普通だろう」
「お前は楽観的だな。俺は心配でならない。あのようなことで、本当に『守り手』が務まるのだろうか。噂によると、まだ魔法をほとんど使えないそうじゃないか。こう言っては何だが、ガレットさんには魔術師の適性がないのではないか？　そうだ、お前、『第十一神殿騎士団』の連中に会ったことがあるか？」
「第十一？　ビュゼ地方の僻地にある、弱小騎士団のことか？」
「構成員が三人しかいないという点で、組織としては確かに弱小だ。だが、三人ともとんでもない実力者らしい。とくに団長のイシュラヌというのは、たいへんな力の持ち主だそうだ」
「ああ、イシュラヌについては聞いたことがある。まだ二十代の前半だとか。そういう者たちに比べられると、ガレットさんも辛いだろうな。つぶされないといいが」
「神殿に優れた若者がいることは、我らにとっては心強いがな。おお、もうこんな時間だ。次の者と交代して、早く休もう」
　そう言いつつ、二人の神官は引き上げていった。僕はその場に立ちすくんで、しばらく動くことができなかった。
（『泉』で失敗したのは、僕だけだったのだ。それも、十回も）
　僕はぼんやりしたまま、ふらふらと歩いた。ローブも着ないまま、出口の一つから神殿の外へ出て、夜露で湿った草の上を歩く。立っているのが辛くなって、芝の上に座り込もうとした。

　そのときだった。僕の目の前を、小さな黒い影が横切った。そして僕の背後からは、神官たちの騒ぎ声が聞こえてくる。振り返ると、はるか後方にいる神官の一人が、僕に向かって大声で叫んだ。

「ガレットさん！　そいつを！　そいつを捕まえてください！」

　次の瞬間、僕は自分が何も持たないことを忘れ、黒い影めがけて駆けだした。その僕を追うように、再び神官たちの声が聞こえる。

「侵入者だ！　みな、あの影を追え！」

第5章

子馬の像

小さな黒い影は、芝の上を駆け抜けていく。そして、神殿をとり囲む石壁を軽くよじ登り、外へ飛び出す。僕も壁に飛びつき、急いで登ったが、遅れを取ったことは明らかだ。壁の外へ飛び降りると黒々とした林が見え、その奥からかすかに足音がする。

（そっちか）

どこへ続くかも分からない、道かどうかも分からない道を、僕は走った。左右から飛び出している草木がときおり手足を引っかくが、かまっている余裕はない。しばらくすると、前方の足音が近くなり、闇の中に半分とけ込んだような影が動いて見えた。もう少しで追いつけそうだ。

しかし、姿が見えてからしばらく走っても、距離はなかなか縮まらない。見失わないでいるのがやっとだ。気がつくと、もうずいぶん神殿から遠くに来てしまった気がする。一度、引き返すべきだろうか？　いつも先生に夜の山道を走らされているためか、疲れは感じていない。しかし今のところ侵入者を追っているのは僕一人で、神官たちが後ろから来ている気配はない。相手に追いつけたとしても、危険な奴だったらどうする？　魔術師のローブも杖もない状態で、僕は本当に大丈夫だろうか？

（ガレット様には、適性がないのではないか？）

（頼りないな）

先ほどの、神官たちの言葉が頭に浮かぶ。やっぱり僕は引き返すわけにはいかない。なんとしても、賊を捕まえてみせなくてはならないのだ。

急に黒い影が大きくなってきているのに気がついた。相手は、前を向いたまま立ち止まっているようだ。

（何をしているんだ？）

もしかすると、自分が追われていることに気がついていないのではないだろうか。僕は好機を逃すまいと、そのまま相手に向かって走り、飛びかかろうとした。

そのとき、相手が僕の方を振り向いた。夜空のかすかな光を背に浮かび上がったのは、男の子とも女の子ともつかない、痩せた子供の影だ。その子は僕を見て、反射的に横に飛びのいた。僕はそのままの勢いで前につんのめった。目の前には満天の星空が開け、足下の道が途切れたように見えた。

（急な坂？　いや、崖だ！）

僕はそのまま頭から前に倒れ、急な勾配を下へ下へと転がった。

◇

流れる水の音と、鶏の鳴き声が聞こえる。香木を焼いたような匂いに目を覚ますと、青や緑の布でできた天幕が目に入った。僕は柔らかい藁の上に寝かされている。ここは、どこだろう？　頭を少し動かすと、僕の視界に突然、少年の顔がひょっこり現れた。

「おはよう！」

年は十歳ぐらいだろうか。僕と同じ黒い髪をしているが、肌は浅黒く、大きな目は美しい緑色だ。僕は上半身を起こして彼に尋ねた。

「君、だれ？」

「僕はカーロだよ」

「ここはどこ？」

「僕とカノーヤばあちゃんのテント」

「ええと、そういうことじゃなくて、ここはキヴィウスのどの辺なの？　地名は？　何村？」

少年はきょとんとしている。ここがどこか知らないのだろうか。いや、むしろ、質問の意味が分かっていないように見える。

少年の顔を見ているうちに、僕は昨夜のことを思い出し始めた。侵入者を追って走っているうちに、崖から落ちたんだっけ。その前は実験室の窓から落ちたし、最近落ちてばかりだ。しかしあれから、どうなったのだろう。

「あの、なんで僕、ここにいるの？」

「崖から落ちたのを、運んできたんだよ」

「君が助けてくれたの？」

「うん。僕がみんなを呼んで、運んだの。左足を怪我していたから、手当もしたよ」

僕は自分の左足を見た。ぼろぼろの布がぐるぐると巻かれている。感覚は鈍いが、動かそうとすると鋭い痛みが走った。

「折れたのかな」

「ひびがはいったみたいだって、ばあちゃんが言ってた」

困ったことになった。ここでこんなことをしている暇はない。早く神殿に戻らなければ。今日は、先生が僕を迎えに来るはずだ。しかし、あの侵入者は、結局どうなったのか。昨夜見た小さな影に、今目の前にいる少年が重なる。昨日の奴も、これぐらいの背格好だった。もしかして、この少年ではないだろうか？　いや、そんなはずはない。侵入者が、自分を追っていた人間を助けるはずがないではないか。

僕は周囲を見回した。木の壁が部屋をぐるりと取り巻き、上に天幕が被さっている。部屋の向こう側には丸みを帯びた木の扉があり、その傍らの粗末なテーブルには、曇った瓶やぼろぼろのカードの束が置かれている。全体に薄暗くて小汚い部屋だが、鮮やかな色の壁掛け布や、きらりと輝く金属の置物など、珍しいものもある。テーブルの奥には、浅黒い肌をした白髪の老婆が一人、椅子に腰掛けたまま居眠りをしていた。

（もしかして、放浪の民？）

老婆は目を覚まし、僕らの方を見た。

「カーロや、その人はお客だったのかい？」

「まだ分かんない」

「3 ガナ持ってるか？　持ってるなら客だ」

カーロが僕に「3 ガナ持ってる？」と尋ねる。僕はふところを探って所持金を確認した。10 ガナ程度は持っている。カーロはそれを見ると、老婆を呼んだ。老婆は椅子から立ち上がり、よたよたと近寄ってくる。そしてカーロの隣に座ると、僕の手からすばやく 3 ガナをかすめとった。

「ちょっと、何をするんです！」

老婆は答えず、眠そうな目で僕の顔を眺めた。

「では見てやろう……ふむ。あんたが生まれたのは冬だね？」

なぜそのようなことを聞くのだろう。僕はわけが分からないまま答えた。

「いいえ、夏です」

「そうかい。それは残念。あんたは本来、冬に生まれるべきだったんだ。夏に生まれたのが、不幸の原因だ……」

僕は混乱したが、老婆はかまわず続ける。

「ふむ。あんたは都会の生まれだ……しかも、海のない土地だね？」

「いいえ、海の近くです」
「本当かい？　おっと、どうやらあんたの前世の方を見ていたらしい。もうちょっとよく見せておくれ。……分かった。あんた、今、年上の女に恋をしているだろう。それも、許されない恋だ。さぞ辛いだろうね。そして心を癒すため、旅をしている……そうだね？」
「いいえ、そんなことはまったく」
　僕はあまりの出鱈目さに呆れていた。これはきっと、占いかなんかのたぐいなのだろう。しかし、インチキにも程がある。この人たちは、本当にこんな商売をして生活をしているのだろうか？
　突然、老婆が僕の手首をつかんだ。手首が握りつぶされそうな、異常な強さだ。カーロが言う。
「ちょっと、お客さん！　おばあちゃんの顔を見て」
　老婆の顔を見て、僕は小さく悲鳴をあげてしまった。老婆は口を半開きにして、完全に白目をむいていたのだ。僕の手首を握ったまま、ガタガタと震え出す。
「いったいどうしたんだ！？」
「お客さんは運がいいよ。おばあちゃんは、時々こうなるんだ。そして『本当のこと』を言う」
「え？」
　老婆の口がゆっくりと動き始める。
「そうか……お前は……『塔の守り手』」
　僕は、自分の耳を疑った。
「お前の故郷……海の近く……ここからずっと北西の、海沿いの村……」
「なぜ、それを」
「お前は……一度しか会ったことのない娘に恋い焦がれている……その名は、ティル……いや、ティルディアナ」
　僕は開いた口が塞がらない。しかし、「ティル」なら分かるが、「ティルディアナ」というのは僕が初めて聞く名前だった。
「お前は、女神の護符を肌身離さず身につけている……その娘にもらった物だな……だが娘は、誰の手も届かないところにいる……たった一人で」
「どういうことですか？　ええと、その、ティルが『誰の手も届かないところにいる』っていうのは？」
　僕の質問に対する老婆の答えは不可解なものだった。

「娘を連れ戻したければ……お前は、『この者たち』を助けなくてはならない」
「『この者たち』って？」
「……我が宿主であるこの老婆と、その一族である放浪の民」
その時、大きな音がして部屋の扉が勢いよく開いた。老婆は我に返り、僕の手首を放した。入ってきたのは、屈強そうな体格をした三十代ぐらいの男だ。
「お前ら、何をしている！」
男はいきなり大声で怒鳴りつけた。そして、僕の方をいぶかしげに見る。
「誰だ、そいつは」
カーロが答える。
「やあ、サイロス。この人、怪我をしていたから連れてきたんだ」
男はつかつかとカーロに歩み寄ると、その頬を思い切り張り飛ばした。カーロはその勢いで壁の方へ倒れこんだ。あまりのことに、僕は思わず叫んだ。
「なんてことを！」
男は僕の方を向いた。
「貴様には関係ない。さっさと出て行きな」
そう言って男は倒れた少年の方を向き、さらに殴ろうとした。僕は左足を引きずってカーロと男の間に割って入った。
「なんだ、邪魔すんのか！？　若造」
「黙って見ていられると思うか？　なぜこんなひどいことをするんだ！」
「同じことを言わせるな。貴様には関係ない」
男の目には激しい敵意が浮かんでいる。僕の方も、どうしようもなく腹が立ってきた。
「この子はただ、僕の手当をしてくれているだけだ。なぜそんなに腹を立てる？」
男は瞼のあたりをピクピクさせながら、黙って僕を睨んでいる。男の左の頬には、炎の形の入れ墨があった。
「貴様、まさか神殿の奴じゃないだろうな」
「何を言っているんだ？」
男は僕の身なりをじろじろ見る。
「ずいぶんと薄汚い格好をしているもんだ。神官ではありえないか。むしろ、こいつらと同類といったところだな」
男は僕に蔑むような視線を残したまま、懐から何か取り出した。手のひらほどの大きさの、薄い陶器の板のようなものだ。男は乱暴に、それをカーロの方に投げる。
「この物騒な本はもう用済みだ。おい小僧、お前にやるよ。お前を何日も、神殿に出入りさせたからな。その褒美だ。おかげで、奴らを宝物庫にひきつけて、俺たちはやすやすと目当ての本を奪うことができた。うるさい錬金術師がいたが、一人だったから簡単に黙らせてやった」
　何だって？　僕は何か、たいへんなことを耳にしている。カーロが男に言う。
「僕はこんなの、要らないよ」
「だったら適当に処分しな。神殿の奴らに返してやる必要はないからな。返したところで、『守り手』とかいう魔術師の手に渡るだけだ。分かったな、小僧」
「守り手」の手に渡る？　つまり、僕のことか？
「僕は小僧じゃないよ、カーロだ」
「うるせえ！　ぐだぐだ抜かすと、お前もババアもただじゃおかねえぞ！　とにかく、さっさとそこの青二才を追い出しておけ。おいババア、もう一度練習だ。隣のテントに来い」
　そう言って、男は外へ出て行った。カーロは男が置いていった陶器の板のようなものを拾い上げる。
「カーロ、それ、僕に見せてくれない？」
「うん、いいよ」
　その表面に触れると、なめらかでひんやりとした感触が指に伝わる。とても薄くて壊れてしまいそうだが、さっき投げられても壊れなかったことを考えると、意外と丈夫なのかもしれない。しばらく触っているうちに、板だと思っていたそれが、ごく薄い陶製の表紙に数枚のページを綴じ込んだ「本」であることが分かった。しかし「ページ」といっても、紙ではなく、薄いガラス板や金属の板でできている。
　まず表紙の裏には、何やら小さな文字がびっしりと刻み込まれていた。読んでみたところ、それは『黒き土地の技』43 ページと、44 ページの抜粋だった。つまり、あの「実験」の記述だ。
　そして、最初のページは薄いガラスでできていて、その中に白い粒が入っていた。おそらく、塩だろう。そして中央に小さく、こういう文字列が刻まれている。

○○○

「これは！」

僕はさらにページをめくる。その次のページは、同じようなガラスの中に、銀色に輝く液体が入っていた。これは水銀だ。その次は、薄い銅の板でできたページ。次は黒い鉄。その次は、灰色の見慣れない金属だ。「それは『すず』だよ」と、老婆が教えてくれた。そうか、錫か。次のページも似たような金属でできていたが、少し青みがかった、黒っぽい灰色だった。おそらく鉛だろう。そして銀のページが続き、最後は光輝く金だ。

そして、どのページにも三つの文字が刻まれている。各ページの文字は以下のとおりだ。

塩のページ	○○○
水銀のページ	○○●
銅のページ	○●○
鉄のページ	○●●
錫のページ	●○○
鉛のページ	●○●
銀のページ	●●○
金のページ	●●●

本の裏表紙の折り返しにも、何かが刻まれている。僕はその意味に驚いた。

「……『この本の正当な所有者は、第二十六代目の塔の守り手、ロンヌイのガレットである。この者は、融合の呪文を授けられた証明として、この本を与えられた。正当な所有者以外の者がこの本を一日以上所持した場合、その者は死に至る』」

これは、どういうことだ？　なぜ、このような文句が書かれた本が存在するのだ？　カーロが言う。

「その本は、サイロスたちが持ってきたんだよ」

「持ってきた？」

「うん。サイロスたちはゆうべ、山の上にある建物から本を二つ持ってきた。それは、そのうちの一つだよ。僕もあの建物には行ったけど、何も持ってこなかった。ただ、塀の中に入って、奥の方をうろうろしていただけだ」

山の上にある建物とは、ティマグ神殿のことだろう。

「もしかして、ゆうべ僕が追いかけていたのは、君だったの？」

「追いかけてた？」

「うん。そして、僕は崖から落ちたんだ」
「崖から落ちたところは見たよ。でも、僕のこと、追いかけてたの？　知らなかった」
やはり、昨夜神殿に侵入したのは、この子だったのだ。きっと、その前の侵入者も、またその前も、この子だったのだろう。この子に宝物庫のあたりをうろつかせて、警備の神官たちの注意を引きつけ、その隙に目当ての物を奪う。すべて、あの男が仕組んだことなのか？　いったい何者なのだろうか。テントの外から、男の怒鳴り声が聞こえた。老婆を呼んでいるらしい。
「おいババア、さっさと隣のテントに来い！」
老婆はやれやれといったふうに、重い腰を上げ、ふらふらと外へ出て行く。カーロは老婆を心配そうに見ている。僕はカーロに尋ねた。
「あのサイロスって男は、君の家族なの？」
「違うよ」
「じゃあ、ただの仲間？」
「ううん」
「仲間じゃないの？」
「サイロスはソーマじゃない。でも、少し前から一緒にいる」
彼らの言う「ソーマ」ではないということは、「放浪の民」ではないということだ。
「仲間じゃないのに、なんで一緒にいるの？」
「ついて来たから」
「それだけ？」
「うん」
「どういう人なのか、ちゃんと分かってるの？」
「どういう人って、どういうこと？」
「ええと、だからさ。元々どこで何をやっていた人なのか、とかさ？」
「知らない」
僕はカーロの答えに混乱した。いくらなんでも、素性の分からない者と一緒にいるなんて、無防備すぎではないだろうか。
「仲間じゃないんだったら、あんな乱暴者、さっさと追い出すべきだよ」
「どうして追い出さないといけないの？」
「だって、一緒にいたくないだろ？」
「一緒にいたくなかったら、追い出さないといけないの？　どうして？」
「いや、だってさ。いやな思いはしたくないじゃないか。だって、その、いやな気分の時間よりも、いい気分でいる時間が長い方がいい、っていうかさ……」

カーロは、よく分からないという顔をしている。僕も自分で言いながら、自分の話す内容の浅さと薄さにうんざりしたし、また、これ以上どう答えていいかも分からなくなった。きっと僕らは普段、さまざまなことを「当たり前」として受け入れて暮らしているのだろう。そして、同じ「当たり前」を持たない人々からいざ「なぜ」と問われると、答えに詰まってしまう。

僕は、これからどうするべきか。あの男が、神殿から盗んだ本を使って何かしようとしていることは間違いない。もしかしたらもう手遅れなのかもしれないが、いずれにしても、神殿に伝えなくてはならない。問題は、僕の足が折れていて動けないことだ。僕はまず、手紙をカーロに持っていってもらうという案を考えた。

「ねえカーロ、山の上の建物に、もう一度行ってくれないかな？」

「いいけど。でも、場所が分かるかな？」

「どうして？　昨日も行ったんだろ？」

「僕たち、昨日の夜までいた場所から、移動したんだ」

「移動した？」

「うん。テントごと、移動したの。すごく長くかかったよ」

困ったことになった。手紙が届けられないとしたら、どうすればいいのか。今頃、神殿では僕がいなくなって騒ぎになっているはずだ。侵入者を追って、行方不明になった間抜けな「守り手」のことを、メーガウ師や神官たちはどう思っているだろう。それを考えると、僕は胃のあたりがチクチクと痛んだ。しかし今は、自分の評判など気にしている場合ではない。さいわい、僕は「敵」の近くにいる。

（自分で、どうにかするしかない）

僕はカーロに頼んで、手頃な木の棒とひもを借りて、左足に縛り付けて添え木にした。カーロの手を借りて立ち上がると、立つことはできたが、激痛が走る。早く歩くことはできなさそうだ。僕は我慢しながら少しずつ移動し、カーロに扉を開けてもらった。

「カーロ、悪いけど、手を貸してくれないかな。隣のテントで、あの男が何をしているか探りたいんだ」

「いいよ。でも、見つかったら殴られるよ、きっと」

「だから、見つからないようにしたい。どうにかできない？」

「分かった」

外に出ると、大きな河が見えた。僕たちがいるのは、広大な河原の砂利の上だ。見回しても、川の両側は鬱蒼とした森があるばかりで、人が住んでいるような気配はない。近くには、移動式のテントがいくつか並んでいる。僕らがいたテントにも車輪がついていて、驢馬をつなぐ部分もあった。

河原では、カーロと同じ黒い髪と浅黒い肌をした男たちが、何やら作業をしていた。

「あれは、何をしているの？」

「子馬を作っているんだ。作っているのは、僕の叔父さんだよ」

「子馬？」

「うん。鉄の子馬だよ。サイロスが持ってきた仕事なんだ。誰かが買いたがっているんだって」

カーロが叔父を呼ぶと、彼は子馬の像を抱えてやってきて、僕に見せてくれた。脇に抱えられるぐらいの大きさの、とても精巧な像だ。疾走する馬の躍動感が見事に表現されている。僕が像の出来映えをほめると、カーロの叔父は無言でうなずいた。うれしいのかうれしくないのかよく分からない。カーロの叔父は、黙々と作業に戻っていく。よく考えたら、「放浪の民」は誰も僕の素性を問いただしたりしない。名前すら尋ねられていない。それなのに、排除されている感じはまったくなく、静かに受け入れられている感覚がある。実に不思議な人々だ。僕は改めて、カーロに自己紹介をした。

「あの、僕の名前はガレット」

「ガレット、か。すてきな名前だね」

カーロはそれだけ言うと、僕を隣のテントへ連れて行った。彼は僕に手を貸しながらテントの後方へ行くと、車輪の間に潜り込んだ。そして器用な手つきで、上に見える床板の一部をはずした。大人が通れるぐらいの穴があく。

「どのテントにも、秘密の出入り口があるんだよ。この出入り口は隠し部屋につながっている。そこから隣の食べ物の部屋に行けば、きっとばあちゃんたちの様子が見えるよ」

カーロは先に上り、その後僕を引っ張ってくれた。僕は足の痛みをこらえながら、音を立てないよう慎重に上がった。家具も何もない狭い部屋から、隣の食物庫に移動する。食物庫の棚の上にはタマネギやリンゴがまばらに散らばり、天井からは小さな干し肉が一つだけぶら下がっている。カーロは僕を手招きし、戸の隙間から覗くように言った。

見ると、老婆は椅子に座らされていた。少し離れた台には、赤い金属の固まりが載っていた。あれは銅だ。そのそばにはサイロスと、もう一人別の男が立っている。仲間だろうか。サイロスが老婆に言う。
「おい、もう一度唱えてみろ」
　老婆はもうろうとした表情だが、それに似合わないはっきりとした声でこう唱えた。
「第三ティマグ数字において、この物質に水銀を融合させよ」
　老婆が唱えると、台の上の銅の色が黒くなった。サイロスはその黒くなった固まりを手に取り、満足げに言う。
「銅に水銀をあわせると、鉄か。成功だな」
「やはり、本にあるとおりですね」
　もう一人が、満足げに言う。そいつは、赤い表紙の本を手にしている。
「でもサイロスさん、もう一度肝心のやつを成功させなくていいんですか？約束の時間も近いですし、確実にやっておかないと」
「うるせえな。他の金属でも試しておかないと、本当にこのババアが『融合』の呪文を使っているのか、分からないだろう？」
　なんということだ。彼らは老婆を使って、「融合」の呪文を試しているのだ。そしてその効果は、今見たところでは、金属を別の金属に変化させることらしい。
「いいか？　このババアが俺たちの思いどおりの結果を出しても、こいつの得体の知れない力でそれをされてちゃあ困るんだ。あくまで『融合』の効果じゃないと、効果時間が予測できないだろ？　今回の仕事では、効果時間がものを言うってこと、お前は忘れたのか？」
「はいはい、分かりましたよ。はあ。こんなばあさんに頼らなくても、我々で『融合』を使えればよかったのに」
「それは言わねえ約束だ。もう少しの辛抱だ。今は、『変重』やら何やらを使わせてもらえるだけで、満足するんだな」
　サイロスとその手下は、その後もしばらく何か話し合っていたが、そのうちに、先ほど鉄に変化した固まりが赤い色に戻った。サイロスが言う。
「効果は十五分程度。本のとおりだな。どうやら問題なさそうだ」
「そうですね。十五分の間に、うまく事を運べるといいですが」
「大丈夫だ。シェッヅマールのドラ息子どもの目を、ほんの少しの間欺ければいいんだからな。十五分あれば問題ないだろう。段取りどおりに進めばうまくいく」
　そしてサイロスは再び銅の塊を台の上に置き、老婆にまた別の唱え方をさせた。

「第三ティマグ数字において、この物質に鉄を融合させよ」

老婆が銅の塊に向かってこう唱えると、今度は塊が青みを帯びた、黒っぽい灰色に変わる。鉛だ。僕は、『黒き土地の技』の実験のことを思い出していた。

（……あの実験の操作も、『融合』という名前だった）

さらに老婆は、鉛に対してこう唱える。

「第三ティマグ数字において、この物質に水銀を融合させよ」

金属は白く輝き出す。サイロスが満足げに言う。

「鉛に水銀を融合させれば銀」

手下の男が赤い本を見ながら言う。

「この本によればこの他に、鉄に銀を融合させれば水銀、とありますね。二代目の『守り手』ヨアナムは、この技を使って敵の剣や盾をすべて水銀に変えて『溶かした』とか……すごいな」

「何を感心してやがるんだ。もし『あの方』の前でそんなことを言ったら命はないぞ。ヨアナムというは、あの方にとっては祖先の敵(かたき)だからな。そんなことより、次は例のやつをもう一度試すぞ。早く準備しろ」

「す、すみません」

手下の男はきまりが悪そうにそう言いながら、黒い金属の塊を用意した。

「おいババア、次の呪文は『この物質と錫を融合させよ』だからな。間違うなよ」

僕は何が起こるのかを見逃すまいと、少し体をずらした。そのとき、足下にあったタマネギを蹴ってしまったらしい。タマネギは勢いよくはねて、壁にぶつかった。

「何だ？　何の音だ？」

サイロスと手下がいぶかしげに周囲を見回す。

「あっちの方から聞こえましたね」

手下が、僕らのいる食物庫の方を見た。彼は警戒しながら、こちらへ近づいてくる。僕はカーロを見た。彼は青ざめ、僕を見て首を振った。間に合わない、と言っているのだ。僕らが入ってきた秘密の入り口は、ここから遠すぎるのだ。まずいことになった。

僕はすばやく自分の足下の床板を見た。僕が立っている床は粗末な木で組まれているが、組み方は規則正しく、また濃淡のパターンがある。そのパターンは、左から●○●○○●●○。僕は、その部分を「省いて」も周囲の家具に影響がないことを確認し、カーロを自分のいる右の方へ引き寄せた。そして小声で唱えた。

「第八古代ルル語において、この列の５から８を省け」

床板の右半分が消え、僕とカーロは砂の上に落ちた。僕は体を低くし、上の床板を見上げた。まだ「省き」の効果は続いている。僕は「戻れ」と念じた。するとなんとか効果が切れ、床は元どおりになった。その直後に誰かが足を踏み入れた音が聞こえ、しばらくあたりを探った後、戻っていく気配がした。僕とカーロはテントの下を這って出て、元のテントに潜り込み、そっと胸をなで下ろした。安心すると、左足に痛みが走った。さっき砂の上に落ちたとき、衝撃を与えてしまったようだ。カーロが僕に言う。

「ガレットは、ばあちゃんと同じだね」

きっと、僕が魔法を使ったのを見たから、そう言っているのだろう。

「君のおばあちゃんは、魔法使いなの？」

「僕らはそうは呼ばないけど、いろんな事ができるよ。これから起こることを言い当てたり、怪我を治したり。僕らの怪我も、いつもばあちゃんが治してくれる。でも、ばあちゃんは自分の怪我は治せないみたいなんだ」

「そうなのか。君の一族には、そういうことができる人が多いの？」

「ううん。ばあちゃんだけが、生まれつき特別なんだって。僕も叔父さんも、他の人たちも、ばあちゃんみたいなことはできない。でもそのかわり、僕らはみんな、手品が得意なんだよ」

僕はさっき見たことについて考えていた。金属を、一時的に別の金属に変える魔法。あれは間違いなく、僕がメーガウ師に教えてもらおうとして叶わなかった「融合」の呪文だ。彼らはあれを使って、何をしようとしているのだろうか。サイロスは、さっき「例のやつ」を試すと言っていた。黒い金属の塊——おそらく鉄だ——に、「錫を融合させる」呪文。

僕はカーロに頼んで、叔父さんのところから鉄の塊を持ってきてもらった。僕はそれを見つめながら、これから唱える呪文を頭の中で反芻する。僕にはできるはずだ。できて当然なんだ。なぜなら、僕には、第三ティマグ数字を使う資格があるのだから。僕は一度深呼吸をした後、呪文を唱えた。

「第三ティマグ数字において、この物質に錫を融合させよ」

しかし、鉄の塊は鉄のまま、何の変化も見せない。唱え方が悪かったのだろうか？　僕は老婆が呪文を唱える様子を思い出して、何度も何度も試してみた。それでも、やはり何も起こらない。

「なぜ？　なぜ、何も起こらないんだ！」

この呪文を唱える正当な資格は、僕にあるはずなのに。あの老婆にできて、なぜ僕にできないのか。カーロは僕を心配そうに見ていたが、やがて「ちょっと外に出てくる」と言って出て行った。僕は床に寝転がり、両手で顔をおおった。

（ガレット様には、適性がないのではないか……）

僕は頭を振って、その言葉を打ち消す。しかし、この新しい呪文を使うことができないのは事実だ。この先、まったく新しい呪文が使えなかったら、僕はどうなるのだろう。「守り手」として、生きていくことができるのだろうか。左足がずきずきと痛む。その痛みは、僕から希望や意欲を削いでいくように感じられた。

そこへカーロが老婆を連れて戻ってきた。老婆は疲れ切った顔で、さっきよりもふらふらした足取りだ。カーロは老婆を促して、僕の横に座らせた。老婆が言う。

「さっき治してやろうと思ってたんだけど、あいつが呼びにきたもんだから、忘れていたよ」

老婆は僕の左足に手を当て、目を閉じた。すると、みるみるうちに痛みが和らいでいく。

「さあ、立ってごらん」

僕はおそるおそる、立ってみた。さっきまでの痛みが、嘘のように消えている。僕は添え木を外して、左足を曲げたり、体重をかけたりした。それでも、全然痛くない。

「きちんと治るまでに一日ぐらいかかるからね。無理するんじゃないよ。おや？　あんた、頭も怪我しているんだね。治りかけているが、ついでだから治してやろう」

老婆は僕をもう一度座らせ、僕の額に手を当てた。実験室の窓から落ちて以来、続いていた鈍い痛みが取れていく。これは明らかに魔法だ。しかし先生の話では確か、「魔術」は人体に影響を及ぼせないのではなかったか？　僕は老婆に尋ねた。

「おばあさんは、なぜこんなことができるのですか？」

「わしの力じゃない」

「どういうことです？」

「『良き霊』がそうさせるんだ。『良き霊』は、生まれたときからわしと一緒にいる。わしが『悪しき霊』にそそのかされないかぎり、『良き霊』はわしを助けてくれる」

良き霊、悪しき霊とは何なのかと尋ねても、老婆はそれらしいことは答えてくれず、ただ次のように続ける。

「『良き霊』の目で人を見ると、その人の『家』が見えるんだ。つまりあんたを見れば、あんたの『家』が見える。金色に光って、白と黒の四角で飾られた、それはそれは美しい家だよ。中に入ると、壁やら床やら、家具やら、そこらじゅうに、あんたのことが書いてある。生まれた場所のことも、足の骨にひびが入っていることも。人だけじゃない。物だってそうだ。一つ一つの『もの』に、そういう家があるのさ。わし自身の家だけは見ることができないが、だからといって別にどうってことはない」

老婆の言う「家」とは何だ？　何かの喩えなのだろうか？　老婆は少し黙り込み、僕をじっと見てぽつりと言った。

「あんたは、わしとは違う」

「どういうことです？」

「わしには、『良き霊』が何をどうやっているのか分からない。ただ、『結果』が出てくるだけだ。あんたは、わしのように、『結果』だけを出すことはできない。そして、あんたが『結果』を出すには、たいへんな努力が必要になるだろう。魚は何も考えずに泳ぐことができるが、あんたは魚じゃない。あんたが泳ぐには、水の中でどんな格好をして、体のどこにどんな順で力を入れ、どこをどのように曲げ、伸ばし、いつどうやって息を継ぐかを、頭と体で知り尽くさなきゃならない。そして何よりあんたは、泳ぐとはいったいどういうことなのか——つまり、泳ぐことそのものを、知らなくちゃいけない」

何が言いたいのだろう。僕の解釈がまとまる前に、老婆は言葉を続ける。

「あんたは魚に生まれつかなかったのに、これからずっと泳いでいかなくてはならない。世の中は、そんなあんたを軽んじるかもしれない。だが、世の中すべてがあんたを馬鹿にするからと言って、あんたが馬鹿になってやる義理はないんだ。わしらソーマだって、ただ侮られているだけではないよ。あんたに、ソーマの言葉を一つ教えてやろう。『世界がお前を軽んじている間に、真の力を身につけよ』だ」

「『世界がお前を軽んじている間に、真の力を身につけよ』……？」

にわかに、テントの外が騒がしくなった。カーロが、「ばあちゃん、そろそろ来るみたいだよ」と言って、外へ出て行った。老婆はゆっくりと立ち上がる。僕は慌てて尋ねた。

「これから、いったい何が起こるんですか？　あのサイロスという男は、あなたに何をさせようとしているんですか？」

老婆は静かに答える。

「あんたは、まず何が起こるかを見るんだ。それから、自分のすべきことを決めておくれ」

「そんなこと言われても、あいつが何か悪いことをたくらんでいるのは目に見えています。おばあさんを利用しようとしているんですよ！」

僕は必死で訴えたが、老婆は聞こうとしない。

「わしらソーマに伝わる言葉がもう一つある。『敵の網にかかったふりをして、自分の網をめぐらせよ』。きっと、あんたの人生にも役立つはずさ」

それだけ言うと、老婆はテントの外へ出て行った。

◇

テントの戸を開けてこっそりと覗くと、外は薄暗くなり始めていた。テントの周囲にはいくつか火が焚かれ、サイロスとその手下、そしてカーロの叔父さんたちが待機している。その中央には、木箱をいくつか積み上げ、上に布をかけて作った即席の台があった。老婆の姿を探したが見あたらない。僕はこっそりテントを出て、目立たないところへ身を潜めた。すると森の方から、馬に乗った数人の男たちがこちらへ近づいてくるのが見えた。

男たちは近くまで来ると、一人を残して馬を下りた。馬上に残った一人は立派な服装をしていた。まだ若いようだが、髭を生やし、大柄な体はやや太り気味だ。その男のところへ、サイロスが近づいて恭しく挨拶する。

「よくお越しくださいました、カルルカン様」

カルルカンと呼ばれた男は顔も動かさず、目玉だけを下に動かしてサイロスを見ると、また視線を戻した。そして勿体ぶった様子で言った。

「本来ならば、私はこんな汚いところへ来る人間ではないのだ。お前が例の件について、私が損をしないうまい方法があると言うので、来てやった」

「はい、重々承知しております。そしてカルルカン様、例のものは？」

カルルカンは、同伴の男たちに顎で何かを指示した。彼らは何やら木箱を取り出した。馬上のカルルカンが言う。

「まずは、そちらから見せよ。出来が悪かったら、この話は『なし』だ。私はすぐに帰る」

カーロの叔父が何かを抱えて持ってきて、台の上に載せた。昼間見た、鉄の子馬の像だ。それを見る男たちから驚嘆の声が上がる。カルルカンもようやく馬を下りて、鉄の子馬を眺める。

「ふむ。なるほど、よくできているようだな。これならば、あのいまいましい貸し主を欺けるかもしれん。どれ、本物と見比べてみよう」

男たちが持ってきた木箱を開けると、中からまばゆい光が放たれた。慎重に取り出された中身を見て、僕は息を飲んだ。それは見事な、金の子馬の像だったのだ。台の上に、金の子馬と鉄の子馬が並んだ。素材が違うという以外は、そっくり同じように見える。僕は即座に、これから起こることを予想した。

カルルカンは台のそばに立ち、あらゆる方向から二つの子馬を見比べる。

「なんと、ほとんど同じではないか。あとは、この鉄の方に金を薄くかぶせるだけだな。そうすれば、見た目は同じものができあがる。でかしたぞ、サイロス」

「ありがとうございます」

「これで、父上にも気づかれず、家宝も失わずに借金を帳消しにできる。あの高慢な貸し主は、鉄に金をかぶせた偽物を、我がシェッヅマール家の家宝と思い込むだろう。実にいい気味だ」

カルルカンは唇の片端を上げて笑う。そのときだった。森の方から、馬に乗った別の一団がやってくるのが見えた。従者の一人が慌ててカルルカンに報告する。

「お父上の側近、キアッジョ様です！」

「何だと？　まさか、感づかれたのか！？」

カルルカンは一気に青ざめ、従者たちに向かって「金の子馬をテントに隠せ！　早く！」と怒鳴った。従者たちとサイロスは金の子馬と鉄の子馬を抱えて、隣のテントへ向かう。僕は隣のテントに裏から近づき、床下へ回り、さっきの「秘密の入り口」から食料庫へ忍び込んだ。食料庫の戸から覗き見ると、カルルカンの従者たちが二つの子馬を運び込み、目立たないところに並べ、サイロスを残して出て行くのが見えた。

彼らがテントの入り口を閉める間もなく、新たに来た一団が到着していた。開いた入り口からカルルカンの姿が半分見え、話し声も聞こえる。知らない声が言う。

「カルルカン様、ここで何をなさっているのです？」

「キアッジョ、なぜここに来た？　父上の言いつけか？」

「そうです。あなた様が、家宝の金の子馬を持ち出したという話がお父上の耳に入り、私が後を追うように命ぜられたのです。今、そこのテントに運び込まれたものを見せてください」

「ちょっと待て。私が子馬を持ち出したのではないぞ！」

問答はしばらく続く。カルルカンの従者たちは、その様子に完全に気を取られている。その間、僕は二つの子馬と、テント内の様子を凝視していた。そして、部屋の片隅の目立たないところに、老婆が座っているのが見えた。声は聞こえずとも、老婆の口が動くのが分かった。呪文を唱えているのだ。

やがて金の子馬は鉄の色に変わり、鉄の子馬は金の色に変わった。そしてサイロス以外の誰も、その様子を見ていない。外の問答が激しくなる。

「本当だ！　私は、金の子馬が盗まれたと聞いて、ここへ調査に来たのだ！私が子馬を持ち出したなどというのは、とんだ言いがかりだぞ！」

「とにかく、金の子馬を見せてもらいましょう。私がお父上のところへ持って帰ります」

カルルカンは手下に指図し、テントから金の子馬を持ち出させた。とはいっても、それは老婆が魔法で金に変えた、鉄の子馬だ。カルルカンは、相手に必死に言い訳をする。

「本当だ。ここにいる薄汚い奴らが、子馬を盗んだんだ！」

なんと卑怯な奴だ。自分が放浪の民を利用しておいて、あげくに濡れ衣をかぶせるとは。しかし、もっと卑怯な奴がいることを僕は認識していた。外でカルルカンがサイロスを呼ぶ。サイロスはテントを出て行く。

「キアッジョ。疑うなら、この男が私の無実を証言してくれる。なあ、サイロス」

「おおせのとおりです。ここにいる放浪の民たちは全員盗人です。私が盗みに気づいて、カルルカン様にご報告したのです」

「そうだ。こいつらは、全員城へ連行するのがよい」

外がざわついている間、サイロスの手下がこっそりとテントの中に入ってきた。彼は部屋の隅で鉄の子馬の像を抱え、息を潜めて外の様子をうかがう。外ではカルルカンの怒鳴り声が聞こえた。どうやら、放浪の民の男たちが連れて行かれようとしているようだ。

（なんてことだ。そして誰もいなくなってから、手下が本物の金の子馬を持って逃げるのだな）

外で馬の蹄が遠ざかる音が聞こえる。カルルカンたちが、偽物の金の子馬とサイロス、そしてカーロの叔父たちを伴って城へ向かったのだ。いつからかカーロの姿が見えなかったが、彼も連れて行かれたのだろうか。僕は心配で胸が痛んだ。外が静かになると、手下の男は鉄の子馬の像——本物の金の子馬の像を布に包み、抱えて外へ出た。僕は急いで外へ出て、気づかれないように後を追った。

◇

サイロスの手下の男は河原を抜けて、森の中へと入っていった。意外と足が速く、追うのがたいへんだ。僕の足は痛みこそなかったが、老婆が言っていたとおり、まだ完全には力が入らない。しかし、追いついたらどうやって取り戻そうか。相手が一人なら、力ずくで奪い取れるだろうか。

まもなく、手下の男は立ち止まった。近づいてみると、他に二人の男がいて、たき火をしている。どうやら、ここで落ち合う手筈だったようだ。

「うまくいったか？」

「すべて計画どおりだ。お前たちも、あの馬鹿息子のおやじ殿に、首尾よく『報告』してくれたようだな」

「ああ。城の守衛の一人に、馬鹿息子が金の子馬を持ち出したと報告したら、おやじ殿がすぐに出てきて、血相を変えて怒っていた。正確な方向も伝えておいたから、すぐに追っ手が来ただろう？」

「お陰様で、こっちは危なげなく、すり替えることができた」

手下の男は、仲間に鉄の子馬を見せた。

「なんだ、まだ鉄のままか。つまらんな。まあ、いずれにしても俺たちのものになるわけではないから、あまり有り難みはないな」

「そう言うな。報酬は山ほどもらえるんだ。サイロスの話では、この像を自分たちで売るよりも儲かるということだったぞ。さて、あと五分もすれば、これも金に戻る。目立たないように布をかけておこう」

「あとは、サイロスが城から戻るのを待つだけだな」

そう言って、三人はたき火で肉を焼いて食べ始めた。すぐに酒も入った。布をかけられた子馬の像は彼らのそばに置いてあるが、三人とも酒に酔って、子馬をほとんど気にかけていない。しかし、こっそり取るのは難しそうだし、武器もなく、足もまだ治りきっていない状態で彼らに挑みかかるのはあまりにも無謀だ。

ふと、僕はある可能性に思い至った。この三人を出し抜く方法が、一つある。しかしそのためには、僕が例の「融合」の呪文を使わなくてはならない。それも、例の子馬が金に戻った瞬間に、再び鉄に変えなくてはならないのだ。困ったことに、僕はそのために、呪文をどのように唱えなくてはならないかを知らない。

いや、よく考えたら、そういう問題ではない。僕は先ほどの老婆の言葉を思い出した。

（あんたは、わしと違う。あんたは、わしのように、『結果』だけを出すことはできない）

きっと僕が呪文を正しく唱えられたとしても、ただそれだけでは、望む結果を出すことは不可能なのだろう。それはさっき何度も呪文を試したときに、痛いほど分かった。では、どうすればいいのだ？

（……あんたは、泳ぐとはいったいどういうことなのか――つまり、泳ぐことそのものを、知らなくちゃいけない……）

僕は、老婆の言葉の意味を考えた。もしかすると、老婆は僕に「魔法そのものを深く知れ」と言っているのではないだろうか。なぜあの呪文が金属を他の金属に変えることができるのか、知る必要があるのだ。でも、そんなこと、どうやったら分かる？　僕は途方に暮れた。

（いや、待てよ……ティマグ数字）

あの呪文は、第三ティマグ数字を使っていた。それはなぜか？　あの呪文には間違いなく、例の数字が何らかの形で関わっているのだ。僕は懐にしまっておいた陶製の本を取りだした。サイロスが神殿から奪った本の一つの、八つの金属を綴じ込んだ本だ。これの各ページには文字列が書いてあった。それらが第三ティマグ数字だとすると、それぞれ以下の数に相当することになる。

塩のページ	○○○	0
水銀のページ	○○●	1
銅のページ	○●○	2
鉄のページ	○●●	3
錫のページ	●○○	4
鉛のページ	●○●	5
銀のページ	●●○	6
金のページ	●●●	7

そして僕は、呪文とその効果について改めて考えてみた。まず、銅に対して「第三ティマグ数字において、この物質に水銀を融合させよ」と唱えれば、それは鉄に変わる。そして、同じく銅に「第三ティマグ数字において、この物質に鉄を融合させよ」と唱えると、鉛に変わる。鉛に対して「第三ティマグ数字において、この物質に水銀を融合させよ」と唱えれば、結果は銀だ。

（もしかして、足し算か？）

本では、銅には○●○、つまり「2」に相当する数字が割り当てられている。これに水銀――○○●、つまり「1」に相当する――を「融合」させると、鉄になる。そして鉄は、○●●、つまり「3」に相当する。銅（2）に鉄（3）を融合させると鉛（5）だし、鉛（5）に水銀（1）を融合させると、銀（6）だ。

ちょうどこれは、足し算の結果と同じだ。

銅（2）に水銀（1）を融合　→　鉄（3）
銅（2）に鉄（3）を融合　　→　鉛（5）
鉛（5）に水銀（1）を融合　→　銀（6）

だんだんと希望が見えてきた。きっと老婆は鉄の子馬を金に変えるとき、こう唱えたのだろう。「第三ティマグ数字において、この物質に錫を融合させよ」と。そうすると、鉄（3）と錫（4）から、金（7）が出てくる。

鉄（3）に錫（4）を融合　→　金（7）

しかし、逆はどうなのだろう。金を鉄に変えるとき、老婆は何と唱えたのだろうか。もし呪文の中の「融合」が、ティマグ数字が表す数の「足し算」に対応しているとしたら、金を鉄に変える方法はない。金（7）には、何を足しても、鉄（3）にはならないからだ。

（足し算とは違うんだ）

僕は暗闇の中で頭を抱えた。男たちは三人とも飲んで騒ぐのに夢中だ。子馬の像を見ると、上にかけられた布のすきまから、わずかに尾の部分が見えた。もうすでに、金に戻ってしまっている。さいわい、男たちはそれにまったく気づいていない。しかし、早くしなければ。僕は心臓の鼓動が速まるのを感じながら、呼吸をなんとか落ち着けた。ここで焦ってはいけない。僕は未熟だが、一応「守り手」なのだから。

守り手といえば……そういえば、さっき何か聞いたな。サイロスの手下が確か、昔の守り手が、鉄の武器を水銀に変えたとか言っていなかったか？そのとき鉄に融合させたのは、銀だということだった。鉄は数字の「3」に相当し、銀は「6」に相当する。それに、呪文を唱えた結果生じるという水銀は、「1」だ。なぜ、「3」と「6」から「1」が出てくるのだろう。つまり、○●●と●●○から、○○●が出てくるのはなぜか。

（○●●と●●○から……）

そう頭の中で繰り返したとき、あの実験室の光景が浮かんだ。二つの部屋に三つずつ並んだ坩堝。坩堝の中に生じる、無色の「冷素」と赤い「熱素」。鉄と銀から冷素と熱素を作ったとき、二つの台の上の坩堝の様子はこうなっていた。

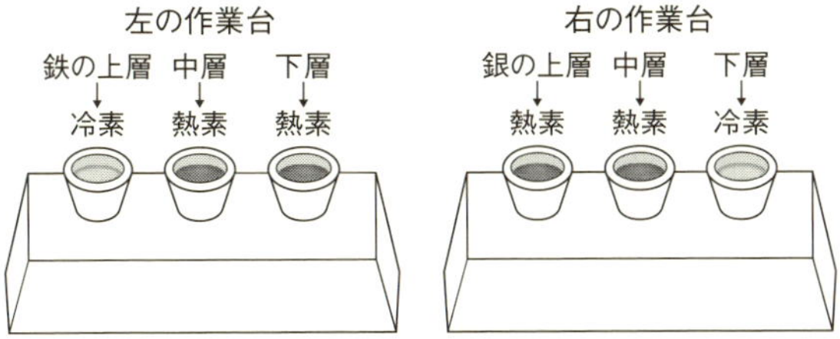

僕は目の前の男たちの様子に注意しながら、必死で記憶をたぐり寄せる。あの後、あの奇妙な「生き物たち」が不可解な作業をしたのだ。その結果、右側の台の坩堝の中身はすべて、左側の台の坩堝に入れられた。それも、一方の右端の坩堝の中身は他方の右端に、中央の中身は中央に、左端の中身は左端に混ぜられたのだ。

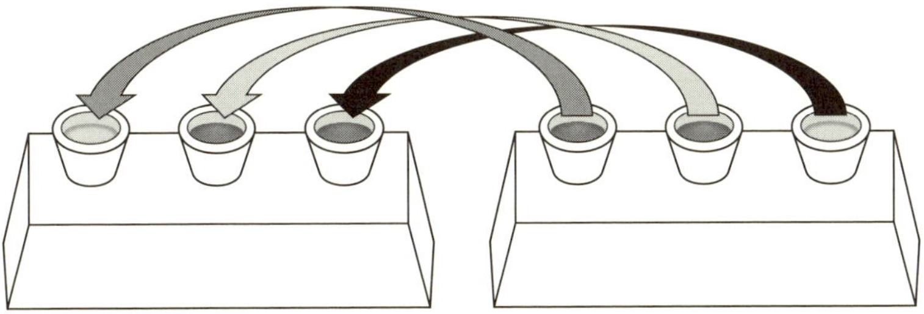

右端の坩堝では、冷素と熱素を混ぜた結果、熱素が生じた。中央では、熱素どうしを混ぜた結果、冷素が生じた。左端では、冷素と熱素が混ざったが、なぜか右端の場合と逆で、冷素が生じたのだった。

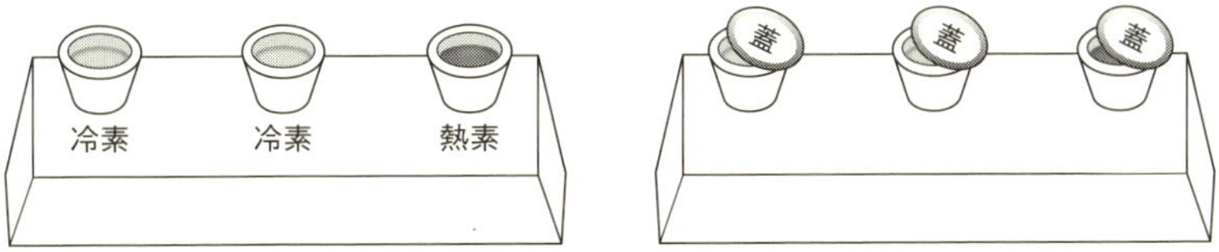

そしてそれらは冷え固まって、水銀になった。水銀を表す第三ティマグ数字は、○○●だ。

（第三ティマグ数字の○は冷素の入った坩堝、●は熱素の入った坩堝を表しているのではないか？）

確信はないものの、僕の考えはその方向に傾いていった。そうだとしたら、

「融合」の呪文が象徴している「二つのティマグ数字から一つのティマグ数字が生じる」という過程は、「融合」実験での「二つの金属から一つの金属が生じる」過程を表していることになる。

では、もしそうだとしたら——金に何を融合させれば、鉄になるのだろうか？

◇

僕は頭の中であれこれ実験を組み立てた。しかし、ある一点がひっかかって、うまく答えが出せない。それは、あの生き物たちが最初、右端の坩堝の「冷素と熱素」を混ぜたときには「熱素」が生じたのに、後に左端の坩堝について同じことをしたとき、「冷素」が生じたということだった。なぜそのような違いが生じたのか。同じことをしたのに、違う結果が出る。その理由が分からないかぎり、金から鉄を作る方法は分からない。

（待てよ？　右端の坩堝の冷素と熱素を混ぜ合わせたのは、青い奴らだった。でも、途中であいつらは赤い奴らに交代した。左端の坩堝にあった冷素と熱素を混ぜたのは、赤い奴らだ）

もしや、それと関係があるだろうか。青と赤、どちらの生き物が「混ぜ合わせ」をするかによって、結果が変わるという可能性があるか？　僕は、あの実験室で見た「変な生き物たちが起こした作用」を地面に書き出してみた。

（青い生き物）
冷素と熱素→熱素
熱素どうし→冷素

（赤い生き物）
冷素と熱素→冷素

青い生き物が「冷素どうし」を混ぜた場合、赤い生き物が「冷素どうし」あるいは「熱素どうし」を混ぜた場合に、どういう結果になるかは不明だ。でも、こう書いてみて、僕はあることを思い出した。僕は、八つの金属を綴じ込んだ本をめくり、たき火の明かりを頼りに、表紙の裏にびっしりと刻まれた『黒き土地の技』の抜粋部分を凝視する。

「……実験において二つの金属は、まず互いの下層部分において反応し、次に中層部分、最後に上層部分で反応し、結果として新たな金属を生じるのである」

僕は実験を思い出す。溶かした二つの金属をそれぞれ「三つの層」に分離させ、二つの台で三つの坩堝に分けて入れる。上層部分は各々の台の左端、中層部分は中央、下層部分は右端の坩堝に入る。よって、右端の坩堝どうしの中身を混ぜることが「下層部分の反応」となり、中央どうし、左端どうしの中身を混ぜることがそれぞれ「中層部分の反応」「上層部分の反応」となるはずだ。

『黒き土地の技』によれば、一方の金属の下層が冷素であり、他方の金属の下層が熱素であるときは、それらの結合によって新たに熱素が生じる。冷素どうしが結びつく場合、あるいは熱素どうしが結びつく場合は、冷素が生じる。そのような反応は「陰反応」と呼ばれるという。

《下層での反応（陰反応）》
冷素と熱素→熱素
冷素どうし→冷素
熱素どうし→冷素

下層部分の反応……つまり二つの台の右端の坩堝の中身を混ぜ合わせることによって起こる反応は、僕が見た鉄と銀の融合実験の場合、「冷素と熱素から熱素を生じる反応」だった。つまり上の「陰反応」の一例にあたる。そしてそれを起こしていたのは、青い生き物たちだ。

僕は続きを読む。本によれば、中層では、下層で「熱素どうしから冷素が生じる」ということが起こった後に限り、下層とは逆の結果が生じるという。冷素と熱素が結びつく場合に冷素が生じるようになり、冷素どうしが結びつく場合、あるいは熱素どうしが結びつく場合は、熱素が生じるようになるのだ。本ではこのような反応を「陽反応」と記述している。それ以外の場合は、下層と同じ「陰反応」が起こるようだ。

《中層での反応》
（下層で「熱素どうし→冷素」が起こった場合：陽反応）
冷素と熱素→冷素
冷素どうし→熱素
熱素どうし→熱素

(それ以外の場合：陰反応)
冷素と熱素→熱素
冷素どうし→冷素
熱素どうし→冷素

中層部分の反応、つまり中央の坩堝の中身を混ぜることで起こる反応は、鉄と銀の場合、「熱素どうしから冷素を生じる反応」だった。つまり上の「陰反応」の一例にあたる。上によると、「陽反応」が起こるのは、下層で「熱素どうしから冷素が生じる」ということが起こった場合に限られる。鉄と銀の融合では、下層部分の反応ではそれが起こらなかった。よって、中層では、陽反応ではなく、陰反応が起こったのだ。そしてそれを起こしていたのは、青い生き物たち。僕は続きを読む。

「……上層での反応は、中層で起こった反応に影響を受ける。中層で、『冷素と熱素から熱素が生じる』『冷素どうしから冷素が生じる』『冷素どうしから熱素が生じる』のいずれかが起こった場合に限り、陰反応が起こり、他の場合は陽反応が起こる。

《上層での反応》
(中層で「冷素と熱素→熱素」「冷素どうし→冷素」「冷素どうし→熱素」のいずれかが起こった場合：陰反応)
冷素と熱素→熱素
冷素どうし→冷素
熱素どうし→冷素
(中層で「冷素と熱素→冷素」「熱素どうし→冷素」「熱素どうし→熱素」のいずれかが起こった場合：陽反応)
冷素と熱素→冷素
冷素どうし→熱素
熱素どうし→熱素

ただしこれらの反応は、残念ながら、我々自身の手で起こすことはできない。『陰なる者たち』と『陽なる者たち』を呼び出し、彼らに作業をさせる必要がある……」

上層部分の反応、つまり左端の坩堝で起こる反応は、鉄と銀の場合は「冷素と熱素から冷素を生じる反応」だった。つまり上の「陽反応」の一例にあたる。ここで初めて、「陽反応」が生じたのだ。上層で「陽反応」が起こるのは、中層で「冷素と熱素→冷素」「熱素どうし→冷素」「熱素どうし→熱素」のいずれかが起こった場合とある。実際、中層では「熱素どうし→冷素」が起こったので、ここで陽反応が起こったのは、書かれているとおりとなる。

そして、陽反応を起こしたのは、「赤い奴ら」だった。

（『陰なる者たち』と『陽なる者たち』……そうか）

つまり、青い奴らは「陰反応」、赤い奴らは「陽反応」を担当していたのだ。実際、青い奴らは中層部分の反応を起こした後、赤い奴らに交代した。生き物たちは明らかに、計画的に動いていた。あの猫みたいな小さな生き物が、こんなにややこしい「反応」を念頭において動いていたなんて、にわかには信じられないが。

もちろん、ここまでの僕の考えは仮説にすぎず、本当に正しいかどうかを今知ることはできない。しかし、僕はこの可能性に賭けることにした。

たき火を囲む男たちはますますいい気分で酔いしれ、子馬の像はそっちのけで、歌を歌ったり冗談を言い合ったりしている。僕は金色に輝く子馬の尾をにらみながら、頭を回転させる。頭の中の実験室で、片方の台の三つの坩堝に金を、もう片方の坩堝に別の金属を入れ、青と赤の生き物たちを働かせる。焦るな。焦ったら駄目だ。

僕が「答え」に至ったのと、宴に興じていた三人の一人が「そろそろ、子馬が元に戻ったころじゃないか」と言いだしたのは、ほぼ同時だった。男の一人が子馬にかけられた布に手を伸ばしたとき、僕は唱えた。

「第三ティマグ数字において、この物質に錫を融合させよ」

金の子馬はたちまち、鉄の色に戻った。その直後、男が布を払いのけた。

「おい、まだ鉄のままだぞ」

子馬の像を持ってきた男が言う。

「なんだって？　そんなはずはない。呪文の効果は十五分と決まってる。俺がここへ戻ってきて、もう三十分は経っているだろう？　俺たち、あれから何杯飲んだと思ってるんだ」

「いいから見ろ。これは、どういうことだ」

三人全員が子馬の方へ寄り、凝視する。子馬を持ってきた男は青ざめた。仲間が彼に詰め寄る。

「おい貴様、これは本当に、本物の金の子馬なのか？」

「……そのはずだ」

「だったら、何で金に戻らないんだよ！？」

「わ、分からない」
子馬を持ってきた男は、仲間に襟首を掴まれた。
「いい加減なこと言ってんじゃねえぞ！　お前、ちゃんと像が入れ替わるところを見たんだろうな？」
「……」
「答えろ！」
「……見てない。俺はサイロスさんに言われたものを持ってきただけで、金が鉄に変わるところは……見てないんだ」
そう言い終わらないうちに、仲間の一人が彼を殴った。彼は倒れ込み、苦しげに咳こむ。流れる鼻血が痛々しい。もう一人の男が、殴った男を止めた。
「やめろ！　仲間割れしている場合じゃない。今は早く、領主の息子たちを追いかけるんだ。本物はあっちだ。城に着く前に追いつければ、どうにかなるかもしれん。いずれにしても、早くサイロスに知らせねば」
「そうだな。おい、立て。城へ行くぞ」
二人の男は殴られた男を起こし、徒歩で移動を始めた。僕は少し時間をおいて、残された鉄の子馬を布にすっぽりくるみ、脇に抱えた。ふと周囲を見ると、見覚えのある赤い表紙の本が地面の上に落ちていた。僕はそれが、昼間サイロスが老婆に融合の呪文を試させているときに、手下が見ていた本だと気づいた。表紙に『錬金術と魔術における《融合》』という題名が書かれ、裏表紙の折り返しを見るとキヴィウスの神殿の紋章とともに「持ち出し禁止」と書かれていた。これもきっと、神殿から盗まれたものなのだろう。僕はそれも拾い上げ、懐にしまった。

◇

シェッヅマール家の城は、とても大きくて立派なものだった。記憶によれば、シェッヅマール侯は大領主で、このカゴン地方の大部分を治めているのだ。城門の近くで、例の三人は立ち往生していた。一人が守衛に近づいて何か言ったが、守衛に怒鳴られ、槍で威嚇されて追い返された。彼らは仕方なく来た道を戻っていった。いったん守衛たちから見えないところまで引っ込んで、策を練るつもりなのだろう。僕は彼らが視界から消えるのを待って、姿勢を正して城門へ近づいた。二人の大柄な守衛が僕を見つけ、同時に槍を向ける。
「貴様、何者だ」
「魔術師アルドゥインの弟子、ガレット・ロンヌイです」
「アルドゥインだと？」

守衛は怪訝な顔をする。
「魔術師アルドゥインは有名だが、普段は北の方にいるはずだ」
「今、キヴィウスのティマグ神殿に滞在しています。疑わしいなら、ご確認を」
守衛は僕をじろじろ見る。
「お前も魔術師なのか？　そういうふうには見えないが」
やはりローブと杖がないと、魔術師に見えないのだろう。しかも僕は昨夜からあちこちをかけずり回って、すっかり薄汚れてしまっている。
「魔術師というよりも、さっきここへ連れてこられた『放浪の民』に似ているな」
「その人たちのことで来たのです。彼らは、お城の中にいるのですか？」
「ああ。奴らは、『金の子馬』を盗んだ罪で、しばり首になるそうだ」
「ええっ！？」
「カルルカン様が、奴らが金の子馬を盗んだと告発したんだ。最初、侯爵様は信じておられなかった。いくら『放浪の民』が意地汚い奴らだとはいえ、この城は鉄壁だ。俺たちだって、四六時中ここを守っている。いつのまにか盗みに入られたなど、信じられるわけがない。だが、カルルカン様が取り返してきたという箱を開けたら……」
「鉄の子馬が出てきたのですね？」
守衛は驚いた様子で僕を見た。
「お前、なぜ知っているんだ？　そのとおりだ。それで侯爵様はお怒りになって、放浪の民に死刑を言い渡した」
何ということだ。最悪の事態だ。僕は守衛に訴えた。
「僕をシェッヅマール侯に会わせてください。本物の子馬はここにあります」
僕は布を少し開いて、中身を守衛に見せた。守衛は目を丸くする。
「なぜ、お前がこれを持っているんだ！　お前が盗んだんじゃないだろうな？」
「僕が盗んだのなら、わざわざ返しには来ません。さっきから言っているように、僕は泥棒ではなく、魔術師です。手遅れにならないうちに、中へ入れてください」
僕は数人の守衛に囲まれて、城の中へ入った。
謁見のための広間は薄暗かった。あちこちにたいまつが焚かれ、壁に掛けられた槍や刀や布飾りをぼんやりと照らしている。中央の座には大柄な老人が座っていた。おそらく、この家の当主、シェッヅマール侯だ。そしてその傍らには息子のカルルカンと、がっしりした体格の中年の男性が立っている。カルルカンが言う。

「なんだ、そいつは」
「魔術師アルドゥインの弟子を名乗る者でして……」
守衛の説明が終わる前に、僕はシェッヅマール侯の前に進み出てひざまずいた。
「初めてお目にかかります。魔術師アルドゥインの弟子で第二十六代目の『塔の守り手』、ガレット・ロンヌイと申します」
シェッヅマール侯が驚いて言う。
「アルドゥインの弟子で、守り手だと？　何をしに来たのだ」
カルルカンが口を挟む。
「そうだ。貴様、無礼であるぞ。お前のような薄汚い奴が魔術師だとは、冗談にも程がある」
城の門前でも同じように疑われたばかりだ。領主のそばにいる体格の良い男性が、落ち着いた声で言う。
「お若い方。何か、身分を証明するようなものをお持ちではないか？」
その声を聞いて、僕は彼がさっきカルルカンを追ってきたシェッヅマール侯の側近、キアッジョであることを確信した。そして僕は思い出して、懐から八つの物質が綴じ込まれた本を取りだした。
「この本のここの部分をご確認いただければ」
僕が本の裏表紙を開き、折り返しをキアッジョに向けると、キアッジョは近寄ってその内容を読み、シェッヅマール侯に言う。
「なるほど、分かりました。間違いなく、彼は魔術師です。本人以外が持つことができない『呪い』のかかった本を持ち歩いています」
シェッヅマール侯が尋ねる。
「それで、用件は何だ」
「現在問題になっている『金の子馬』の盗難について、お届けしたいものがあり、参りました」
僕は布を開き、目の前に金の子馬を置いた。
「おお！」
三人とも、目を見開いている。カルルカンとキアッジョが歩み寄り、金の子馬を確かめた。
「これはまさしく本物。なぜ、これを……」
「さる者たちが、この『金の子馬』を『鉄の子馬』とすり替え、盗もうとしたのです。それを私が取り返しました。ここへ連れてこられた『放浪の民』は無実です。早く、死刑を取り消していただきたく」

シェッヅマール侯が言う。
「どういうことだ。もっとくわしく説明せよ」
「放浪の民は、金の子馬を盗んではいません。そこにおられるカルルカン様が今日の夕方、金の子馬を持ち出して、放浪の民が滞在している河原へ出かけたのです」
カルルカンは青ざめた。
「貴様、いいかげんなことを言うな！　あれは、放浪の民が盗んだのだ！」
「カルルカン！　黙らないか！」
シェッヅマール侯がカルルカンを諫める。僕は話を続けた。
「カルルカン様はサイロスという男に命じて、放浪の民に『鉄の子馬』を作らせていました。そしてそれに金をかぶせて、金の子馬の偽物を作る予定だったのです」
カルルカンは怒り狂い、腰の剣に手をかけ、僕の方へ向かってくる。それをキアッジョが止める。
「カルルカン様が金の子馬と鉄の子馬を見比べているときに、そこにおられるキアッジョ様がいらっしゃいました。そしてその混乱に乗じて、サイロスは二つの像をすり替えたのです」
「何！？　サイロスの奴がすり替えた、だと？」
キアッジョに羽交い締めにされてもがいていたカルルカンが、驚いて動きを止める。
「カルルカン様は、最初からだまされておられたのです。さしずめ、サイロスは『借金を返すのによい方法がある』と、あなたに計画を持ちかけたのでしょう。あなたが金の子馬を城から持ち出したことを城の者に知らせたのも、サイロスの仲間です」
カルルカンは顔を真っ赤にして、地団太を踏み始めた。
「あの野郎……！」
キアッジョが僕に尋ねる。
「しかし、私が金の子馬を回収したとき、それは確かに金色をしていた。鉄だということに気づいたのは、城に戻ってからだ。これは、どういうことなのかね？」
「魔法の中に、ほんの短い間だけ、金属を別の金属に変質させるものがあります。サイロスはそれを利用し、みなさまの目を欺いたのです」
僕はあえて、誰が魔法を使ったかは言わないでおいた。シェッヅマール侯が僕に言う。

「事情は分かった。よく我が家宝を取り戻してくれた。礼ははずもう。何が望みだ？」

「お礼は要りません。ただ、『放浪の民』たちを解放してくだされば結構です。彼らは、サイロスにだまされていただけですから」

「よいだろう。さて、本物の盗賊についてだが……」

シェッヅマール侯は、息子の方を見た。

「お前が責任を取って捕まえろ。お前が撒いた種だ」

「は、はい、父上。ついさっき、城から出してしまいましたが、まだそのあたりにいるでしょう。すぐに追いかけます」

やがて衛兵たちが「放浪の民」の男たちを連れてきた。彼らは痛めつけられた様子もなく、僕は安心した。しかし、カーロがいない。

「カーロはどこですか？」

カーロの叔父が短く答える。

「ここにはいない。だが、心配はいらない」

僕らは城を出て、暗い夜道を河原へと歩いた。途中、カルルカンの一行が馬を駆っていくのが見えた。サイロスとその一味を捜しているのだろう。

長いこと歩いて河原に着くと、老婆がテントの外に出て僕らを待っていた。だが、戻ってきても、とくに喜んだり安堵したりという様子はなく、みんなそれぞれのテントに入っていく。思えば、当然のことかもしれない。今回彼らは、好きなだけ利用され、搾取されて、結局何も得ていないのだ。僕は彼らが気の毒になった。沈んだ気持ちで老婆のテントに入ると、そこにカーロがいた。

「カーロ！　ここにいたのか。心配したんだぞ」

「隣のテントに、ずっと隠れていたんだよ。それが僕の『役目』だったから」

「役目？」

「うん。僕の役目は、これと一緒に隠れていることだったの」

カーロはすぐそばの木箱を開けて、中身を取り出した。僕は目を疑った。なんと、光輝く金の子馬が出てきたのだ。

「なぜ？　なぜ、ここにも金の子馬があるんだ！」

カーロはにこにこしている。

「これ、本物なの？」

「正真正銘、本物だよ。ガレットが城に届けてくれたのは、鉄の子馬に金をかぶせた、にせものだ」

「どういうこと？」

「僕の叔父さんたちは、カルルカンに見せる鉄の子馬の他に、もう一つ子馬の像を作っていたんだ。そしてそちらには、表面にだけ金をかぶせておいた」
「それで？」
「カルルカンが金の子馬と鉄の子馬をテントに隠させたすきに、僕は本物の金の子馬と、偽物の金の子馬をすり替えた。そしておばあちゃんが鉄に変えたのは、偽物の金の子馬の方だ」
　僕はその場を見ていたはずだが、まったく気がつかなかった。カーロは誇らしげに言う。
「言っただろう？　僕らソーマはみんな『手品』が得意だって」
　僕は唖然とした。彼らはサイロスやカルルカンに利用されているように見せかけて、その裏で策を練っていたのだ。
「おばあちゃんが、今回のことを予言したんだ。『子馬が戻ってきたがっている』って。そして計画のとおりにやれば、『子馬』が戻ってくる、って」
　老婆が言う。
「もともと、この金の子馬はわしらの先祖が作り、何百年もの間大切に受け継いできた物さ。それを、この土地の先代の領主が持っていったんだ。そしてそのとき、わしの父親も殺された」
「そうだったんですか」
「今回はいろいろ危ない橋を渡ったが、子馬は帰ってきた。それに、あんたのお陰で、城に連れて行かれた男たちも戻ってきた」
「そのことも、おばあちゃんは予言していたんだよ！」
「え、僕のこと？」
「うん。若い魔法使いが来て、僕らを助けてくれるって」
　恐ろしいことに、僕の動きも、彼らの計画の一部だったのだ。僕は思わずつぶやいた。
「『敵の網にかかったふりをして、自分の網をめぐらせよ』」
　老婆はそれを聞くと、顔をしわくちゃにして、にんまりと笑った。
「あんたを利用して悪かったね。だが、『良き霊』がそうしろと言ったんだ。おっと、どうやらあんたに、話があるらしい」
　そう言った直後、老婆は白目をむく。今日の昼間に、僕のことをいろいろ言い当てたときと同じだ。その状態で、老婆は金の子馬の背のあたりを探り、たてがみの一部を引いた。すると子馬の目のあたりから、何か小さな物が落ちた。見ると、それは虹色に輝く筋がいくつも入った、透明な丸い玉だった。球の中心あたりが、血のように赤い。老婆――いや、「良き霊」は僕にこう言う。

「……これを、受け取れ」
「これは、何ですか？」
「お前の師が探している宝玉だ……けっして、敵に渡してはならない」
「敵？　敵って、誰のことですか？」
そう尋ねた時には老婆はすでに元に戻っていて、答えを聞き出すことはできなかった。よく分からないが、先生が探しているものだということは、何か貴重なものなのだろう。僕はありがたくそれを受け取ることにした。
僕はその夜も泊めてもらい、翌朝早くにテントを出た。「放浪の民」たちは、すぐに遠くへ向かって移動し始めた。きっとほとぼりがさめるまで、ここへは戻ってこないのだろう。僕は彼らが見えなくなるまで手を振り、ティマグ神殿へと向かった。
神殿に着いたのは、その日の昼過ぎだった。僕はあちこちで道を聞いて、結局徒歩で帰った。神殿に到着すると、神官たちが声を上げた。
「ガレットさんだ！」
「ガレットさん、いったいどちらに？」
僕はかいつまんで、盗賊を追いかけて怪我をしたこと、「放浪の民」に助けられたこと、そして盗まれた本を二冊とも取り返したことを話した。僕が二つの本を見せると、神官たちは歓声をあげた。
「奪われた本だ！　ガレットさんが取り戻した！」
「さすが、我らが守り手！」
神官たちの賛辞は、僕にはくすぐったく感じられたが、悪い気はしなかった。神殿の入り口に、先生が姿を現す。
「帰ってきたか。すぐに着替えて、メーガウ師の部屋に来い」

◇

僕がメーガウ師の部屋に入ると、立派な寝台に寝かされたメーガウ師と、そのそばに立っている先生の姿が目に入った。メーガウ師の頭には布が巻かれ、一部には痛々しく血がにじんでいる。先生が言う。
「お前が侵入者を追いかけて神殿を出た夜、メーガウは二人組の男に襲われ、二冊の本を奪われた上にひどい怪我を負った。私が翌朝に到着して手当をしたのだ。さいわい、命に別状はない。悪運の強い奴だ」
先生がそう言っても、メーガウ師は返事をしない。
「奪われた本というのは、この二冊ですね」
僕は二冊の本を取り出した。八つの金属が綴じ込まれた例の本と、赤い表紙の本だ。
「そうだ。赤い表紙の方は、『融合』の呪文と実験、その効果や歴史について書かれたものだ。それから、もう一冊についてだが」
　先生が、金属が綴じ込まれた本を指さす。
「この本には『書票呪』という呪いがかかっており、お前以外の人間はこの本を一日以上所持することができないようになっている。メーガウはあの夜、お前のためにこの本を準備していたのだ。お前に『融合』の呪文を授け、身分の証を与えるために」
　僕は驚いて、メーガウ師を見た。彼は辛そうに身体を動かして、ふてくされたように向こうを向く。
「僕はもう、呪文を教えてもらえないものと思っていました」
「このメーガウ師は、こう見えてもそれなりに良識は持っている。単に性格が悪いだけでは、副大神官など務まらないからな。よって、お前が『冷素と熱素の抽出』を通り越して、『融合』まで成功させてしまったことにも気づいていたらしい。もちろん、動揺のあまり、すぐには認めたくなかったようだが」
　そうだったのか。しかしなぜ僕のような初心者が、メーガウ師も成功させたことのない実験を成功させられたのだろう。
「私の考えでは、あの実験の成否を決めるのは、ただただ運だ。『黒き土地の技』の著者はかつてここを訪れ、お前が実験をしたまさにあの部屋で実験に立ち会い、その様子を本に記した。しかしそこに記された金属の変化は、この世界ではけっして起こらないたぐいのものだ。おそらく、あの実験室の位置が特殊なのだろう」
「どう特殊なんです？」
「あくまで仮説だが、ごくまれに『異なる世界』につながることがある、とでも言っておこうか」
　異なる世界。僕はあの夜実験室の扉を開けて、草の生えた見知らぬ場所を見たことを思い出す。あれが、そうだったのか？
「よって私は、あの実験は実験者の素質や技術ではなく、ほぼ運のみに左右されると考えている。メーガウが今まで成功しなかったのも、運のせいだろうな。まあ、こいつはそうは思っておらず、勝手にひねくれているようだが」
　メーガウ師は、もうその話を聞きたくないとでも言うように、シーツを頭からかぶる。まるで子供みたいだ。先生が僕に尋ねる。
「ところで、本を盗んだ奴らのねらいは、何だったのだ？」
　僕は一部始終を話した。ただし、カーロが神殿に侵入していたことや、放浪の民たちが本物の金の子馬を持っていることは伏せておいた。サイロスとその仲間が本を盗んだことと、また彼らがあの老婆に魔法を唱えさせたことについて話したとき、先生は表情を曇らせた。
「それは悪い知らせだ。『融合』の呪文のことも二冊の本のことも、本来はティマグ神殿の関係者しか知らないはずだ」
「ではなぜ、彼らは知っていたのでしょう。関係者ではなかったようですが」
「ティマグ神殿が把握していない記録がどこかに残っていたのか、知らぬ間に神殿から盗まれたのか、あるいは……」
「あるいは？」
「神殿の中に内通者がいるか、だ。まさか、そのようなことはないと思うが。とにかく今回の件は、私から直接ザフィーダ師に報告しよう」
　そのとき、ずっと無言だったメーガウ師が半身を起こした。苦しげな声だが、強い口調で先生に言う。
「おい貴様、余計なことをするな。ザフィーダ師には、私から報告する」
「なんだ、お前。もうしゃべれるのか？」
「こっちが黙っていたらべらべら勝手にしゃべりやがって。傷が痛いのでおとなしくしていたが、もう限界だ。お前と同じ部屋で、同じ空気を吸っているのもいやだ。ここでの用はもうすんだだろう？　だったら、弟子と一緒にさっさと出て行け！」
「あー、分かった。だから、まだあまり興奮するな。早く治せよ」
　先生は部屋を出た。僕はメーガウ師に向かって一言挨拶をすることにした。
「メーガウ師、七日の間お世話になりました。師の『冷素と熱素の抽出』が見られたのは幸いでした」
　頭を下げ、部屋を出ようとすると、メーガウ師が僕を呼び止めた。
「おい、お前」
「はい」
「くれぐれも、『融合』の使い手の名を汚すなよ」
　そう言ってメーガウ師は再び横になり、シーツをかぶった。僕はもう一度彼に向かって深く頭を下げ、部屋を後にした。

第6章

疑惑

ファウマン卿から「数を計算する装置」の設計を依頼されてから数日の間、ヴィエンはそれに手を付けようとしなかった。ファウマン卿の前で「できる」と言った手前、提出しないわけにはいかなかったが、ヴィエンは「なんだか気に入らない」と言ってやろうとしない。今夜もヴィエンは、ファカタ上級学校の教員棟二階にある自分の部屋から一階のユフィンの部屋に来ているが、酒を飲むばかりで、設計図のことを気にするそぶりも見せない。ユフィンはつい不安になってヴィエンに尋ねる。

「ねえヴィエン、『数を計算する装置』の件だけど、いったい何が気に入らないのさ？」

「え？　まあ、いろいろですよ。まず、この件には何か胡散臭いところがあると思います」

「胡散臭い？　ファウマン卿が？」

「ええ。研究会を立ち上げるとか言ってましたけど、それに関しては何の音沙汰もないじゃないですか。だから、何か裏の目的があるんじゃないかと」

「裏の目的、ねえ。僕は、塔の設計図なんか集めたって、学術的な目的以外は考えられないと思うけど？　ヴィエンは何か、思い当たることはあるの？」

「別に根拠があるわけではないですが、なんだか、いいように利用されている感じがするんですよね。まあ、僕が疑い深いだけかもしれませんが」

確かにヴィエンは、人より疑い深い方だ。しかし彼の直感が侮れないことをユフィンは知っている。ヴィエンは酒を一口飲んで続ける。

「まあそれはともかくとして、他にも気に入らないことがありますよ。今回の依頼ですけど、単なる文字列の変換が、計算だってことになるのが気に入らない。それもあって、なんとなくやる気にならないんです。ユフィンは違和感を感じないんですか？」

尋ねられて、ユフィンは考え込む。

「うーん、僕はとくに感じないけど？　だって僕らは足し算の式を、数字と、『+』という記号と、時には括弧なんかも含んだ文字列として表すよね。『4+7』とか、『109+(84+35)』とか。そしてそれを『計算する』ということは、その文字列を、別の文字列——つまり、別の式とか、数字とかに変えるということだ。そうだよね？　たとえば、誰かが『109+(84+35)』を計算するのを見るとき、それは次のような『文字列の書き換え』であるはずだ」

109+(84+35)
↓
109+119
↓
228

ヴィエンは言う。

「もちろん、表面的には分かりますよ。そりゃあ、『計算する人』を外側から見れば、『文字列を別の文字列に書き換える』という行為以上のことは見えないでしょう。でも僕が疑問に思っているのは、『計算』とは『文字列の変換』である、と単純化してよいのかということです」

「どういうこと？」

「計算には『文字列の書き換え』以上のことが関わっていると思うからです。僕らは計算するとき、『文字列を書き換えよう』と思って計算するわけではないですよね？　ものの数を把握したり、酒代なんかを合計したりするために足し算をするわけじゃないですか。そういう『何のために計算するのか』とか『計算結果が現実においてどういう意味を持つか』とかそういったことが、『計算』を『文字列の変換』と同一視するという視点からは完全に抜け落ちていると思うんです」

「なるほど、それはそうだね」

「そもそも、足し算なんていうものは、大昔の人たちが家畜や獲物の数を管理するために、木片とか骨片に刻んだ印を足し合わせたのが始まりでしょう？　そういう『計算が意味すること』を、計算から切り離してよいものでしょうか？」

ユフィンは少し考えたが、はっきりと答えた。

「僕は、切り離してもいいと思っている」

ヴィエンは意外そうに尋ねる。

「なぜですか？」

「君の言うとおり、足し算などの計算が僕らの日常の中で『文字列の変換』以上の意味を持っていることは確かだ。つまり、普段僕らがやる『いくつかのグループをまとめたり、あるグループに新しいものを追加したりする行為』と、足し算は密接に結びついている。しかし僕らの知っている足し算は、僕らの日常からすでに逸脱している側面があり、そういった側面がすでに重要な意味を持っている、と思うんだ」

「よく分かりませんが、具体的にはどういうことですか？」

「たとえば僕らは計算するとき、『0 を足す』ということをするよね。『1+0』とか『3+0』とかの式から、それぞれ『1』、『3』といった計算結果を出すことができる。しかし、『0 を足す』ということは、現実世界に照らし合わせると、どういった行為に相当するんだろう」

「それは……『何も追加しない』とかですかね」

「そうかもしれないけれど、その時点で、僕らが足し算と結びつけて考えていた『いくつかのグループをまとめる』とか『何かを新たに追加する』という行為とは違ってくるよね。つまり『何もしない』んだから」

「うーん」

「それから、僕らは『負の数を足す』ということもやる。『5+(−3)』とかだ。これも通常の意味での『複数のグループをまとめる』とか『グループに何か追加する』という行為ではない」

ヴィエンは渋い顔をして腕を組んだ。

「つまり、『文字列の変換』としての足し算には、僕らが日常的にやる『まとめる』とか『追加する』という行動ではとらえきれない部分がある、ということですか？　僕らの日常の出来事と結びつけて考えられる部分は、足し算の一部でしかない、と」

「そう思う。つまり、足し算は『文字列を変換する体系』として、日常的な『目的』とか『意味』とかとは切り離して考えてもいいと思うんだ。足し算に意味付けをしているのは僕ら人間で、足し算そのものは、実は『ある規則に基づいた文字列の変換』に過ぎないのではないかな」

ヴィエンは一応納得したようで、その場ですぐに「足し算をする装置」の設計図を完成させた。彼の設計図は次のようなものだ。

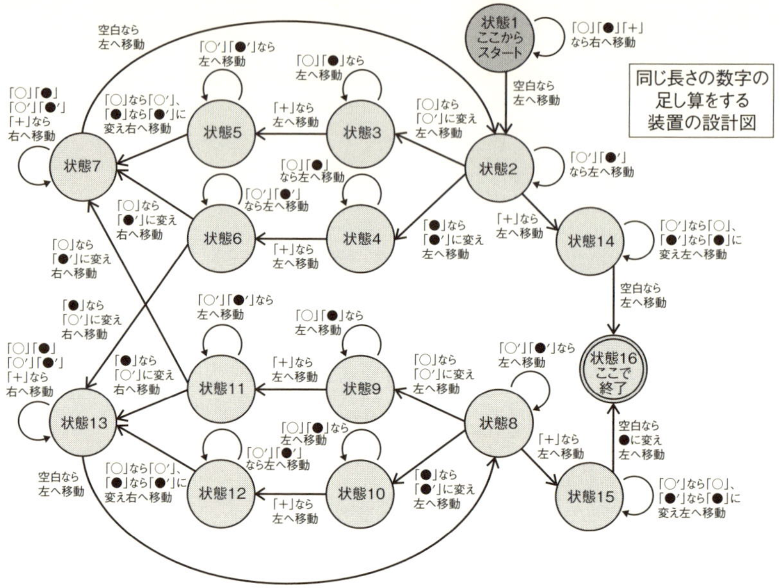

ファウマン卿の指示どおり、この装置には○と●で表した二つの数を、境界を表す記号を挟んで入力する。そして動作の結果、それらを足した答えを出す。境界を表す記号は何でもよかったのだが、足し算なので「+」にした。たとえば、「7+2」を入力するときは、「●●●+○●○」のようになる。ユフィンはすぐに、この装置に前回の「二つの文字列の同一性を判定する装置」とよく似た部分が二つ埋め込まれていることに気がついた。装置の動き方も、前回の装置とよく似ている。前の装置は、二つの文字列を一文字ずつ比べるためにまず左から右へ進み、また左へ戻って右へ進むという動きを繰り返した。今回の装置も、方向は逆だが同じように動く。

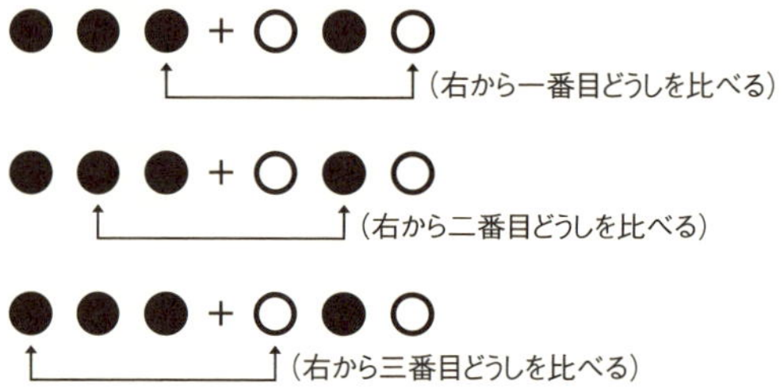

ヴィエンによると、この動きで「二つの数字の中の、同じ桁の文字どうしを比べる」のだという。ただし、単にそれらを比べるだけではなく、右の方の文字に基づいて、左の方の文字を変換していく。そうすることで、左の方の数字が足し算の答えに変換されるのだ。

「つまり、足し算の筆算を一直線上でやるんです」

ヴィエンの説明に、ユフィンは深くうなずく。ヴィエンが言っていることは、こういうことだ。

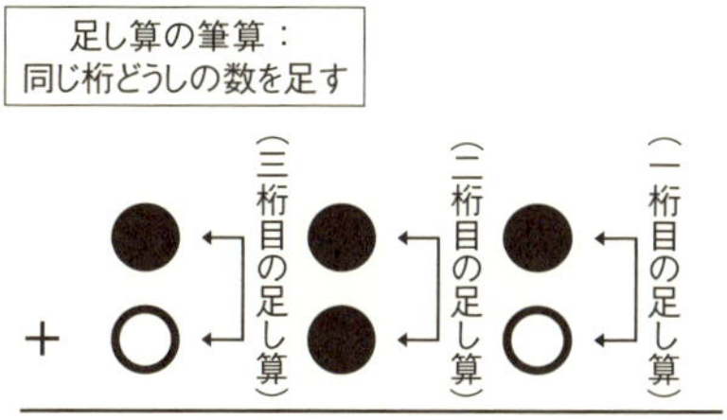

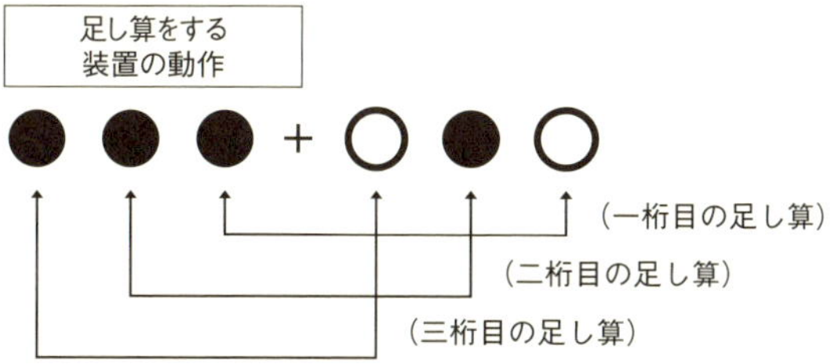

「なるほどね。足し算の筆算が便利なのは、同じ桁どうしを足し合わせていくことで答えが出せるという点だよね。大きな桁の数をいきなり足すのは暗算ではとても難しいけど、同じ桁の数だけを見れば、小さな数の足し算ですむ」

「まさにそうです。足し算の筆算では、簡単な足し算を積み重ねていくことで、大きな数の足し算の答えを出すことができる」

ヴィエンの装置では、「桁上がり」も巧みに実現していた。ユフィンは感心して、すぐに提出することを提案した。

しかし、次の日二人が設計図を持って学術院の院長室を訪ねても、ファウマン卿は留守だった。院長室の脇にある小部屋の扉を叩いて院長補佐を呼び出したところ、ファウマン卿はしばらく来ないという。ユフィンが補佐員に設計図をあずかってくれるよう頼むと、彼はこのように言った。

「ああ、あなたたちも、設計図ですか。院長に渡しておきましょう」
「『あなたたちも』？　どういうことですか？」
ユフィンが聞き返すと、補佐員は気まずい表情を見せて部屋の奥へ引っ込んでしまった。ヴィエンが言う。
「僕ら以外にも、設計図を書いている奴がいるってことですかね？」

◇

ファウマン卿から呼び出しがかかったのは、それから七日ほど経った日の午後のことだった。ファウマン卿はいつもと違って、やや落ち着かない様子だった。彼らが提出した「足し算をする装置」に対する賛辞もそこそこに、別の話題を切り出す。
「ところで、また新しい装置について相談したいのだ。君たちのこの論文で述べられている装置についてだが」
ファウマン卿は、机の上に彼らの論文を取り出す。万能装置についての論文だ。
「君たちのこの論文は、実に衝撃的だった。存在しないと思われている万能装置の存在を、理論的に証明しようという野心的な試みだ。こんなことを、どうやって思いついたのかね？」
「ゼウの塔を調査した後に、ヴィエンと二人で議論している中で偶然思いつきました」
ユフィンのこの答えは、もちろん嘘だ。二人はザフィーダ師との約束で、ソアの塔の存在を公にすることができない。またそれ以前に、彼ら二人とティマグ神殿との関わりすら、他言しないことを誓っていた。よって、彼らがガレット・ロンヌイの「問いかけの試練」において果たした役割については、ザフィーダ師と魔術師アルドゥイン、そしてファカタ上級学校のポマロ校長以外に知る者はない。
彼らは論文の中で、ソアの塔という万能装置が実在することを「報告する」かわりに、万能装置が実際に「存在しうる」ということを、「理論的な考察によって証明する」という形をとった。ただし、実際にソアの塔を見に行った経験が盛り込まれていることは言うまでもない。
「そうか。それにしても、面白い考察だ。この論文で君たちは、次のように主張しているね。万能装置は、『どのように動くか』を述べる『命令』の文字列と、装置が命令どおりに動いた場合に装置によって認識される『対象』の文字列の、二つの入力を受け付ける、と」

「そのとおりです」

実際、ソアの塔には、二つの入力を受け付けるしくみがあった。塔の内部を動く四角い小部屋の左右の壁にそれぞれ○と●の絵が描かれていて、右の方は万能装置に対する「命令」を入力し、左の方は「認識対象」となる文字列を入力するためにあった。「命令」は、クージュ・レザン兄弟の弟の方であるレザンが偽クフ語で書いた「詩」によって記述される。レザンの詩集の各詩は、古代ルル語・古代クフ語を認識する「装置の動作」を記述している。もしソアの塔に「○●○○●は第四十七古代ルル語の文であるか」を確かめさせたければ、まず右の壁で第四十七古代ルル語を認識する「装置の動作」を入力し、その後左の壁で文字列「○●○○●」を入力する。すると塔は命令どおりに動き、「○●○○●」が第四十七古代ルル語の文であれば「最終状態」に入って正常に終了し、そうでなければそれ以外の状態で不正に止まる。

「さらに君たちは、こういう主張もしている。『塔』の形をした万能装置においては、その地下の部分に命令――つまり『装置の動作』を表す文字列が表示されて、地上部分に『認識対象』となる文字列が表示される、と。そしてそれら二つの組み合わせが、あたかも一つの文字列のようにして、万能装置に認識されるのである、と」

ファウマン卿の言葉を聞きながら、ユフィンはソアの塔に思いを馳せる。ユフィンとヴィエンがソアの塔をその目で見るのを許されたのは、まだ一度だけだ。しかも、数時間の滞在しか許されなかった。ザフィーダ師によると、次に調査に行けるのは三年後らしい。

そしてわずかな時間の調査で初めて分かったのは、認識の対象となる文字列だけでなく、「命令」つまり「装置の動作」を表す文字列も、塔の各階の「扉」として表現されるということだった。ただし、前者が地面から上の部分に現れるのに対して、後者は地面よりも下、地中深く埋まった部分に現れるのだ。

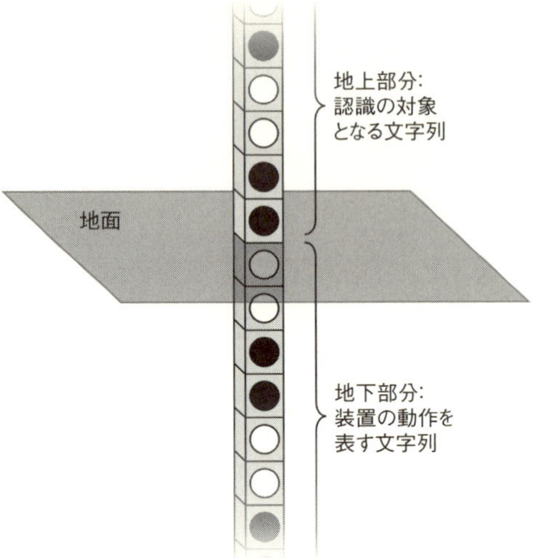

二人は実際に、ソアの塔を動かしてみた。その結果、塔の内部を上下する小部屋は、地上部分と地下部分を頻繁に行き来していることが分かった。それはあたかも、「命令の一部を読んで、文字列に操作を加える」ということを繰り返しているようだった。ヴィエンはその様子を「料理人が、料理の作り方の書かれた本を読みながら、食材を料理するかのようだ」とたとえた。

しかし、ユフィンの印象は少し違っていた。ユフィンにはソアの塔が、「装置の動作の記述＋認識対象の文字列」を一つの文字列と見なして動いているように見えたのだ。ユフィンは、ソアの塔も他の「言語を認識する遺跡」と変わらないのではないかと考えた。そしてユフィンは、「ソアの塔は、『装置の動作の記述＋その装置が受け入れる文字列』をすべて、そしてそれらのみを受け入れる装置だ」と結論づけた。つまり万能装置とは、そのような「言語」を認識する装置以上でも、以下でもない、と。

ソアの塔が受け入れる文字列の例（装置の動作の記述＋その装置が受け入れる文字列）

- 第八古代ルル語を認識する装置の動作の記述＋○●●○○○
- 第四十七古代ルル語を認識する装置の動作の記述＋○●●○●

- 第一古代クフ語を認識する装置の動作の記述＋○○○○○●●●●●

ソアの塔が受け入れない文字列の例（装置の動作の記述＋その装置が受け入れない文字列）

- 第八古代ルル語を認識する装置の動作の記述＋○●●○○
- 第四十七古代ルル語を認識する装置の動作の記述＋○●●●●
- 第一古代クフ語を認識する装置の動作の記述＋●●●●●○○○○○

ユフィンはこの言語を仮に「万能言語」と名づけてみた。しかしソアの塔は、どのようにしてこのような言語を受け入れるのか。短い時間の調査では、二人はそれを突き止めることができなかった。ソアから戻ってからも議論を重ねたが、各装置の動作の記述である「レザンの詩」が複雑なこともあって、よい考えは出なかった。よって、論文では単に万能言語の着想を述べるにとどめたのだった。事情を知らないファウマン卿はこう言う。

「実に面白い考察だと思う。しかし、ここで止まっているのが残念だ。万能装置が具体的にどうやって、そのような言語を認識するのかという謎が、謎のまま残されているからね。その上、どのようにして『装置の動作』を文字列として記述するのかも、書かれていないね。これらのことについては、論文を書いた時点から進んでいるのかね？」

「残念なことに、進んでいません」

装置の動作を記述する「レザンの詩」のこともザフィーダ師から口止めされているため、論文には書けなかった。よって、こう答えざるを得ない。

「そうか。そこで、君たちに聞きたい。万能装置を完成させるために私が協力したいと言ったら、どうするかね？」

ユフィンもヴィエンも、ファウマン卿の意図が分からず困惑した。

「協力とは、どのような？」

「具体的には、『装置の動作』を記述する簡単な方法を提供するということだ。くわしいことは言えないが、私はそれを知っている。装置の動作を記述するのにふさわしく、そしておそらく、もっとも簡潔な方法だ」

二人は、ファウマン卿が「レザンの詩」のことを言っているのではないかと疑った。ユフィンが探りを入れる。

「その方法とは、○と●の二つの文字を使うものでしょうか？」

ファウマン卿は首を振る。

「そうではない。もちろん、その二つの文字だけを使って記述することも可能だと思うが、そのぶん記述が複雑になるだろう。私の方法は、より多くの記号を使うが、記述が簡単になる。そして、それを使えば、万能装置のしくみを解明しやすくなるのではないかと思っているのだ。どうかね？　知りたいかね？」

二人は顔を見合わせた。当然、知りたい。しかしこの話に乗っていいものだろうか？　戸惑うユフィンをさしおいて、ヴィエンが発言する。

「その方法を教えていただく場合、我々は見返りに何をしなければならないのでしょうか」

「見返り？　ははは、そんなものは求めておらんよ。私の望みはただ、その方法を盛り込んで、君たちが万能装置を完成させてくれることだ。そしてその成果を私に教えてくれればいい。つまり、今までどおりだ。ただ、一つ約束してほしいことがある」

「何でしょうか？」

「私が君たちに教える『記述方法』を、絶対に他言しないこと。それだけだ」

◇

ファウマン卿の部屋を出た二人は、教えられた「記述方法」について考えていた。それは拍子抜けするほど単純だったが、装置の動作を記述するには十分な方法だった。彼らはまず、最初にファウマン卿に提出した「二つの文字列の同一性を判定する装置」の記述について考える。

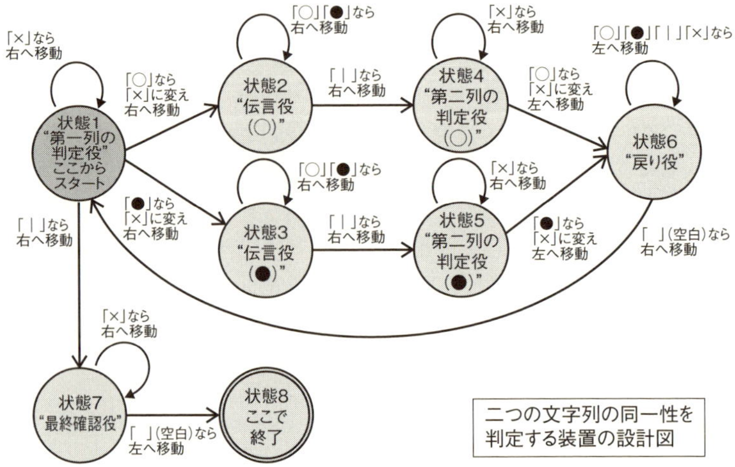

二つの文字列の同一性を
判定する装置の設計図

ファウマン卿の記述方法では、この設計図は次のように表現することができる。

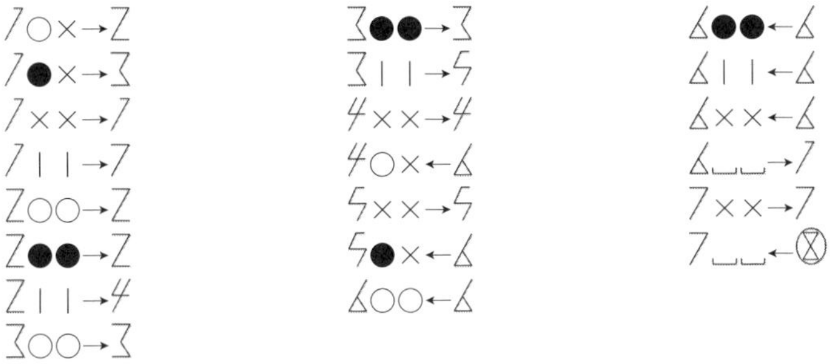

ファウマン卿によれば、やのような記号は数字であり、装置の状態を表す。連なった五文字の最初に現れている記号は「現在の装置の状態」、最後に現れている記号は「変化後の装置の状態」であるという。キィシュ国で標準的に使われている 0 から 9 までの数字とは、以下のように対応する。0 から 9 までの数字と同じように、二つ以上の数字を組み合わせることで、より大きな数を表すこともできるらしい。

さらに、のように数字が丸で囲まれている場合は、「終了状態」を表しているという。

各五文字の左から二番目と三番目の記号は、それぞれ「現在装置が見てい

る文字」と「変化後の文字」を表すという。「○」と「●」の他にも「×」や「|」など、さまざまな文字をここに入れることができるが、空白は「␣」のように表すと決まっている。そして、左から四番目の矢印は、装置が動く方向を表す。

ユフィンとヴィエンの印象では、これは偽クフ語で書かれた「レザンの詩」よりもずっと扱いやすそうだ。しかしファウマン卿は、この方法をどこから得たのだろうか？　そして、けっしてそれを他言してはならないのはなぜだろうか？　二人はそれぞれ無言で考えながら、学術院の談話室へ向かった。

学術院の会議場に併設された広い談話室は、いつもより賑やかだった。その中に足を踏み入れた二人は、ファウマン卿との面談の緊張が解けていくように感じた。

「いつもがらんとしてるのに、今日は割と人がいるね」

「ちょうど今、下級会員の候補生たちが来る時期ですよ。会員資格を得るための説明があったり、見学会があったり。ほら、灰色のガウンを着ている若い人たちがたくさんいるでしょう？」

「ああ、本当だ。僕らも数年前にああやってここに来たんだよね。懐かしいな」

談話室には、知り合いの顔も見える。ユフィンは、窓際の机で書き物をしている学者に気づき、声をかけた。

「やあ、コノル君じゃない。久しぶり」

コノルと呼ばれた若い学者はびくりとして振り返る。ユフィンの顔を見ると、気まずそうに挨拶した。

「あ、ユフィンさん……こ、こんにちは」

彼は同時に、机の上に広げていた紙を慌ただしく片づけ始めた。

「あ、何か取り込み中だった？　ごめんね」

「いいえ、いいんです。僕これから用があるんで、これで」

そう言って、彼はそそくさと部屋を出て行く。ヴィエンが尋ねる。

「彼は、規則派の後輩の人でしょ？」

「うん……」

「どうかしました？」

「彼、設計図を開いてた。たぶん、塔の」

「ふーん。ということは、彼も塔の研究を始めたんですかね？」

「そして、それを僕から隠そうとしていた……と、思う」

「何か大発見でもしたんじゃないですか？　発表するまで他人に知られたく

ないのは当たり前でしょ？」
「まあ、それはそうだけど」
　ユフィンとヴィエンが人気の少ない一角に腰掛けると、野暮ったく髭を生やした学者がヴィエンに近づいてきた。
「よ、ヴィエン」
「あ、お久しぶり。ユフィン、この人、装置派の先輩のトゥーリマンさん」
「どうも、ユフィンと言います」
「ああ、あんたのことは知ってるよ。ヴィエンと一緒で、すっかり有名人だもんな。ヴィエン、ちょっと相談があるんだけど」
　彼は近くから無造作に椅子をひきずってきて、二人の間にどっかり座り、声をひそめて話し始める。
「ヴィエン、ここだけの話だけどさ……俺にも仕事、回してくれよ」
「は？　何の仕事ですか？　上級学校の？」
「違うって。お前、ファウマン卿から何か仕事、頼まれてるんだろ？　俺にも回してくれよ。他の奴らにも、お前が回したんだろ？」
「他の奴ら？」
「とぼけんなよ。ファウマン卿から何か設計図を描かされてる、若い奴らだよ。なんでも、それをやれば出世させてもらえるっていうじゃないか」
　ヴィエンはユフィンと顔を見合わせ、トゥーリマンに尋ねる。
「その話は、どこから？」
「俺はケーランから聞いた。あいつが何かこそこそ描いてるから問いつめたら、ファウマン卿から頼まれたと言っていたぞ。お前があいつをファウマン卿に紹介したんだろ？　そうじゃないのか？」
「僕は知りませんよ。僕らはファウマン卿に何回か呼び出されているけど、ケーランを紹介したことはないですよ。彼がファウマン卿から仕事を頼まれているということも、初耳です」
「本当か？　あいつがお前の名前を出したから、てっきりお前が紹介したんだと思ってた。まあ、それはそれとして、頼むから俺のこともファウマン卿によく言っておいてくれよ。お望みのものなら、設計図でも何でも作りますからって。な！　よろしく！」
　トゥーリマンはそう言って、椅子をそのままにして去っていった。ユフィンは唖然として見送る。
「今の、何なの？」
「さあ、僕もわけが分かりませんけど」

「『ファウマン卿から若い奴らが仕事を頼まれてる』って言ってたよね。僕らと同じように、塔の設計を頼まれている人が他にいるってこと？」
「そうかもしれないですね。あ……もしかすると、さっきの君の後輩も？」
「ああ、そういう可能性もあるね。『ファウマン卿の仕事をすれば出世させてもらえる』とか何とか言ってたけど、それも本当なのかな？」
「もし本当なら、ファウマン卿は、学者連中の功名心を利用して『塔の設計図』を集めているっていうことになりますね」
「実際、ファウマン卿の依頼を断れる学者なんて、ここにはいないだろうしね。でも、僕らには、いずれ研究会を立ち上げるって言ってたのに」
「やっぱり、何かおかしいですね。でもユフィン、ちょっと声が大きいですよ」
　ユフィンは動きをとめて、周りを見回した。
「おっと、ここではあまりファウマン卿の噂話をすべきではないかな。まあ、誰にも聞かれてはいないと思うけど」
　ヴィエンがぽつりとつぶやく。
「聞かれてはいないと思いますが、さっきから僕らのことを観察してる奴がいます」
「えっ？」
「向こうの壁際にいる候補生です」
　ヴィエンが眼球だけを動かして方向を教える。ユフィンがそちらに目をやると、灰色のガウンに、同じ色のフードをかぶった候補生が一人、じっとこちらを見ている。細身で、フードの下から小さな顔がのぞく。
「あの子？」
「ええ。さっきからこっちを見ています。なぜか分からないけど」
「結構離れているのに、よく分かったね。でもまあ、どのみち話は聞こえないだろうし。僕は別に気にならないけど」
　ヴィエンはおもむろに立ち上がった。
「僕は気になります。なんとなく、ここで話すのはよくない気がする」
「そう？　じゃあ、行こうか」
「ユフィンは先に帰っててください。僕は、ちょっと寄るところがあるんで。夜にでも、君の部屋へ行きますよ」
「分かった」
　談話室を出るとき、二人はもう一度壁の方に目をやったが、例の候補生は姿を消していた。

◇

その夜ヴィエンはユフィンの部屋を訪れたが、ユフィンの姿は見えず、奥の寝室から何やら作業をしている物音が聞こえてきた。おそらく増えた写本の整理をしているのだろう。ユフィンの写本は、つねにものすごい勢いで増えていくのだ。ヴィエンがテーブル脇の椅子に腰かけると、テーブルの上に積み上げられた書類の上に、見たことのない設計図が置いてあるのが目に付いた。

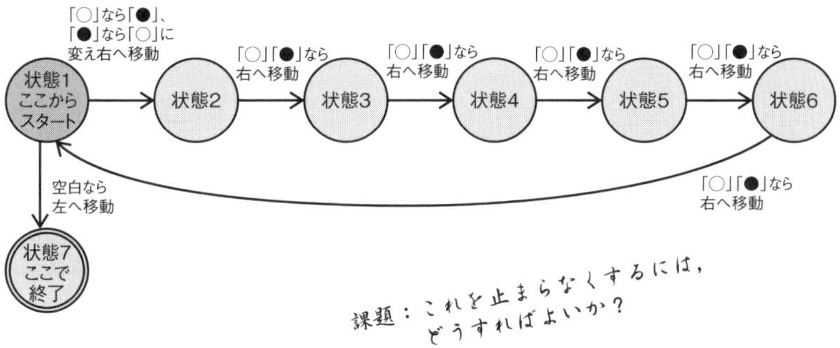

設計図の脇に、「課題：これを止まらなくするには、どうすればよいか？」という、妙なことが書いてある。覚え書きなのだろうが、どういう意味だろうか。設計図を眺めていると、ユフィンが「待たせてごめん」と言いながら奥の部屋から出てきた。

「ユフィン、何ですか、これ？」

ヴィエンが設計図を示しながら尋ねると、ユフィンは「しまった」という顔をする。

「あー、実は、昼間見た設計図を思い出して描いてみたんだ」

「昼間見たって？　まさか、君の後輩のコノル君が慌てて隠したやつですか？」

ユフィンは気まずそうにうなずく。

「君はあれを一瞬しか見ていないじゃないですか。まさか、覚えていたんですか？」

ヴィエンは驚いたが、実はこういうことは初めてではなかった。よく二人で文書館に出かけるが、そのたびにユフィンは二十冊以上の本を読む。いや、読むというより、ぱらぱらとめくっていると言う方が正しい。そして数日後には、それらの完璧な写本を完成させる。ヴィエンは、ユフィンには何か特殊な力があるのではないかと思っている。もちろん、ユフィンにそれを問いただすようなことをするつもりはないが。

「その、コノル君が隠そうとしていたから忘れようと思ったんだけど、どうしても気になってね。君に見られたからしょうがないけど、設計図の内容はどうか内緒にしてほしい。僕は今度コノル君に会ったら、これを見てしまったことを話して、謝るつもりだ」

「それにしても、この図は」

ヴィエンは設計図を軽く眺めた後、目を閉じる。適当な文字列を作り出し、設計図の装置を動作させる。

まず、すぐに分かることがある。それは、この装置が長さが 1 から 5 までの文字列をいっさい受け入れないということだ。そのような文字列に対しては、この装置は不正に止まる。長さが 6 になって初めて、正当に終了する。また、長さが 6 であれば、どのような文字列でも受け入れる。

長さが 7 以上の文字列についてはどうか？　長さが 7 から 11 の文字列はすべて受け入れないし、12 のものはすべて受け入れる。長さが 13 から 17 のものは受け入れないが、18 なら受け入れる。

（つまり、長さが 6 の倍数であるような文字列はすべて受け入れ、それ以外は受け入れないのだ）

さらにヴィエンは、文字列の変化に目を付けた。状態 1 は、○を●に変え、●を○に変える。他の状態では、文字の変化はいっさいない。つまり、装置が状態 1 にあるときだけ、文字の「切り替え」が起こるのだ。そのような文字は、まず 1 番目の文字、7 番目の文字、13 番目の文字、……と続く。ヴィエンはユフィンに言う。

「これは、長さが 6 の倍数であるような文字列をすべて、またそれらのみを受け入れる装置ですね。まるで、六つの文字を一つの単位として、それらを並べたものを受け入れるように見えます。そして、各々の『六文字』の最初の文字を変化させる。○なら●、●なら○、というふうに」

「さすがヴィエン。僕はしばらく考えて、さっきやっと分かったところだ。これ、コノル君が自分で描いたのかな？」

「どうなんでしょうね。この覚え書きみたいなのも、コノル君が書いていたんですか？」

「うん。彼は、どうやったらこの装置を『止まらなく』することができるかっていう問題を考えていたみたいなんだけど、これについてどう思う？　止まらないって、そもそもどういうことだろう？」

ヴィエンはこれまで装置の設計をしていて、「止まらない装置」に思い至ったことがある。不用意な設計をすると、「一部の入力に対して永遠に止まらなくなる装置」ができてしまうことがよくあるのだ。たとえば、次のような装置は「○」だけからなる文字列が入力された場合は必ず、またその場合のみ、永遠に止まらなくなってしまう。

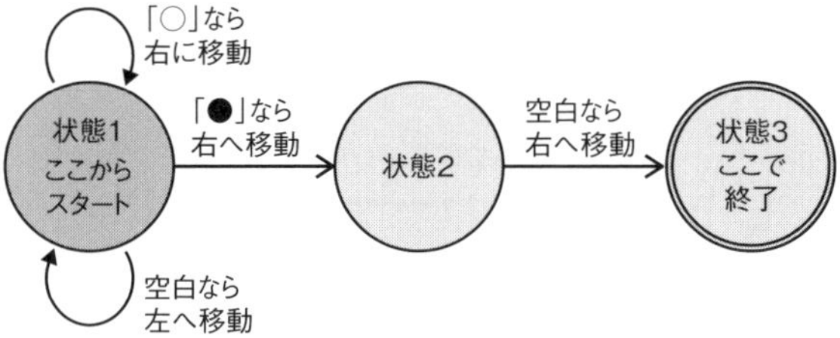

ユフィンが言う。
「怪しいのはさ、コノル君がこれを僕から隠したってことなんだよね。もしかしたら、彼はファウマン卿に頼まれて、『装置を止まらなくする方法』について考えていたのかな？」
「その可能性は否定できませんけど、そうだとしたらファウマン卿の意図が分かりませんね。少なくとも僕にとっては、『装置が止まらなくなること』は設計上避けるべきことなので、わざわざ『装置を止まらなくする』ことの意味が分からない。それに、なぜこの装置なんでしょうね。確かに面白い装置ではあるけど、僕らがこれまでにファウマン卿に依頼された装置と違って、どんな学術的な意義があるのか分からない。それに比べたら、こっちはもう少し面白いですよ」
ヴィエンは懐から紙を取り出して、机の上に広げる。

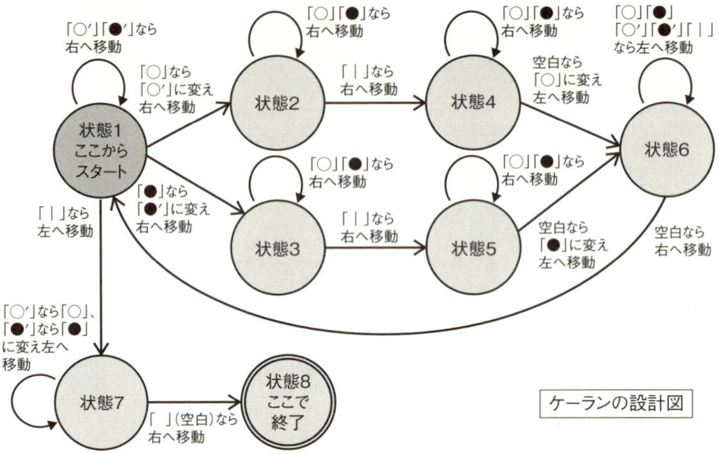

ケーランの設計図

「何これ？」
「今日、君と学術院で別れた後、ケーランに会いにいったんです。そして、彼が先日ファウマン卿に提出した設計図を見せてもらったんですよ」
「ああ、昼間に君の先輩が言ってたケーラン君？」
「気が弱い奴ですけど、結構優秀でね。昔、ちょっと助けてやったことがあるんで、僕の頼みは断れないんですよ。で、これ、何をする装置だと思います？　ちなみにこの装置への入力となるのは、『○●●○○｜』のように、最後に『｜』という区切り文字が付いているような文字列ですが」
　ユフィンは設計図をじっと見る。「○●●○○｜」という文字列を入力した場合、どうなるか。ヴィエンほど装置について考えることに慣れていない彼は、設計図を指でたどりながら考える。まず、最初の○を○′に変えて、状態1から状態2へ。「｜」に出合うまで状態2が続き、状態4へと変わったところで右端の空白に出る。そのとき状態4は、空白を○に変えるので、文字列は「○′●●○○｜○」となる。状態6で左端へ戻り、状態1で右へ引き返し、やがて●に出合い、●′に変えて状態3に変わる。「｜」に出合って状態5に変わり、右端の空白を●に置き換える。すると文字列は「○′●′●○○｜○●」。これを繰り返していくと「○′●′●′○′○′｜○●●○○」となり、最後に状態7ですべての○′を○に、●′を●に変えると「○●●○○｜○●●○○」だ。つまり区切り文字「｜」の向こうに、左側と同じ文字列が現れる。
「なるほど……面白いね」

「でしょ？　僕らはこれまでずっと、ある文字列がある言語に属するかどうかを判定する装置を作ってきたし、この前ファウマン卿に言われて作ったのは、『二つの文字列が同じかどうかを判定する装置』でしたよね。つまりそれらは、与えられた問題に対して『はい』か『いいえ』で答える装置だったと言ってもいい。でも『足し算をする装置』の件で、ある文字列を別の文字列に『変換する』装置があることを知った。コノル君の装置も、ある意味そうですよね。そして今、君が見ているそれは……」
「うん。『判定する装置』とは違うよね。ある意味『変換する装置』と言えなくもないけど、もっとふさわしい言い方をすれば、『生成する装置』かな」
　ヴィエンはうなずく。
「そうなんです。ケーランは、こういう『文字列を複製する装置』を作るようファウマン卿から依頼されたそうです。トゥーリマンさんが言ってたとおり、報酬として中級会員への昇格を約束されたそうですよ。研究会を立ち上げる話は、まったく聞いていないと言っていました」
「へえ、やっぱり出世を餌にしているんだ」
「他にもちょっと気に入らないことがあるんです。ファウマン卿は『これが参考になるかも』って言って、ある設計図を彼に渡したそうです。それがなんと、この前僕らがファウマン卿に提出した『二つの文字列が同じかどうか判定する装置』だったそうですよ。ケーラン曰く、『あれがなかったら設計できなかった』と」
「あれを勝手に、他の学者に見せたわけか。まあ、こちらも、誰にも見せるなっていう約束はしていないけどさ」
「あれだけじゃないんですよ。ケーランは今、ファウマン卿の新たな依頼で『掛け算をする装置』と『累乗を計算する装置』を設計しているそうです。その参考になるようにって、僕らの『足し算をする装置』をファウマン卿に渡されたとか。それでもどうすればいいか分からなくて、僕に泣きついてきたんですよ。あんまり困っているもんだから、『足し算の繰り返しをすればできるんじゃないか』とだけ、助言をしてきましたけど」
「『掛け算』と『累乗』、だって？」
　ユフィンが呆れたような顔をする。
「ファウマン卿は、いったい何を考えているんだろうね。さっぱり分からないけど、ファウマン卿が装置に異常に強い興味を持っていて、独自に探究していることは確かだ」
「僕も、ちょっと異常だと思います。今後もファウマン卿は僕らにいろいろ依頼をしてくるでしょうけど、どうしますか？　今までのように、言われたことを全部引き受けるのはよくない気がする。これからあの人とどう関わっていくかを、慎重に考えるべきかもしれません」
「そうだねえ。あ、そうだ。とりあえず、ホーンシュにいるポマロ校長に相談してみるのはどう？」
「校長に？　ああ、それはいい考えですね」
ポマロ・ハイザックはここファカタ上級学校の校長で、ユフィンとヴィエンの才能を見抜き、教員の職を与えた人物だ。しばらく前から隣国ホーンシュへ大学の視察に出かけている。いずれこの上級学校を大学にしようと考えているらしい。彼は温厚で人当たりのよい人物であると同時に、政治力にも長けており、学術院はもちろん、王室や地方領主たちとも深いつながりを持っている。魔術師アルドゥインを始め、ティマグ神殿にも知り合いが多い。二人は最近、ポマロ校長があのザフィーダ大神官の甥であることを知った。ポマロ校長なら、ファウマン卿の人となりについてよく知っているはずだ。そして、二人がファウマン卿にどのように関わっていくべきかについて、適切な助言をしてくれるだろう。二人の間で、ポマロ校長に手紙を出すことが決まった。ヴィエンが言う。
「それとは別に、僕個人でもこの件をちょっと調べようかと考えています。僕ら以外にどんな奴らがどんな設計図を依頼されたのか、とか。ケーランの話では、規則派のヤークフという学者も、ファウマン卿に何か依頼されているんじゃないかってことでした。ファウマン卿のところに出入りするときに、何回か鉢合わせたそうですから。まずはその人が、何を依頼されたか探ろうと思うんですが」
「ヤークフ？　ああ、知ってるよ。僕らより少し年長の中級会員で、学術院の文書館で働いているんだよね。でも彼は、簡単に秘密をしゃべるような人じゃないよ」
「僕だって、直接聞き出そうとは思ってないですよ」
「じゃあ、どうやって？」
「まあ、それはいろいろ」
ヴィエンは言葉尻を濁した。こういうとき、ヴィエンがちょっと危なっかしいことを考えているのを、ユフィンは経験から知っている。彼は少し眉をひそめて、ヴィエンに忠告する。
「君のことだから、いろんな手段を使うつもりなんだろうけど、僕はあまり賛成できないな。僕は、他人のことをこそこそ嗅ぎ回るようなことはしたくない。そんなことをするぐらいなら、ファウマン卿に直接聞いてみたらいいと思うよ」

ユフィンの言葉を聞きながら、ヴィエンは思う。ユフィンとは、学問に対する基本的な態度や方法の善し悪しについては、ほとんど言い争ったことがない。互いに説得し合ったり妥協し合ったりする必要がないほど、価値観がぴったり一致しているのだ。しかし、世間一般のことに関しては、かなり違う考えを持っている。ユフィンは全般的に、他人を善人と見なす傾向がある。それに対しヴィエンの方は、他人に対してはまず疑ってかかる方だ。またヴィエンは、目的を達成するためにはあまり手段を選ばない面がある。もちろん、目的というのはあくまで学術的なものに限られるのだが。

（きっと、ユフィンはそこそこいい家に生まれたんだろう。まあ俺の場合は……先祖が先祖だからな）

ヴィエンの故郷のキリマはカゴン地方の山奥の、古い遺跡群に囲まれた辺鄙な土地だ。かつて彼の先祖はそこに住み着き、盗掘を生業としていた。すでに盗み出すような宝もなく、もう何代も前から彼の故郷の人々は酒造りなどで生計を立てているが、今でも男たちはみな粗野で荒々しい。そしてそれに負けないほど女たちはたくましく、子供たちや家畜は騒々しい。そして人々は老若男女関係なく、用もないのに、断崖絶壁に建てられた遺跡に頻繁に出入りする。もちろんヴィエンもその一人だ。盗掘屋だった先祖の血が騒ぐのかもしれない、と彼は思う。

ユフィンもヴィエンも、自分たちの生い立ちについてはほとんど話したことがない。しかしヴィエンは、ユフィンは自分とはかなり違う、上品な家の生まれだと確信していた。そして彼は、ユフィンのまっすぐで素直なところに敬意も感じている。だが、今回のことに関しては、ユフィンが何と言おうと、ヴィエンは自分のやり方で調べるつもりでいる。それだけきな臭いものを感じているし、またそれ以上に、他の学者たちが描いている設計図を見たくてたまらないのだ。

それから一時間ほど、この件について、ヴィエンはユフィンと議論をする羽目になった。他の学者たちをだましたり、罠にかけたり、成果を横取りしたりするつもりはまったくなく、ただファウマン卿の真意を探りたいだけだとヴィエンが主張しても、ユフィンは納得しない。

「ヴィエンがどうしてもそうするつもりなら、僕は止めない。でも、僕は協力しないし、自分のやり方で正当に疑問を解決しようと思う。明日にでも、ファウマン卿に会いに行って直接説明を聞くからね」

結局、その夜の話し合いはそこで終わった。

◇

翌日。ユフィンはヴィエンを誘わず、一人で学術院へ出かけた。ユフィンもヴィエンと同じく、この件に何やら納得のいかないものを感じている。しかし、どう考えてもファウマン卿に直接疑問をぶつける以外、よい方法が思い当たらない。できればヴィエンが何かよからぬ行動を起こす前に、ファウマン卿から納得のいく説明を聞いて、ヴィエンを説得したい。ユフィンはこう考えていた。

しかし残念なことに、ファウマン卿は院長室にいなかった。隣の部屋にいる院長補佐を呼び出すと、これから数日ファウマン卿はセリブ村にある別邸に滞在する予定で、学術院には顔を出さないという。ユフィンはがっかりして、一度部屋の前を去った。しかしその数分後、引き返すことにした。ファウマン卿が次ここに来るのはいつか、院長補佐に聞いておこうと思ったのだ。

ファウマン卿の部屋へ続く長い廊下に再びたどり着いたとき、人気がなく静まりかえった廊下の奥の方で、小さな人影がファウマン卿の部屋へ入っていくのが見えた。

（あれ？　ファウマン卿は、留守じゃなかったのか？）

ユフィンは急いで部屋の前へ行った。少し開いた扉から、中を覗き込む。部屋は薄暗く、よく見えない。

（でもさっき、確かに誰かが入っていった。まさか、ヴィエンじゃないだろうな？）

ユフィンは扉をもう少し、静かに開いて、体半分だけ部屋の中へ入ってみた。

そのときだった。部屋の中——本棚のすぐそばに、怪しげな人影が見えた。それは明らかにファウマン卿ではなく、院長補佐でもない。何かを探るように本棚に手を伸ばしていたその人物は、突然ユフィンの方を向く。

「うわっ！」

ユフィンは廊下へ踏み出して、反射的に人を呼ぼうとする。

「ちょっと、だ……」

誰か来て、と言いたいが、続かない。いや、言っているはずなのに、声が出ていない。

（なぜ？）

ぞくりとした気配を感じて右の方を向くと、自分の肩の下あたりに灰色のフードが目に入った。フードの下からのぞく、小さな顔。小柄な人物が、琥珀色の目でユフィンの口元を見上げている。
（君は、この前の）
やはり声が出ない。次の瞬間、霧のようなものが見えたかと思うと、ユフィンは気を失った。

◇

ヴィエンは上級学校の教員棟を出るとき、一応ユフィンの部屋に寄ってみた。しかし、すでにユフィンは出かけていた。
（やはり、俺のやり方が気に入らないのだな）
ヴィエンは、それはそれでいいと思っている。自分の方針にユフィンを巻き込む気はない。しかし同時に、ユフィンのやり方では疑惑を解消できないだろうと考えている。
ヴィエンの目的地もユフィンと同じく学術院だが、彼は文書館へ直行する。昨日ケーランから聞き出した、ヤークフという学者を見つけるためだ。広大な書庫を歩き回ること数分。蔵書を閲覧するための机の一つに、ヤークフが座っているのを見つけた。ヴィエンは近くの書棚の影で本を探しているふりをしながら、相手の様子をうかがう。十数分後に機会は訪れた。ヤークフが誰かに呼ばれて、席を離れたのだ。
ヴィエンは何気ないふりを装いながら、本を数冊持って、ヤークフが座っていた席と背中合わせの席へ向かった。座る前に、ヤークフの机を横目で見る。ぱっと見た感じ、設計図らしきものは置かれていない。何やら文字を書きつけた紙が数枚あるだけだ。
（まあ、そう簡単に探り出せるとは限らないか）
ヴィエンが席についたとき、自分が先ほどいた書棚の方から何やら視線を感じた。見ると、灰色のガウンに灰色のフードをかぶった人物がこちらを見ている。
（あれは……）
この前、談話室で見かけた候補生だ。あのときと同じように、こちらをじっと見ている。そして向こうも明らかに、こちらの視線に気づいている。やがてその人物は、懐から小さな紙切れを取り出し、何かを書いた。そして、ヴィエンによく見えるような角度で、書棚の本の間にそれを挟み、こちらを見つめる。
（何だ？　こちらに来い、と言っているのか？）
ヴィエンはすぐに席を立ち、書棚の方へ向かった。候補生の顔が近くなる。

少しずつはっきりしてくる、端正な顔立ち。
（……女？）
その人物の目の色が分かるくらいの距離まで近寄ったとき、候補生はヴィエンに背中を向け、書棚の奥へ消えていった。ヴィエンはその姿を見送りながら、書棚に残された紙切れを手に取る。走り書きの字でこう書かれている。
「下手に動くのは危険だから、やめた方がいい。お友達にもそう言って。それから、お友達が頭痛を感じるようなら、袋の中のものを飲ませてあげてほしい」
紙切れのあった場所には、小さな袋が置いてあった。

◇

ヴィエンが談話室に行くと、窓際の席にユフィンが座っていた。いつもの彼らしくなく、ぼんやりと虚空を見つめている。
「ユフィン、どうしたんですか」
「あ、ヴィエン……ちょっと、変なことがあって」
ヴィエンは周囲を見渡し、声の聞こえる範囲に人がいないことを確認して、ユフィンの目の前に座る。
「変なことって？　君は、ファウマン卿に会いに行ったんでしょ？」
ユフィンは事の次第をヴィエンに話した。ファウマン卿の部屋に入っていく人影を見たこと。部屋の中に、前にここで見たのとおそらく同じ「候補生」が潜んでいたこと。人を呼ぼうとしたら、声が出なかったこと。その後意識を失い、廊下に倒れていたところを院長補佐に起こされたこと。
「意識を失った？」
「たぶん、薬品かなんかだと思うんだけどね。で、僕は院長補佐に、誰かがファウマン卿の部屋にいたって言ったんだけど、彼は信じようとしないんだよ。まあ、自分の落ち度にされるのを恐れているんだろうけどね。さんざん説得して、一応部屋の中を調べてもらったけど、『侵入者の形跡はない』って」
ヴィエンは、さっきの候補生のことを考えていた。やはり彼女は、自分たちの動きを把握している。ヴィエンはユフィンに先ほどの書庫でのいきさつを話し、候補生が自分に残した紙切れを見せた。
「『下手に動くのは危険だから、やめた方がいい』？　何これ。忠告？　それとも脅し？」
「どちらとも取れますね。『お友達』っていうのは、君のことでしょうね。君、頭痛はしますか？」

「うん、少しね」
「彼女、君のことを気遣って、薬草をくれましたよ。ほら」
　ヴィエンはユフィンに、候補生が残していった袋の中身を見せる。
「『彼女』？　あの人、女だったんだ」
「気づきませんでしたか？　結構きれいな人でしたよ」
「へえ。僕の場合、近すぎて、かえって顔全体がよく見えなかったんだよね。目の色は分かったけど。琥珀色っていうのかな、あれ」
「僕には、カノン酒の色に見えましたね」
「カノン酒？　聞いたことないなあ」
「僕の故郷の近くで作ってる酒です。まあそれはともかく、僕も君も、ファウマン卿の件について探りを入れようとしたとたんに、おかしなことになってしまったわけですね。つまり、僕ら以外にもファウマン卿を調べている者がいて、鉢合わせしてしまった、と。これからどうします？」
「そうだねえ。僕は、いったん手を引くべきだと思う。彼女が僕らの味方じゃない場合、こちらの動きは把握されているわけだし。もし味方だった場合は、忠告に従った方がいいと思うし」
　ヴィエンは、ユフィンの言うことはもっともだと思った。身の安全を第一に考えるなら、そうした方がいいだろう。今回のことで、ますますこの件に好奇心をそそられているのは確かだが、一度引っ込んで様子を見るのも手だ。
「とりあえず、ファウマン卿に依頼された装置の設計図でも作りながら様子を見ることにしましょうか」
　二人はその点で一致して、学術院を出た。
　カナースに寄って酒を飲み、夜遅く上級学校へ戻ると、ヴィエンの部屋に手紙が届いていた。宛名はヴィエンとユフィンの二名で、送り主の名前はない。ヴィエンはユフィンの部屋へ行き、二人で開封する。
　手紙の一枚目には、こう書かれていた。

◇

　私はあなた方の敵ではありません。それを証明するために、あなた方が知りたがっていることのうち、私たちがこれまで知り得たことを伝えます。

《ファウマン卿に依頼を受けた人たちと、その内容》
ケーラン・ショメル（学術院下級会員、装置派）

- 文字列を複製する装置の設計（提出済み）
- 掛け算をする装置の設計
- 累乗を計算する装置の設計

ニワック・センヴィ（学術院中級会員、装置派）

- 割り算をする装置の設計（割り算の答えだけではなく、余りも出す）

ヤークフ・メンティコム（学術院中級会員、規則派）

- この手紙の二枚目の設計図を、どうしたら「止まらなく」することができるか

コノル・シュラムマンゼ（学術院下級会員、規則派）

- この手紙の三枚目の設計図を、どうしたら「止まらなく」することができるか

ショールマン・ウォハラ（学術院下級会員、規則派）

- この手紙の四枚目の設計図を、どうしたら「止まらなく」することができるか

ララヴ・ファカテア：（学術院下級会員、装置派）

- この手紙の五枚目の設計図を、どうしたら「止まらなく」することができるか

ファウマン卿の依頼を受けた学者は他にも数多くいるようです。依頼の意図は、私たちにも分かりません。いずれにしても、あなたたちが探り回るのはとても危険ですから、絶対にやめてください。

そして用がすんだら、この手紙は捨ててください。くれぐれも、ファウマン卿に知られないよう、気をつけて。

カノン酒のような色の目をした女より

◇

最後の句に、ユフィンもヴィエンも目を疑った。
「『カノン酒のような色』って……」
「信じられない。いつ聞かれてたんでしょう」
ヴィエンもさすがに鳥肌が立った。ユフィンが手紙の二枚目を見る。「ヤークフに割り当てられた設計図」と書かれたその紙を、二人は凝視した。

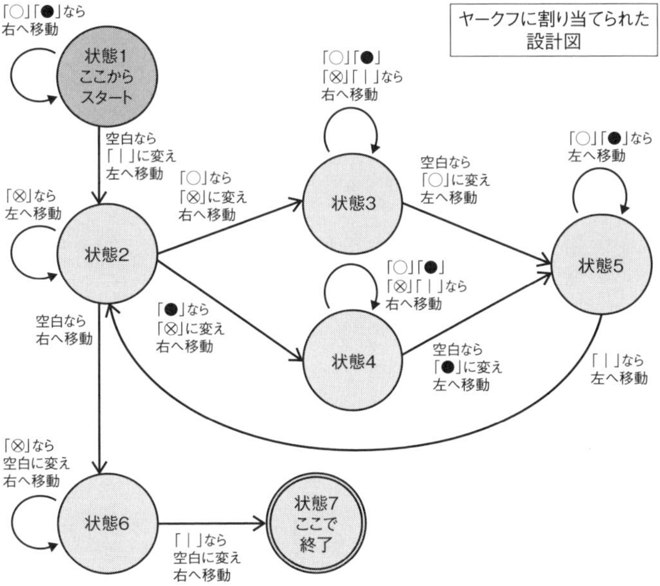

三枚目は、ユフィンが再現したコノルの設計図と同じものだった。

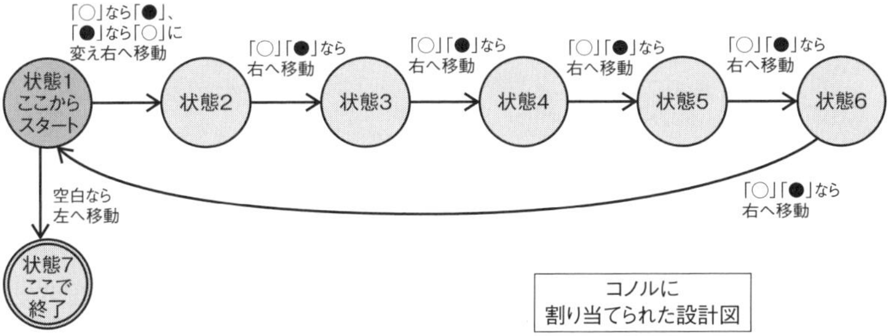

そして四枚目は、ショールマンという学者に割り当てられたというものだ。

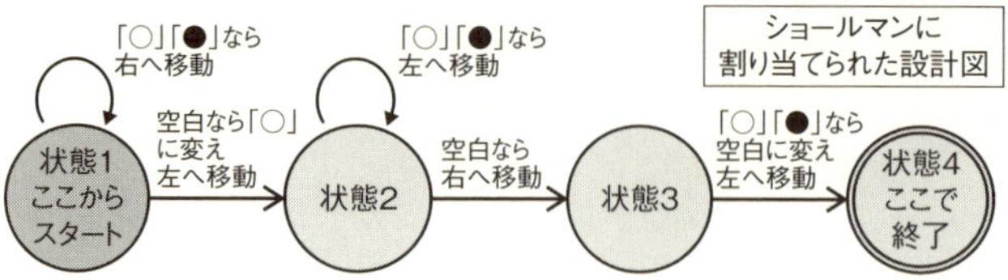

そして、五枚目。ララヴという学者に割り当てられたという設計図は、次のようなものだった。

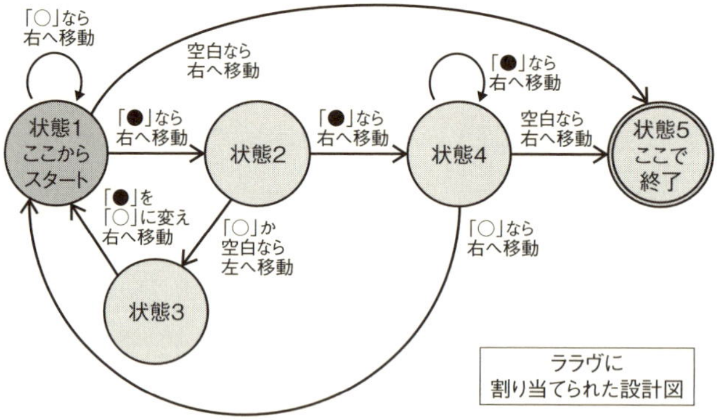

二人はそれぞれ無言で思いをめぐらせた。これらの依頼の意図は何なのか？　そしてなぜ、あの女はこれらのことを探り出したのか？　分からないことだらけだ。

「とりあえず、ヤークフ、ショールマン、ララヴの三人に割り当てられた設計図がそれぞれ何をするものなのか、調べてみましょうか」

「そうだね」

二人は酔いざましの水を用意し、一気に飲み干す。そして設計図に向き合う。今夜も、遅くまで議論することになりそうだ。

第7章

夢幻

僕は、実験室の窓枠によじ登り、外へ出る。

外は闇に包まれている。何かを追いかけようとしていたような気がするが、忘れてしまった。覚えているのは、窓の外には薬草畑があったということだ。しかしそこはなぜか草の生えた丘に変わっていて、眼下にはかすかに湖が見える。

右の方へ目をやると、闇の中にちらほらと、光が見え隠れする。木々の間からかすかに漏れる明かり。誘われるようにそちらへ歩いていくと、広大な土地が目の前に広がる。そして光の正体は、そこを歩く一人の男が持つランプだと分かる。

男は片手にランプ、片手に大きなシャベルを持って、右の方へ歩いていく。男を目で追ううちに、彼の行く手の脇に楕円形に盛られた土や、楕円形の穴があるのが分かる。

そうか、ここは墓場だ。土地は区画に分かれていて、区画ごとに土が盛られていたり、穴があいていたりする。男は区画に沿って、右の方へと歩いている。

僕は男の後を追う。彼は盛り土や墓穴の脇を過ぎ、等間隔に並んだ区画を抜けてゆく。やがて、盛り土も墓穴もない、平らな区画に出た。その先もずっと、真っ暗な森にぶつかるまで、平らな区画が続く。男は難儀そうにため息をつき、今いる区画の平らな土を掘り始めた。時間をかけて、墓穴が掘られていく。

男は穴を掘り終わると、一つ前の区画に戻り、その場にシャベルを刺してどこかへ消えてしまった。しばしの静寂の後、どこからともなく一人の少年が現れた。彼は重そうに両手でシャベルを持ち上げ、墓地を左に進む。区画に盛り土があろうが墓穴があろうが、かまわないようだ。やがて反対側の、墓穴も盛り土もない平らな区画に出る。少年は回れ右をし、墓穴のある最初の区画の手前でシャベルを置く。そして深呼吸をして消える。

次に出てきたのは、最初の男とは違う若い男だ。男はシャベルを抜き、左端の墓穴をあっという間に埋める。盛り土にするわけではなく、ただ平らにならしているようだ。彼は作業を終えると、一歩左に歩いて消えた。彼が消えたところが急に明るくなり、目がくらんでしまう。そして再び目が慣れたときには、墓穴も盛り土も消え、ただの平らな土地が広がっているだけになっている。

何かがおかしいし、何かひっかかるところがある。そのとき僕は初めて、自分が今どこにいるのかという疑問を感じた。誰か、教えてくれないだろうか。あたりを見回し、振り向くと、闇の中にぼんやりと白い人影が見える。明らかに、さっき墓場に現れた男たちとは異質な存在だ。白い人影はふわふわと動き、湖の方へと下っていく。

「その人」の姿が一瞬だけ、僕の目にくっきりと映った。慌てて追いかけようとするが、足がもつれてうまく走れない。そして丘を下るにつれ、夜が明けていく。やがて、朝日と、それを映す湖面の放つ光の中で、何も見えなくなってしまう。

◇

このところ、僕は毎晩目を覚ますようになった。夢にうなされて起きるのだが、起きるとほとんど思い出せない。覚えているのは、実験室だとか、夜の墓場だとか、蝋燭の並べられた聖堂の内部だとか、遠くに見える葡萄畑だとかの断片的な景色。そして毎回、夜明けの湖へ降りて行く白い人影を追いかけて見失う。

目が覚めるのはいつも夜中で、とても眠いのに、気持ちがざわついて眠れなくなってしまう。頭は熱に浮かされたようにぼうっとして、胸は締めつけられるように苦しい。それなのに、心の片隅に何やら甘ったるい感覚が残っていて、目覚めるたびに混乱しながらも、僕はそれを味わわずにはいられない。

僕は、なぜ自分がこんな状態になっているのか気がついていた。夢に「彼女」が出てきているからだ。僕は毎回、彼女を追いかけて、途中で目を覚ます。彼女の夢はこれまでも頻繁に見ていたが、最近の夢は明らかに違う。そもそも彼女は、あの「ティマグ隠れの日」の祝祭で着ていた少年の服ではなく、白く美しい服を着ている。そして、僕が覚えている彼女よりも少しだけ大人びていて、少しだけ物憂げだ。いつからこんな夢を見るようになったかは、はっきりしている。キヴィウスで、「金の子馬」から出てきた宝玉を手に入れてからだ。あれが関係しているのは間違いないが、それはなぜだろう？

「放浪の民」の老婆のいう「良き霊」は、宝玉のことを「先生が長い間探してきたもの」と言っていた。僕はキヴィウスからこのファカタの大神殿に戻るまでの間、何度もこれを先生に渡そうとしたが、結局まだ渡せていない。もし宝玉を手放したら彼女の夢を見られなくなるかもしれない。そんなことを考えて、先生に渡すのをつい先延ばしにしてしまっているのだ。僕は「彼女」に一度しか会っていないのに、ずっと忘れられないでいる。あのお祭りの日、幼い子供たちと一緒に遺跡に閉じ込められた彼女を、僕はどうにか助けることができた。でも彼女はその後、叔父さんと従弟と一緒にすぐに姿を消してしまったので、「ティル」という名前以外、彼女のことを知ることはできなかった。この前、老婆の「良き霊」が彼女の本当の名前は「ティルディアナ」だと言い、「誰の手も届かないところにいる」と教えてくれたが、それだけでは何も分からないし、もう一度会えるかどうかすら分からない。だから今の僕には、こうやって夢で会えるのを期待することしかできない。

それでも、もうそろそろ渡さなければならないと思っている。というのは、この夢のせいで、身体の疲れがとれないのだ。実際、最近の僕はこれ以上ないほど疲れていた。ファカタの大神殿に戻って以来、先生は連日ザフィーダ師らと何か話し合いを続けている。僕の方はというと、「第六ティマグ数字」を使う資格を得るため、この前とは別の遺跡に入り、八日ほどかかって昨日やっと試練を終えたのだった。

今度の試練は、前回よりもさらに難しかった。僕は不格好な木製の防具で全身をおおって遺跡に入る。今回の「経路」はただ一つ——黒い扉ばかりを六回選んで外に出ればいいのだが、そうすると、遺跡の出口にある「六つの泉」のすべてから、鋼鉄の鳥が飛び出してくる。鳥の数は、全部で六十三羽。そいつらは僕に気づくと、矢尻のようなくちばしを向けて一直線に飛んでくるのだ。僕は杖一本で、それに三十秒間、倒れずに立ち向かわなくてはならない。一羽一羽は小さくて弱いが、数が多すぎて容易には防げず、防具に突き刺さってくる。その衝撃はかなりのもので、おかげで僕の身体は青あざだらけになった。そして試練が終わっても、達成感はほとんどない。

こんなに疲れているのに、今日も再び眠れないまま夜が明け始めた。朝の祈りの時間が始まる。僕は仕方なく起き上がり、魔術師のローブを身につけ始めた。

◇

その日の午後、僕は先生からザフィーダ師の部屋へ行くように言われた。先生は別の用事があるらしく、僕一人だ。大神殿の回廊を進み、大きな扉を叩く。

「入りなさい」

澄んだ声に促されるまま入ると、昼下がりの光があふれる部屋の中に、小柄な女性が待っていた。ティマグ神殿の大神官、ザフィーダ師だ。その隣には、副大神官のモーディマー師もいる。僕は胸に手を当て、彼らに挨拶をする。

「昨日『六つの泉』を終えたそうですね、ガレット」

「はい。でも、何日もかかってしまいました」

「どれほど時間がかかったかを気にする必要はありません。試練を終えたという事実が重要なのですよ」

ザフィーダ師は励ましてくれているのだろう。だが、気を使ってもらっているような気がして、僕は何だか情けなくなった。

「今日は、キヴィウスで起こったことを話してもらうために来てもらいました。メーガウから手紙で報告を受け、その後アルドゥインからもだいたいのことは聞きましたが、分からないことがあるのです。あなたが実際にその目で見たことを、くわしく教えてくれませんか？」

僕は促されるままに、カーロを追いかけてキヴィウスの神殿を出た夜のことから時間に沿って話した。カーロのおばあさんが不思議な力で僕のことを言い当てたことを話すと、それまで黙っていたモーディマー師が口を開いた。

「ザフィーダ師。まさか、その老婆は『災いの目』の持ち主なのでは？　だとしたら、何らかの対処をしなければ」

ザフィーダ師は否定する。

「私は、そうではないと思います。きっと、生まれつきの能力でしょう。放浪の民にはときおり『奇跡の目』を持った者が生まれると聞いたことがあります」

災いの目？　奇跡の目？　どちらも聞いたことのない言葉だ。僕が分からないのを見て取ったのか、ザフィーダ師が補足する。

「表象界のことは知っていますね、ガレット？」

「ええと、はい、一応」

「表象界という異世界には、この世のあらゆることが表象という言語で書かれています。あなたのことが書いてある場所も、もちろんあります。普通の人間は、表象界を直接見ることはできませんし、表象界のどこに誰のことが書かれているかも知ることはできません。しかしごくまれに、それを知ることのできる人間が生まれてくることがあるのです。

我々はそういった人たちを、『奇跡の目を持つ者』と呼んでいます。そのような者たちは、目の前にいる相手のことを言い当てたり、普通の魔術が影響を及ぼせないはずの人体に対して魔術を行い、治癒をしたりすることができると言われています」

そう言われてみると、思い当たることがある。老婆は「僕の家が見える」とか言っていたし、僕の怪我も治してくれた。

「『奇跡の目』はたいへんな力です。しかし、悪用される心配はありません。この力は生まれながらにして神霊の宿主である者が持つもので、その宿主が一度でも悪意を持つと、神霊は離れ、力は失われるからです」

確かに、老婆はこうも言っていた。自分が「悪しき霊」にそそのかされないかぎり、「良き霊」は自分を守ってくれる、と。

「しかし過去には、『奇跡の目』に近い能力を後天的に身につけようとした者がいました。『災いの目』というのは、そういった者の能力を指すのです」

「なぜ、同じような能力なのに、『災いの目』と呼ぶのですか？」

「『災いの目』には、制限がないのです。つまり、悪用することができる。たとえば、魔術を使って、人体に直接害を及ぼすことも可能になるのです」

ザフィーダ師の声の響きが陰りを帯びる。僕もなんだか恐ろしくなった。

「その『災いの目』を持つ人は、実際にいるのですか？」

「ええ、歴史上、少なくとも一人存在しました。その者は……」

ザフィーダ師がさらに続けようとしたところを、モーディマー師がさえぎる。

「あの、ザフィーダ師。申し訳ありませんが、私はもうすぐ王宮に戻らなくてはなりませんので、ガレットの話の続きを」

「おお、そうでしたね。では続きを話してください」

モーディマー師があからさまにそわそわしているので、僕はその後の経過を手短に話した。ただし、本物の「金の子馬」を放浪の民が持っていることと、その中から出てきた宝玉のことは話さなかった。ザフィーダ師が僕に言う。

「あなたが見たサイロスという男とその仲間は、『融合』の呪文に関係する本を神殿から奪った。そしてそれを利用して、シェッヅマール侯の家宝である『金の子馬像』をだまし取ろうとした。そうですね？」

「はい」

「問題は、なぜ彼らがそこまでして、『金の子馬』を手に入れようとしたかということです。それについて、心当たりはありませんか？」

僕は、サイロスの仲間たちがたき火を囲みながらしていた会話のことを話した。彼らは「子馬は自分たちのものにならない」「自分たちで売るよりも、高い報酬をもらえる」ということを言っていたのだ。モーディマー師が僕に尋ねる。

「つまり、彼らは誰かの指示で動いていたということかね？」

「そうだと思います」

「しかも、相当高い報酬が支払われるということは、子馬像を手に入れたい人物のねらいは、金ではないのかもしれないな。君は子馬像を実際に見ているわけだが、何か変わったところは？」

「とくになかったと思いますが」

「その……何か仕掛けがあるとか、中に何か入っているとか、そういう感じはなかったかね？」

そう尋ねられて、僕は少し迷った。宝玉のことを、言うべきなのか。モーディマー師が僕の顔を凝視する。僕はなんとなく、「今は言わない」方を選んだ。

「よく分かりません。すばらしい美術品だったことは間違いありませんが」

「ふむ、そうか。では美術品の収集家が、ならず者たちを雇って強引に手に入れようとしたのかもしれんな」

僕は宝玉のことを言わなかったことに、やや罪悪感を感じた。しかしまずは先生に話して、宝玉を渡すのがいいだろう。ザフィーダ師とモーディマー師に報告するのは、それからでいい。

モーディマー師は僕の顔を見ながらしばらく考え込んで、ザフィーダ師に言う。

「どうやら、今の段階で結論は出ないようですな。今問題になっているいくつかの事件と関係があるかまでは、何とも」

「そうですね。これについて引き続き調査をするように、私からメーガウに依頼します。モーディマー、あなたは『偽呪文化（にせじゅもんか）』の調査を引き続き行ってください」

「分かりました」

そう言って、モーディマー師は部屋を出て行った。しばしの沈黙の後、ザフィーダ師が僕に尋ねる。

「ガレット。モーディマーについてどう思いますか？」

「どう、と言いますと？」

「私の後任の『大神官』として、です。まだ誰にも言っていないことですが、私はそろそろ引退を考えています」

僕は口を開きかけたが、驚きのあまり言うことが見つからない。

「今の副大神官はモーディマーとメーガウの二名です。順当に行けば、彼らのどちらかが次の大神官になるわけです。私は今のところ、メーガウを指名しようと考えていますが、王宮からはモーディマーを推す声が強く出ています。そこで、あなたの意見を聞きたいのです。端的に、あなたが彼らをどう思っているか聞かせてくれませんか？」

僕は戸惑った。新米で若造の僕が、意見していいようなことなのだろうか？

「その、僕はまだ、神殿のこともよく知りませんし」

「だからこそ聞きたいのです。誰が次の大神官になるかによって、もっとも影響を受けるのは、あなたのような若い人たちですから」

そう言われて、僕は二人のことを考えた。メーガウ師は優れた錬金術師だが、あのとおりの性格だ。モーディマー師については、正直なところ、よく分からない。二人とも、僕のことをたいして評価していない点は共通しているが、メーガウ師がその感情を直接表に出すのに対して、モーディマー師はそうではない。

そうか。メーガウ師は、その能力も、考えていることも、分かりやすいのだ。きっと嘘がつけない人なのだろう。彼の下で働いている若い神官たちが、怒鳴られながらも彼を慕っていたのには、そういう面も影響しているかもしれない。それに対してモーディマー師は、何がすごいのか分からないし、何を考えているのかもよく分からない。

僕は思ったとおりをザフィーダ師に話した。彼女は表情を変えずに、うなずきながら聞いた。

「なるほど。よく分かりました。あなたの意見を聞けてよかった」

「でも、まさか師が引退なさるなんて」

ザフィーダ師はほほえんだ。

「何を言っているのです。私はもう百歳を超えていますから、誰かに後を譲るのは自然なことです。とはいえ、アルドゥインがもし今生きていなかったら、まだ引退は考えなかったでしょう。アルドゥインが新しい大神官を支えてくれる希望が出てきたからこそ、そろそろ退いてもいいように思えるのです。

私の本心としては、アルドゥインに大神官になってもらいたかったのですが、それは望みすぎなのでしょうね。ここ数日、アルドゥインとずっと話し合っていたのですが、やはりよい返事はもらえませんでした」
　そうだったのか。先生のことだ。そういう役職はいかにもいやがりそうだ。
　部屋の扉を叩く音がした。扉が開き、神官がザフィーダ師に次の予定を伝える。大広間で何か儀式があるそうだ。
「もう時間ですね。いずれにしても、今は多くの問題が出てきていて、神殿にとってたいへんな時です。私も、それらが解決しないうちに引退するつもりはありません。ガレット、あなたも子馬像の件について、何か思い出したら教えてください」
「分かりました」

◇

　僕が部屋に戻ると、先生はすでに戻ってきていた。
「どうだ？　数ある問題の解決に、少しは貢献してきたか？」
　そう言われて、僕は「神殿の抱える数々の問題」が気になった。ザフィーダ師は「今、神殿はたいへんな時だ」と言っていたが、具体的にはどんな問題があるのだろう。僕の疑問に、先生はこう答える。
「神殿はその性質上、つねに多くの問題に関わっているが、最近はとくに怪しげな問題が出てきている。中でも今一番の問題は、少し前に発覚した『偽呪文化』だ」
「にせじゅもんか？」
「まず、『偽呪文』とは、『唱えても何の効果もないだけでなく、唱えた者に害を及ぼす言葉』だ。ある意味、神に向けた呪いの言葉のようなものだと言える」
「唱えただけで？　どんな害があるのですか？」
「ひどい場合には術者が雷に打たれたりするらしいが、そういうものはまれだ。たいていの場合、唱えた者は気を失って生死の境をさまよう。私がお前に『得体の知れない呪文はけっして唱えるな』と言ってきたのは、そのような呪文の害を避けるためだ」
　確かに、それはことあるごとに言われていた。
「そして『偽呪文化』というのは、神との契約に基づいて正当に使えていた呪文が、ある日突然『偽呪文』になってしまうことだ」
「そんなことがあるんですか？」
「今から九百五十年ほど前、多くの呪文が一時的に偽呪文になったことがあった。クージュ・レザン兄弟の次の世代の、ヨアナムの時代のことだ。それ以降も、ほんの数回だが、いくつかの呪文が偽呪文化する現象が報告されている。そしてつい二十日前にも、それが起こった。『燐光』の呪文が、偽呪文になったのだ」

「燐光」と言えば、暗闇の一部をぼんやり明るくする呪文だ。「相手の視界から逃げる練習」のときに、先生に何度か使われたあの魔法だ。

「『燐光』は、第百四十四ティマグ数字を利用する呪文だ。その使い手である神官の一人が二十日前の深夜にそれを唱えたところ、気を失って倒れてしまった。翌日、別の三人の神官にも同じことが起こった」

「その人たちは、どうなったのですか？」

「さいわい、みな二日後に目を覚ますことができた。また、彼らの回復後に『燐光』の効果も元に戻っていることが確認された」

「偽呪文の害から、回復することもあるんですね」

「たいていの場合はそうだ。しかし九百五十年前は、偽呪文の害は半年以上も続いたという。その間、偽呪文を唱えてしまった者は目を覚まさず、多くがそのまま死んでしまった。それに、たとえ偽呪文の害が一時的であっても、危険であることには変わりがない。意識を失えばその間無防備になるし、戦いの最中であれば命を落としかねない」

僕は、自分が使うことのできる数少ない呪文が偽呪文になってしまうことを想像して不安になった。先生はさらに不吉なことを言う。

「今回の『偽呪文化』が心配されているのは、九百五十年前と状況が似ているからだ。国内の各地で怪しげな儀式の痕跡が見つかったり、墓が荒らされたりしている。魔物が出たという噂もあちこちから聞こえてきている。これらの問題には現在モーディマー師が調査に当たっているが、成果はあまり期待できない。

その他の重要な問題は、お前も知っている『極秘事項の漏洩』だ。つまり、神殿が絶対に外に出さないようにしてきた秘密が、どこからか漏れたということだ」

「『融合』の呪文のこととかですか？」

「それに加えて、『塔文字』の流出もある」

そうだった。ハマンの商人の家で見た文字のこともあったのだ。

「その他にも、最近外国から禁書が持ち込まれたとか、禁じられた術を使う『呪術師』の集団がやってきたとか、怪しげな噂が立っている。まあ、こういったことは、とくに珍しくはないがな。『金の子馬』の件も、普通に考えればただの盗難未遂事件だが、秘密の漏洩が関わっているという点で無視できない問題になった」
　先生の話を聞いて、僕はますます、「宝玉」のことが気にかかり始めた。やはりもう、先生に渡すべきなのだろう。僕は懐に手を入れ、宝玉を取り出す。
（これで、あの夢も見られなくなるんだろうな）
　少し残念に思いながら眺めていると、奇妙なことが起こった。宝玉を載せている右の手のひらが、何やらむずがゆくなってきたのだ。
（何だ？）
　僕はもう片方の手で宝玉をつまみ、手のひらから離そうとした。しかし、離れない。ぴったりとくっついている。いや、それどころか、宝玉は僕の手のひらに「埋まりかけて」いる。
「うわ！」
　小さな球体は、さらに手のひらに食い込んでいく。血も出ないし、痛みもまったくない。それがかえって不気味で、僕は声を上げてしまった。
「うわあああ！」
「どうした？」
「僕の、手の中に」
　僕は、先生に手のひらを見せた。先生は目を丸くする。
「これは！」
　先生は素早く、宝玉に指を伸ばした。しかし、先生が触れる間もなく、それは僕の手の中に「沈んで」、見えなくなった。
「何ということだ！」
　先生は目を大きく見開いて、僕を見る。そして、僕の両肩をつかんだ。その力の強さに、僕は驚いた。
「なぜだ！　なぜ、お前が持っている」
「え？」
「今、お前の手の中に入っていった宝玉のことだ」
「それは……」
　僕は、本物の金の子馬を「放浪の民」たちが手に入れたこと、そしてその中に入っていた「これ」を譲り受けたことを話した。先生はその間、一度も目を閉じず、微動だにせずに聞いていた。僕は、先生の反応に驚いていた。先生がこれほど取り乱すようなことは、めったにないからだ。先生はようやく一度瞬きをし、下を向いて軽く首を振った後、僕に問う。
「なぜ、黙っていたのだ」
「すみません」

先生は僕から離れ、額に手をやって大きく深呼吸した。しかしすぐにその手で僕の右腕をつかみ、引きずるようにして部屋の出口へ向かっていく。
「ちょっと、先生！」
「いいから、来い！」
先生は、僕をひきずったまま、回廊に出て行く。まるで親に叱られている子供のようでひどく恥ずかしいが、先生は離してくれない。さいわい、神官たちのほとんどは大広間での儀式に出ていたので、僕はその情けない姿を見られずにすんだ。先生はザフィーダ師の部屋の前まで来ると、そこに控えている神官に、至急ザフィーダ師を呼び戻すように言う。当然、神官は渋る。
「今は、『国守り』の儀式の最中でして」
「『魂魄』のことで話がある、と伝えてくれればよい。あとはザフィーダ師が判断される」
「『魂魄』？　何のことでしょう。いずれにしても、今はお呼びできません。この世界に対する悪しき影響を除くための、重要な儀式ですから」
「そんなことは分かっている！　しかし緊急事態なのだ。とにかく師を呼ぶのだ！」
「は、はい」
先生の気迫に押されて、神官が大広間へ向かう。数分も経たないうちに、ザフィーダ師が駆けつけた。師は急いで僕と先生を部屋に招き入れ、扉を閉じるなり尋ねる。
「アルドゥイン、『魂魄』の件とは、まさか」
「これを見てください」
先生は僕に、右の手のひらをまっすぐ上に向けるように言った。言うとおりにしてしばらくすると、手のひらに何かくっついたような感覚が生じて、浮かび上がるように宝玉が現れた。ザフィーダ師はそれをじっと眺めた後、一度目を閉じる。もう、見なくていいのだろうか？　僕が手のひらを閉じようとすると、彼女は言う。
「ガレット。もう一度、よく見せてください」
僕は慌てて手のひらを開いたが、すでに宝玉は手のひらの皮膚に半分「埋まった」状態だった。それが僕の手に沈んでいくのを、ザフィーダ師は無言で見つめた。そして、さっき先生がしたのと同様に、一度深呼吸をした。
「アルドゥインよ。私は信じられません。生きているうちに、これを見られるとは思いませんでした」
先生は無言でうなずく。

「アルドゥインよ。何と言ったらよいのか……いえ、まずは喜ぶべきなのでしょう。とにかく、『見つかった』のですから」
「私も同じように感じています。しかし、これはガレットの持ち物になってしまった。それはきわめて望ましくないことです」
「……そうですね」
二人が僕を見る。
「あ、あの、これは何なのですか？」
先生が答える。
「それは『クージュの魂魄』と呼ばれる宝玉で、ティマグ神殿が数百年間、ずっと探してきたものだ。そしておそらく、『金の子馬』を盗もうとした連中もそれを探している」

◇

「クージュの魂魄」のクージュというのは、あのクージュ・レザン兄弟のクージュだろうか。ソアの塔を建設して言語戦争を終わらせるも、神の怒りに触れて命を落とした、あの天才の兄のことか？　ザフィーダ師が僕に問う。
「ガレット。あなたは例の事件の際に、シェッヅマール侯の屋敷で名を名乗りましたね？」
「はい。放浪の民の人たちを助けるために、身分を証明する必要があったので」
「ということは、あなたがこの事件に関与したことは、もう何人もの人間に知られている。『金の子馬』をねらっていた者たちが、自分たちの企ての失敗にあなたが関わっていることを知るのも、時間の問題です。彼らが次にねらうのは、あなたかもしれません」
「え、僕を！？」
サイロスや手下たちの姿が目に浮かぶ。今の僕で、太刀打ちできるだろうか。いや、無理だ。僕は自分の手のひらを眺めた。見ているうちに、表面が盛り上がり、また宝玉が現れる。僕は二人に言った。
「あの、これ、そんなに重要なものなら、僕以外の人が持っていた方がいいと思うんですが……その、たとえば先生とか」
ザフィーダ師は首を振る。
「それはおそらく不可能です。もちろん、試してみてもよいですが」
僕は宝玉を左手の指でつまみ上げようとしたが、先ほどと同じく、それは手のひらから離れようとしない。どんなに強く引っ張っても駄目だ。先生が僕の手を取り、手のひらからそれを取ろうとしても、結果は同じだった。
「つまり、それはもうあなただけの持ち物になったということです。言い伝えが正しければ、これから言う二つの場合を除いて、それがあなたから離れることはありません」
「二つの場合？」
「一つは、それが本来あるべき場所に置かれた場合。もう一つは、あなたが死亡した場合です」
「僕が……死！？」
　先生が言う。
「つまり、それを手に入れたい奴らは、お前が持ち主だと知ったら確実に殺しにくるだろう」
　僕は愕然とした。
「あの、ええと、僕が生きてこれを手放すには、これを『本来あるべき場所』に置きに行くしかないんですね？　それなら、すぐにでもそこへ行きます。それは、どこなんですか？」
　僕は二人の顔を交互に見るが、ザフィーダ師も先生も、黙ったまま返事をしない。なぜだろう。先生はふらふらと壁の方に歩いていく。そして、両手で壁を強く打ち付け、苦しげにつぶやく。
「……なぜだ……なぜ、ガレットに……。せめて、私ならば……」
　先生は何を言っているんだ？　いずれにしても、これほど打ちひしがれている先生を見たことがない。ザフィーダ師が先生に声をかける。
「アルドゥイン。あなたの気持ちは痛いほど分かります。私も同じように思っています。私が『持ち主』であったなら、と。ましてや、私はあなたよりもずっと長く生きたのですから、何のためらいもなく、すぐにでも『あの場所』へ行けたでしょう」
　ザフィーダ師は僕に向き直る。
「ガレット。その宝玉は、この世とは異なる世界に属するものです。そしてそれを元の世界に返しに行った者は、生きてこの世に帰ってこられないのです」
「帰って、こられない……？」
　なんということだ。これを持っていたら、命をねらわれる。そしてこれを手放しに行くと、二度とこの世に戻ってこられない。どちらにしても、僕を待っているのは死ではないか。
「いいですか、ガレット。その宝玉は、その名のとおり、クージュの魂そのものなのです。神の怒りに触れて死んだクージュは、冥界へと送られました。しかし弟レザンが彼の魂の救済を神に祈った結果、クージュは冥界の最上部にある『浄罪界』という場所で、死者たちを守る役割を与えられたのです。そしてその役割を果たすことが、彼自身の浄罪になるはずでした」
「なるはずだった、というのは？」
「それからまもなく、クージュの魂は浄罪界から失われることになるからです。レザンの次の世代の、ヨアナムの時代のことです。クージュの魂は宝玉となってこの世界に落ち、行方が分からなくなりました。そしてクージュという保護者を失った浄罪界は、大きな災いに見舞われ、完全に破壊される寸前までいきました。ヨアナムの活躍によって破壊こそ免れましたが、当時の災いの影響は現在でも残っているのです。それを消すには、クージュの魂を浄罪界へ戻すしかありません。ですから私たちは九百年あまりの間、ずっとそれを、探して……」
　ザフィーダ師は言葉を詰まらせ、目を閉じた。
「……やっと見つかったのに、よりによって、私たちの未来である、あなたの元に現れたとは……」
　うつむいていた先生がザフィーダ師に向き直り、うめくように言う。
「私が……私が何とかします」
「どういうことですか、アルドゥイン？」
「ガレットの身体を損なうことなく、宝玉の所有権を私に移す方法を調べるのです。きっとどこかに、解決策があるはずです。それさえできれば、何の問題もない。私なら、すぐにでも『あの世界』へ行くことができる」
　ザフィーダ師は目を細め、先生をなだめるように言う。
「アルドゥインよ。解決策について調べることを許可しますから、どうか、そんなに思い詰めないでください。いずれにしても、今すぐどうなるということでもないでしょう。とりあえずは、当面の問題に対処しましょう。まずは、宝玉をねらう者たちからガレットを守る必要があります。何かよい案はありませんか？」
　それから、先生とザフィーダ師の間で長い話し合いが始まった。僕は一度部屋に戻って待つように言われた。
　待っている間、僕はただ罪悪感にさいなまれていた。僕がすぐに宝玉を先生に渡さなかったから、こんなたいへんなことになったのだ。僕があの夢に心を奪われてしまったから。僕はこれから、どうなるんだ？　後悔と不安とで、胸がいっぱいになる。
　数時間後、僕は大広間の奥の「聖域」に呼び出された。そこには白いローブをまとったザフィーダ師と先生が待っていた。先生が言う。
「お前を、第十一神殿騎士団に預けることにした」
「神殿騎士団？」
「ティマグ神殿は、国の各地に全部で十一の騎士団を置いている。主な仕事は、近隣の住民への奉仕と、不正な魔術の取り締まりと調査だ。第十一神殿騎士団は、ここファカタから近いレノシュという村に本拠地がある。構成員は三人のみ」
「はあ」
　そんなところへ行って、僕の安全は守られるのだろうか？
「公には、お前を外国へ修行に出したことにする。ティマグ神殿の魔術師はいずれ、三年間は外国を放浪し、修行をしなければならないことになっている。よって、そのようなことにしても、疑わしく思う者はいるまい。実際は、お前は名前を変えて、第十一神殿騎士団の一員になるのだ。このことを知るのは、私と、ザフィーダ師と、お前が入る騎士団の長だけとする」
「その騎士団の人たちは、信頼できるのですか？」
「彼らはまだ若く、お前と年齢もほとんど変わらないが、非常に有能な者たちだ。しかも団長のイシュラヌは、『クージュの魂魄』の発見を切に願ってきた者の一人だ。お前が持ち主になったことを知れば、それが敵の手に渡らないよう、最善を尽くすだろう」
　そう言われても、まったく知らない場所へ行く不安は拭えない。
「僕は、そんなところへ行くよりも、先生と一緒にいる方が安全なような気がしますが」
「駄目だ。私はこれから『クージュの魂魄』の所有権を他人に移す方法を探して、あちこちを旅することになる。お前を連れて行けないような危険な場所にも行くことになるだろう。それに、敵がお前ではなく、私の方を『魂魄』の所有者だと考えて襲ってくる可能性も十分にある。その場合に備えて、別行動を取った方がいい。今はとにかく目立たない場所へ潜み、別人になりきることが重要だ」
「……」
「また、お前を第十一神殿騎士団に入れるのには別の理由もある。そこには、『第六ティマグ数字』の完得者がいるのだ。よって、機会があれば新しい呪文を習得できるかもしれん。とにかくこれは決定事項だ。お前は『騎士見習い』として騎士団に入るのだ。いいな」
　僕にはその提案を受け入れる以外、選択肢は残されていないようだった。話がついたのを見て取ったのか、ずっと黙っていたザフィーダ師が、紫色の布がかけられた横長の祭壇を僕に示し、そこに横になるように言った。言われたとおりにすると、聖域の丸い天井が目に入った。高い円窓からは、夕方の光が淡く射し込んでいる。

「ガレット、よく聞いてください。あなたの持ち物になった『クージュの魂魄』は、本来の場所へ帰ろうとします。つまり、あなたを冥界の一部である浄罪界へ連れて行こうとするのです。それは主に、あなたが眠っているときに起こるでしょう。あるときは甘美な夢を見させて、あなたをその世界に誘おうとするかもしれません」

甘美な夢？　ひょっとすると、あれがそうなのだろうか？

「これから行う術は、あなたが『クージュの魂魄』によって冥界に連れ去られないようにするためのものです。目を閉じて、心を静かにしておいてください」

目を閉じると、僕の頭の方からザフィーダ師、足の方から先生による祈りの声が聞こえてきた。それと同時に、僕は引きずり込まれるように眠りに落ちた。やがて視野が開け、夕空の下のなだらかな斜面に広がる葡萄畑が、目の前に現れた。僕は儀式のことなどすっかり忘れ、畑の方へ歩いていった。

◇

年老いた農夫は額に汗して、斜面に生えた葡萄の木々の間を歩いていた。背の低い葡萄の木々は、すでに実をつけていた。どうやら畑の中には、赤い実をつけた木の植えられた畝と、白い実をつけた木の植えられた畝があるようだ。それらの畝を横切るように、老人は斜面を登る。その向こうには、土の盛られた畝だけが、細かい波のように、斜面の上の方まで続いている。老人が何もない畝に来ると、その畝が小道に変化した。その小道によって、葡萄畑は二つに区切られたように見えた。つまり小道の下側は葡萄の植えられた畑、上側は何も植えられていない畑だ。

老人は小道を越えずに、すぐにきびすを返して、再び斜面を下ろうとする。

「あの、すみません」

僕が声を発しても、老人からは反応がない。聞こえなかったのだろうか。もう一度声をかけようとしたとき、老人の姿が消えた。僕の目の前に、どこからともなく、別の農夫が現れる。彼は少年のような背格好をして、大きなかごを持っている。

僕は少年の様子を見る。青白い色の顔をした彼は、小道のすぐ下の畝の木々になっている、白い葡萄の実を摘み取っていく。実を摘み取られた木は、すぐに葉も落ちて、完全に枯れ木になってしまう。その畝の実をすべて摘み終わると、彼は腰に手を当てて一息つき、畑の境界の小道へ向かって一歩踏み出す。しかし彼が小道にたどり着く前に、その姿は消えてしまった。かわりに小道の上には、また別の男性が現れる。彼は最初の農夫より若いが、年齢は中年といったところだ。

男性は、腰に袋をつけていた。彼は、小道を横切って斜面を一つ登り、最初の畝の前で立ち止まる。そこで、袋の中身をその辺に蒔き始めた。あれはきっと、種なのだろう。

（ここに、新しく葡萄を植える気なのか）

彼が種を蒔き終わらないうちに、早く蒔かれた種は芽を出し、あっという間に大きくなった。成長した木から葉が茂り、やがて白い実が下がる。

新しい畝が白い葡萄の木でいっぱいになったとき、男は斜面を下って元の畑に戻るそぶりを見せた。今こそ、話しかけなければならない。ここがどこなのか、何をしているのか、聞き出すのだ。

「あの、すみません。ちょっとお聞きしたいのですが」

僕がそう言っても、彼は立ち止まろうとしない。もっと近づかないといけないのか？　しかし、間に合わなかった。彼は、畑の境界の小道に踏み出す前に、姿を消してしまったからだ。かわりに小さい女の子が現れる。女の子は、畑の境界にちょっと立っただけで、下の畑に一歩降りたところで姿を消した。そしてその場に再び、さっきの青白い顔の少年が現れた。彼は、先ほど収穫をした枯れ木の畝を素通りし、その一つ下の畝にすずなりになった赤い葡萄を摘み取り始める。

今度こそ。僕は少年の前に回り込んだ。

「あの、教えてください。ここはどこですか？」

そう言っても彼は、まるで僕がいないかのように、ただ収穫を続ける。彼の顔がはっきり見えたとき、僕は驚きのあまり叫んだ。

「ラミル！」

僕の声に、少年は初めて立ち止まった。そして僕を見る。

「誰だ？」

少しかすれた弱々しい声で、彼は言った。目は僕の方を見ているが、焦点が合っていない。僕の方も、徐々に自信がなくなってきた。ラミルは本当に、こんな顔だっただろうか？　こうだったような気もするが、違うような気もする。

「ラミルじゃないのか？　僕はガレット・ロンヌイだ。君がラミルだとしたら、僕は君に会ったことがある」
「ガレット？」
「覚えてないかな？　そうだ、魔術師アルドゥインは？」
　彼は、うつろな目で考えているようだ。そして言った。
「ああ……アルドゥインなら、覚えている。そしてその弟子との間に、俺はいざこざを起こして、ひどい目に遭った」
　やっぱり、ラミルだ。僕より前に先生に弟子入りして、勝手に魔法の秘密を盗んで出て行った少年。僕が生まれて初めて、魔法で戦った相手でもある。
「そうだよ、僕がそのアルドゥインの弟子だ。君と一年半ぐらい前に会った。そして、戦った」
「一年半？　もっと経っているはずだ」
「そんなことはない、一年半だ」
　ラミルは、表情を変えないまま、軽くため息をついた。
「そうか、お前も、死んだのか？」
　僕は質問の意味が分からなかった。
「どういうこと？」
「お前はここがどこか知らないのか？　ならば教えてやろう。ここは、死んだ者が送られる場所だ」
　驚く僕に、彼は平然と言う。
「お前と戦ったことは、なんとなく覚えている。俺が死んだのは、あの少し後のことだった。俺が知っているのは、ここが、ある罪を犯して死んだ者が来る場所だということだ。俺もそうだ」
「それは、どんな罪なの？」
「『自由な意志を持ち、正しいことをする能力と機会を得ていたにもかかわらず、それを怠った罪』」
　ラミルは、何かを暗誦するように言った。
「俺は馬鹿だった。『生きている時間』より、『生きていない時間』が、これほど長いとは思わなかった」
　彼は僕の目をじっと見る。
「生きている間は、自分がいい思いができればよかった。そのために、他のことはどうでもよかった。しかし今になって、あの、ほんの一瞬の『生きている間のいい思い』など、たいして価値のあるものではないことが分かった。もう遅いが」

そう言う彼の、黒目がちな鼠のような目からは、昔あった狡猾な光は失われている。

「ただ一つの救いは、これ以上の罪に問われなかったことだ。お前に負けることがなければ、もっと重い罪を重ねていたかもしれない。そういう意味では、悔しいが、感謝しなければならない」

そう言って、彼は再び作業を始めた。

「君は、なぜ、死んだの？　やはり、魔法のせいで？」

僕は、彼と戦った後に見た、彼の体にあいた多くの穴を思い出した。あれは魔法の「間違った使い方」を繰り返したせいであいた穴だと、先生に教えられた。先生はラミルに、「これ以上魔法を使うと、命に関わる」と忠告したのだった。

「魔法のせい……か。ある意味そうだし、ある意味そうでない、とも言える」

「どういうこと？」

「俺はあの後、アルドゥインの忠告どおり、『省き』と『延ばし』の呪文を使うことはなかった。しかし俺は、諦めたわけではなかった。俺は『省き』と『延ばし』の正しい唱え方を知りたかった。どんなときに成功して、どんなときに失敗するのか。それを知るための方法を探し回った」

「それで、見つかったの？」

「それを教えてやるという人物に会った。手下になったら教えてくれるというので、そいつの下で働くことにしたんだ。しかし俺は、その仕事に耐えられなかった」

「それは、どんな？」

「何らかの儀式の手伝いだ。始めのうち、仕事は簡単だった。あちこちの村へ行って、決められた場所に穴を深く掘って、妙な模様を刻んだ木片を投げ込んだりするだけだったからな。村人たちに見られないように気をつければそれでよかった。だがあるとき、奴らは別の儀式を始めると言って、死体を大量に調達し始めた。俺たちは墓を荒らして、死んだばかりの死体を盗んだ。しかし、それでも数が足りないらしく、奴らは生きた人間をさらい始めた。奴らは俺に、捕らえた人たちを殺すよう命令した。俺は拒否した。そして、捕まった人たちと一緒に逃げようとしたんだ。その結果が、このざまだ」

「それは、命令を聞かなかったから殺された、っていうこと？」

「そうだ。よく覚えていないが、奴らは俺を、儀式に使う死体の一つにしたんだと思う。俺が死んだ後『ここ』に送り込まれたのは、おそらく奴らの意図したことだ。俺を殺す前に、こいつを『葡萄畑』に送る、とか何とか口走っていたからな。だが、どこかの段階で失敗したようだ」
「それは、どんな失敗？」
「そこまでは分からない。ただ、意識が無くなる直前に、奴らが罵り合う声を聞いた」
　ラミルはその畝の赤い葡萄をすべて摘み取った。
「そろそろ時間だ。いったん、俺は消えるぞ。次の者に交代しなければならない」
「ちょっと、待って！」
「大丈夫だ、たぶん、俺はまたすぐ現れる」
　ラミルは僕が止めるのもかまわず、斜面の上の方に向かって歩き出す。一つ上の畝の手前で彼の姿は消え、別の人物が現れる。さっきと違い、今度は中年の女性だ。
　彼女は斜面を登り、畑の境界を越えた。さっき、中年の男が植えた白い葡萄の畝を越え、また一つ向こうの、何も植えられていない畝に出た。彼女はそこに種を撒き始める。先ほどと同じく、種はあっというまに芽を出し、大きくなった。今度は、赤い葡萄の実がなった。彼女が下の畑の方向へ一歩踏み出すと、その姿は消え、さっき一瞬だけ現れた小さい女の子が再び現れる。女の子が下の畑に向かって斜面を下り、境界を越えたところで姿を消すと、再びラミルが現れる。僕は彼の名を呼び、一緒に斜面を下った。まだ聞かなければならないことがたくさんある。
　彼が境界から三つ下の畝で葡萄の収穫を始めたとき、僕は彼に尋ねた。
「あの、君は何をしているの？」
「見てのとおり、だ」
「ええと、葡萄の収穫？」
「表面的に、かつ、大ざっぱに見れば、そのとおりだ。俺はただの『葡萄畑の下働き』に見えるだろう。だが、細かく知れば印象は異なるはずだ。
　まず俺は、それぞれの『畝』で、目の前に何があるかを見極めている。実をつけた木々が生えているか、収穫がすんでいるか、あるいはそもそも木がないか」
　ラミルは手を止めて、今いる畝に目をやる。そこには赤い実をつけた木が並んでいる。
「そして、目の前に何があるかによって、三つのことを決める。一つ目は、目の前のものに何もしないか、収穫をするか」

「目の前に実がなっていたら、収穫をするんだね」
「そうだ。そして、当たり前のことだが、収穫のすんだ木々や、何も生えていない畝には何もしない。そして、二つ目は、斜面の上と下の、どちらに移動するか、だ」
　ラミルは、境界の上の方を指さし、それからその反対側を指さして見せた。
「俺は、目の前に葡萄の実がなっていれば、それを摘み取った後で、上の方へ一歩進む。元々何も生えていないところに出た場合も同じだ。斜面の下の方に進むのは、目の前に収穫のすんだ畝があるときだけだ」
　なるほど。「元々何も生えていないところ」に出たところは見たことがないが、それ以外は、これまでに見た彼の行動と一致する。
「そして三つ目。他の奴に交代するか、しないかだ。俺は、収穫のすんだ畝に来たときは斜面の下に進むだけで、誰にも交代しない。一方、収穫をして、斜面の上の方向に一歩登った後は、『おじさん』か『おばさん』に交代することになっている。どっちに交代するかは、俺が収穫した葡萄の種類によって決まる。白い実を摘み取った後は『おじさん』に交代するし、赤い実を摘み取ったときは『おばさん』に交代する。
　そして、元々何も生えていないところに出た後は、『ばあさん』に交代することになっている。今の作業が『うまくいけば』、お前もそれが見られるだろうよ」
　彼は「うまくいけば」の部分を強調するように言った。僕は彼に問う。
「することがずいぶんきっちり決まっているみたいだけど、それに何の意味があるの？」
　僕の問いを聞いた彼は、少し悲しそうな顔をした。何か、まずいことを言っただろうか。
「ごめん、聞いちゃいけなかったかな？」
「いいんだ。俺にも、他の奴らにも、自分たちが『すること』の本当の意味は分かっちゃいない。表面的には、俺たちが畑で労働をしているように見えるだろうが、ここには働くことに対して疲れも痛みも感じないかわりに、充実感や達成感もない。充実感や達成感は、自分たちの行動の意味が分かっている奴らの特権だ。さっき俺は、『目の前に何があるか見極める』とか、『何をするか決める』ということを言ったが……」
「うん。確かに言っていたね」
「実は、それは正確ではないんだ。実際、俺たちは何も見極められないし、何も決められない。俺たちはただ見せられ、あらかじめ決められたとおりに動かされるだけだ。その上、その『意志のない動き』の結果は、よいものであろうと、悪いものであろうと、俺たちに返ってくる」

彼はそう言いながら、また葡萄を摘み取る。僕は彼に尋ねた。

「結果がよい、悪いって、どういうことなの？」

「結果がよいとき、俺たちは目指すものに向かって前進する」

「目指すものって？」

「罪からの『解放』だ。聞いたところでは、この世界で罪をすべて洗い流した者は、真っ白い橋を通って、黄金と宝玉に飾られた『自分の家』に帰るそうだ。俺たちの誰も、それの本当の意味を知らない。だがいずれにしても、結果がよかったときは、俺たちの『行動』は俺たちの『望む結果』に向かっていることになる。逆に悪かった場合——俺たちは後退する。解放の時は、そのたびに遠ざかる」

説明を聞いても、僕にはよく分からない。僕はさらに尋ねた。

「その、『結果がよいとき』って、どういう場合のことを言うの？」

「原則として、俺たち全員が、最後まで『適切に』動けたときだ。具体的には、『行動がとれない』ようなことが起こらなかったときだ。たとえば、俺に関して言えば、『葡萄の実がなった畝』に来たときと、『収穫後の畝』に来たときと、『元々何もない畝』に来たときには、それぞれ何をすればいいかが決まっている。だが、もし俺が『畑の境界』に行ったとしたら、俺は何もすることができない。『そこですべきこと』が決まっていないからだ」

なるほど、少し分かってきた。

「『すべきこと』が決まっていない状況になったとき、そこで作業は止まってしまうんだね？」

「そうだ。そしてそのときは、そこで仕事は『失敗して終わり』なんだ。それは俺たちにとって悪いことだが、もっと悪いこともある」

「もっと悪いこと？」

「俺たちの作業が止まらなくなることだ。そういう状況に陥ると、俺たちはひどい苦痛を味わう」

「止まらなくなる？　そんなことがあるの？」

「さいわい俺自身はそのような目に遭ったことはないが、ごくまれに起こるらしい。とにかく、この葡萄畑では、俺たちがきちんと動けて、最後にばあさんが『畑の境界』まで行けて、光が現れたら『うまくいった』ことになるんだ」

ラミルは収穫を終える。

「またそろそろ時間切れだ。お前に関係のない話までしてしまったな」

ラミルはそう言いつつ姿を消し、さきほどと同じく、中年の女性に「交代」した。彼が言う「おばさん」だろう。

その後も、僕は彼らに付いて二つの畑を行ったり来たりしたが、後はほぼ同じことの繰り返しだった。「おばさん」は上の畑まで行って、新しい畝に赤い葡萄を植える。そして女の子に交代し、彼女が畑の境界まで下る。女の子はラミルに交代し、ラミルはまだ収穫のすんでない畝から白い実を摘み取る。そしてその後、中年男性——「おじさん」に交代する。「おじさん」は上の畑の新しい畝に白い葡萄を植える。

何度、畑を往復しただろう。しばらくして、「女の子」に付いて下の畑に戻るとき、下の畑ではすでに刈り入れが全部終わっていることに気がついた。この場合はどうなるのだろう。女の子はラミルと交代し、僕は再びラミルに付いて斜面を下る。

ラミルは刈り入れのすんだ畝を越え、元々何も植えていない場所に出て止まった。ふと、彼が僕に尋ねた。

「ところで、お前はなぜ、死んだんだ？」

「僕は死んでいない。最近『ここ』の夢を見るんだ。今も、たぶんそうだと思う。理由は分からないんだけど」

「死んでいないのに『ここ』に来られるのか？　人間であろうと、妖精や小人、あるいは他の生き物であろうと、ここには死んだ者の霊しか来られないはずだが。いや、待てよ……『彼女』がいる」

「彼女？」

「ああ。俺たちにとっては聖者のような存在だ。彼女は生きた人間らしいが、人生のほぼすべてをここで、俺たちのために費やすんだ。ここに来る者はみな、彼女の存在にまず驚かされ、やがて彼女を敬い、慕うようになる。

お前が夢でここを訪れたのには、何か理由があるのだろう。彼女に聞けば、何か分かるかもしれない」

僕は不意に、胸の高鳴りを感じた。

「その人には、どこに行けば会えるの？」

「くわしい居場所は知らない。少し前に聖堂の献灯台で問題があったらしくて、しばらくはそこにいたらしい。だが、普段は湖の方とか、薔薇園の方によくいるようだ。湖は、あの丘を越えた向こうにある。薔薇園と聖堂は、さらにもう少し遠い」

ラミルは振り向いて、上の畑の方を見上げる。

「とりあえず、ここでお別れだ。じゃあな」

僕は慌てて、ラミルにお礼を言った。

「いろいろ教えてくれてありがとう、ラミル」

そう言うと、彼はかすかに顔をこちらに向けて、消えた。その顔は、微笑んでいるようにも、悲しんでいるようにも見えたが、いずれにしても彼が生きている間には、僕に見せたことのなかった表情だった。しかし逆を言えば、僕の方も、生きている彼にはさっきのように接することができなかったかもしれない。彼には出会ったときから嫉妬していたし、ずっと敵だと思っていたのだから。

（生きている、って、何なんだろうな）

そんなことをぼんやり考えているうちに、年老いた女性が現れた。ラミルが言っていた「ばあさん」だろうか。老女は火のついたたいまつを持ち、収穫ずみの枯れ木をすべて焼いていく。彼女が焼いた木はすべてきれいに消え、まるで最初から何も植えられていなかったかのような、まっさらな畝だけが残る。老女は腰を曲げながら黙々と作業をし、畑の境界に近づいていく。老女が畑の境界である小道に立ったとき、小道が完全に消えた。老女がさらに上に踏み出したところで、彼女は消え、明るい光が現れて、それもすぐに消えた。

（うまくいったんだな）

僕は誰もいなくなった葡萄畑を後にして、湖の方へ行くことにした。僕はラミルに教わった道どおりに、丘を越えた。丘を越えると、あたりは徐々に暗くなってきた。丘を下り終えると、再び明るくなり、湖が見えてきた。

湖畔にたたずみ、あたりを見回す。湖面に反射する光がきらきらと揺れ動くが、僕以外には誰もいないようだ。

いや、待てよ。水面に何か、動くものが見える。僕は目を細めて凝視する。それは少しずつ大きくなり、やがて小舟であることが分かるほどになった。

水面に浮かぶ小舟には、誰かが乗っていた。僕の耳に、美しい歌声が聞こえてくる。舟の上の人物が歌っているのだ。舟は徐々にこちらに近づき、光の中から、少女の姿が浮かび上がる。白い衣をまとい、淡い栗色の髪をさらさらと風になびかせている。白い頬が、上等の絹のように輝く。

僕の思考は完全に止まっていた。ただただ、自分の見ているものが信じられなかった。しかし彼女の舟は方向を変え、僕から遠ざかり始める。僕はいっさいのことを忘れて、叫んだ。

「ティル！」

舟の上の彼女が歌うのをやめ、こちらを振り返った。彼女の大きな水色の瞳が、声の主を探すようにこちらをうかがう。しかし、僕に気づいた様子はない。見えていないのか？　でも確かに今、彼女に僕の声が届いたのだ。

彼女が振り返ったのは、ほんの一瞬だった。彼女はそのまま向こうを向き、湖面を運ばれてゆく。

「待って！」

ティルの姿は小さくなっていく。焦る僕は、いつしか湖に足を踏み入れていた。彼女に気づいてもらいたい。でも、気づいてもらったところで、彼女に何と言うのか？　魔術師になれたことでも話すのか？　まだ、一人ではほとんど何もできないのに？　そもそも、彼女は僕のことなんか覚えていないんじゃないか——。頭に浮かぶさまざまな問いを振り払いながら、僕は水の中を進む。

とうとう足が湖底に届かなくなって、僕は泳いだ。舟はまったく近くならない。それどころか、ますます遠ざかっていく。

待ってくれ。行かないでくれ。やっと、会えたのに。

僕は力つき、水の中へ沈んでいく。不思議なことに、苦しくもなんともない。それになぜか、ひんやりとした風を頬に感じる。やがて、高い丸天井と、複雑な幾何学模様をなすように組まれた梁、そして浮き彫りの彫刻の数々が目に入る。僕は目を覚ましたのだ。

「もう終わりました。起き上がっていいですよ、ガレット」

「僕は……」

「どうしたのですか？」

僕は今、信じられないものを見たのだ。しかし、口に出すことができない。僕は仕方なく、こう言うしかなかった。

「何でもありません」

第8章

人形

二日後の昼間、僕はレノシュ村へと続く道を歩いていた。フードを深くかぶり、目立たないよう注意して歩く。目的地に着いてイシュラヌという人に会うまでは、誰にも自分の本当の名前をけっして名乗らないよう、先生にきつく言われていた。また、向こうで生活する間も偽名で通さなければならない。

偽名は、先生が付けてくれた。一昨日の夜、急いで旅の支度をしている僕に、先生がこう言ったのだ。

「明日からのお前の名は、『リナード』だ」

「リナード？」

「『ガレット』よりはよくある名前だろう。出身地を聞かれたら、エーミアだと答えておけ。つまりお前は、『エーミアのリナード』だ」

エーミアという土地は、前に行った「西の森」よりもさらにずっと西にある。記憶があやふやだが、確かマガセア伯の領地ではなかっただろうか。もちろん、行ったこともないし、そこの出身の人に会ったこともない。なぜリナードで、なぜエーミアなのかと尋ねても、先生は答えてくれなかった。

昨日の朝、僕はまだ暗いうちに神殿の裏門から外へ出た。見送りについてきた先生に別れの挨拶をしようとしたとき、先生は僕に、薄い絹の布に包んだ小さな平たい石を渡した。青白く光るそれには見覚えがあった。以前、ミラカウの隣の小エルバ村で祭りがあったときに、先生が僕に届けてくれたものだ。あのとき、ミラカウの家にこもっているはずの先生の魂が、この石によって運ばれてきたのだ。そして先生は僕に乗り移って、やっかいな小人をやりこめたのだった。

「この石をお前が持っていれば、お前がどこにいようと、私の魂をお前の元に移動させることが可能になる。ただし、一回しか使えないし、私の意思でしか使えない。つまり、お前が私を呼びたいときに呼び出すことは不可能だ。いざというときに頼れないものだが、何かの役に立つかもしれないから、渡しておく」

「分かりました」

「くれぐれも、危険な目に遭わないように注意しろよ。そういえばお前は、いつも『女神の護符』を身につけていたな」

「え？」

「首から下げているものだ。見せてみろ」

先生からそのように言われたのは初めてだった。そもそも先生が、僕がいつも「お守り」を身につけていることを知っているとは思わなかった。というのも、僕は恥ずかしくて、ティルにもらったそれをあまり人に見せないようにしてきたのだ。

僕は襟元に手を入れ、金属の鎖に付けたお守りを取り出す。先生は、それをしばらく無言で眺めた。そしてただ一言、「何が起ころうと、私はお前を必ず助ける」と言って、僕を送り出したのだった。

神殿の奥でザフィーダ師に「術」をかけてもらった日から、僕は例の夢を見なくなっていた。本当に見ていないという保証はないが、少なくとも夜中に目を覚まして眠れなくなるということはなくなった。ティルの夢は見られなくなったが、かわりに熟睡できるようになった。ファカタを出た後、ゆうべはトゥス村の粗末な宿で一泊したが、あまり快適ではなかったにもかかわらずよく眠ることができた。

とはいえ、僕の気持ちは晴れないままだ。ザフィーダ師は、「クージュの魂魄」が僕を、冥界の一部の「浄罪界」というところへ連れて行こうとしている、と言っていた。すると、僕が断片的に覚えている墓地や、葡萄園や、湖なんかは、その世界の一部なのだろうか。そしてそこでティルの姿を見かけるということは、どういうことなのだろう。僕を誘い出すために、「魂魄」が彼女の姿を見せているのだろうか？　それとも……。

分からないまま、僕は地図を頼りにレノシュ村へ続く道を進んだ。ファカタからオラム方面へ続く街道と違って、レノシュ村への道は狭く、途切れているようなところもあり、正しい道を進んでいるのかときおり不安になる。僕はなんとか、道らしきところに沿って、夕方に集落にたどり着いた。

村では、人々が畑仕事を終えようとしていた。村人たちに道を聞きながら村はずれの場所へ行くと、神殿風の古い建物があった。かつては美しい建物だったことがうかがえるが、すでに壁はぼろぼろで、崩れかけている。入り口のそばに、ティマグ神殿の紋章が見える。僕は戸を叩いた。

「すみません！　誰か！」

しばらく待ったが、反応がない。もう一度戸を叩いてみると、一分ぐらい経って、扉についた小窓が開き、黄色っぽい色をした二つの瞳がこちらをのぞいた。愛想のない声が僕に尋ねる。

「何？」

声の感じからすると、女性のようだ。

「あの、ここはティマグ神殿の、第十一騎士団でしょうか」

「そうだけど。誰？」

「僕は、ガ……」

そう言いかけて、僕は言葉を飲み込んだ。慌てて言い直す。

「リナードと言います。イシュラヌという人に会いたいんですが」

「ちょっと待って」

扉の小窓がぴしゃりと閉まる。しばらくして、扉の掛けがねをはずす音がし、中から髪の長い女性が現れた。蜂蜜のような色の目。小さくて美しい顔だが、まったく表情がない。気まずい沈黙。

「あの……」

「名前、もう一度」

「え？」

「あんたの名前。もう一度言って」

「ええと、リナードですが」

僕はもう一度、偽名を名乗った。彼女は僕の口元を凝視する。「聞いている」というよりも、「見ている」という感じだ。彼女は僕をいぶかしげに眺める。

「イシュラヌに会いに来たって？　仕事の依頼？」

「いいえ、違います」

「じゃあ、理由は何なの？」

「それは……」

僕は返事に困った。到着したらイシュラヌという人が出迎えてくれると思っていたので、うまく説明ができない。彼女はため息をつく。

「イシュラヌは留守だ。悪いんだけど、今は事情があって、素性のはっきりしない人の訪問は断っている。仕事の依頼だって、事前に手紙をもらわないと受け付けない。訪問の理由を言えないんだったら、ここに入れることはできない。それに、あんたが今言った名前、ひょっとして偽名じゃないの？」

僕はぎくりとした。しかし、ここで追い返されては困る。

「とにかく、イシュラヌさんが事情をご存じなんです。お帰りになるまで、待たせてもらえませんか？」

彼女にそう詰め寄ったとき、突然背後から何者かに肩を掴まれた。僕が驚いて振り向くと、僕と同じくらいの背格好の若い男がいた。ここにいるということは神官なのかもしれないが、それにしては顔が日に焼けている。

「おい！　貴様、何者だ！」

男は僕の手首を強く掴む。体格の割に、力が強い。

「いてててて。ちょっと！　僕は何も」

「エムを追って来やがったのか？　俺たちをだまそうとしても、そうはいかねえからな！」

僕はみぞおちのあたりを殴られ、気を失ってしまった。

◇

気がつくと、僕は床の上に転がされていた。部屋には粗末な椅子がいくつかあり、さっきの二人が腰掛けている。二人とも、僕の方をほとんど気にしていない。所持品も取られていないし、僕の杖はすぐそばに転がっている。女性が呆れたように言う。

「カイドー、あんたはこうやってすぐに手を出す癖を改めた方がいいね。いくら怪しいからって、殴らなくてもいいじゃないの」

「あのな、俺はエムのことを考えて行動したんだぞ。潜入先からの追っ手が来るかもしれないって言ってたのは、お前の方だろ？」

「それはそうだけど、こいつが追っ手に見える？」

カイドーと呼ばれた男は、僕の方をうかがう。

「まあ、見えねえな。だが、万一ということもあるだろ？　それにしても、甘ったれた面をしてやがる」

僕は気を失ったふりをしていたが、内心むっとした。

「そいつ、イシュラヌに会いたいって言ってたよ」

「イシュラヌに会いたい？　いったい、どこのどいつなんだ。どれ、ちょっと持ち物を見てやるか」

男がこちらに近づこうとしたとき、僕は反射的に起き上がった。彼はやや驚いたような顔をする。

「起きてやがったか」

僕は杖を手にとって立ち上がった。

「なんだお前、やる気か？」

僕が杖を構えると、男は呆れたような顔をする。

「あのなあ、お前みたいな青二才がそんなものを構えたって、俺は怖くもなんともない。はったりならやめておくんだ」

僕は少々頭に血が上ってきた。僕は杖を一回転させ、浮かび上がった文字列を見極めて、小声でこっそり唱えた。

「第四十七古代ルル語において、この列の1から30を延ばせ」

杖は伸び、男の額近くで止まった。彼は少し目を見開いたが、おびえた様子はない。次の瞬間、彼は杖の先をよけて前に一歩踏み出した。僕は慌てて、伸びた杖で彼の胴をなぎはらおうとした。彼は平然と立ち止まり、まったくよけようとしない。

(なぜ、よけないんだ?)

その直後、彼の体に当たろうとしていた僕の杖は、まるで何かに当たったかのようにはじき返された。僕の手首はその衝撃に耐えられず、杖を落としてしまった。杖を拾おうと腰を落とした僕の鼻先に、剣が突きつけられる。

「拾うな。拾ったら、頭を叩き割るぞ。俺は本気だ」

彼の殺気に、僕は動くことができなかった。僕が動きを止めている間に、彼は僕の杖を取り上げる。そして僕を座らせ、動かないように言った。

「なぜさっき、杖が伸びたんだ?　この杖に何か仕込んであるのか?」

彼は、僕が魔法を使ったことを認識していないようだ。

「仕掛けはないな。もしかして、魔術か?」

女性が横から口を挟む。

「古代魔法ってやつじゃない?　確か、そういうのがあるんだ。まあ、だからといって、神殿の人間とは限らないけど」

「神殿と関係のない奴らの中にも、これぐらいできる奴はいるからな。あるいは、下っ端の『呪術師』じゃないだろうな?　やはり、エムを追って、俺たちを探りに来やがったのか?」

僕は床に手をついたままの姿勢で男に答えた。

「僕には、何を言われているか分かりません。僕は怪しい者ではありません」

「じゃあ、誰なんだよ?」

僕は、答えたい思いをぐっとこらえた。

「とにかく、イシュラヌという人に会わせてください」

「まだ言うか、こいつ」

そのとき物音がして、男性が一人入ってきた。

「イシュラヌ!　帰ってきたか」

「カイドー、何の騒ぎだ。外まで聞こえていたぞ」
「こいつが抵抗したもんだから」
　イシュラヌと呼ばれた男が僕の方を見る。緑がかった青い目。優しげで整った顔だちだ。
「こいつはさっき、お前に会いたいとか言って訪ねてきたんだ。だが理由を言わないし、名前も怪しい」
　イシュラヌが僕に尋ねる。
「君、名前を聞かせてくれ。この二人に名乗った名前の方でいい」
「リナード、です。エーミアのリナード」
「そうか。事情は、君の先生から聞いている。帰りが少し遅くなったせいで、この二人に君のことを知らせるのが間に合わなかったのだ。先生からは、君をしばらくここに置くよう頼まれている。希望どおり、君をこの騎士団に受け入れよう」
　他の二人が騒ぐ。
「どういうことだよ。イシュラヌ、本気か？」
「いったい誰なのよ、そいつ」
「神殿の関係者だ。悪いがそれしか言えない」
　彼は僕に向かって言う。
「私はイシュラヌで、この第十一騎士団の責任者だ。団員は、この二人。エムとカイドーだ。見てのとおり、人手不足で困っている。よって、君のことも、何もさせずにただ置いておくというわけにはいかない。我々の仲間になる以上、働いてもらわなくてはならない。それでもいいか？」
　僕はうなずいた。
「そこで質問だが、君には何ができる？」
「ええと、まず、『省き』と『延ばし』の呪文が使えます。『融合』も、一応」
「他には？」
「魔法は、それだけです」
「使える武器は？」
「ええと、杖を使った戦闘を練習してきました」
「実戦経験は？」
「ありません。ただ、第三ティマグ数字を使えるようになるために、三つの泉の試練を受けました。実戦経験に入れていいのか、分かりませんけど」
　カイドーが口を挟む。
「三つの泉といえば、自分そっくりの敵と戦うってやつだな。しかも、戦うというよりも、しばらく逃げるだけだろ。そんなものは実戦には入らねえよ」

僕は気まずくなって、他に何か付け加えることはないかと探す。もう少し、自分には何かなかったか。あ、あれを言ってみようか。

「あの、その他に、第六ティマグ数字を使う権利を得ています。ここに、第六ティマグ数字を使った魔法の『完得者』がいらっしゃると聞いているので、できれば教えていただきたいと」

僕がこう言うと、イシュラヌは沈黙した。カイドーはエムの方をちらりと見るが、エムは「見るな」と言わんばかりに眉をひそめる。僕は、なんだか余計なことを言ってしまった気がした。カイドーが言う。

「呆れたな。たいしたこともできないのに、呪文を習いたいとはずうずうしい奴だ。誰の弟子か知らないが、俺たちはとんだお荷物を背負わされたってことだな」

「カイドー、黙ってろ」

イシュラヌにたしなめられ、カイドーは軽く舌打ちをした。

「君のことはだいたい分かった。君はここで、『リナード』の名で過ごすといい。ここでは、君を特別扱いすることはしない。他の二人もそうだ」

「は、はい」

「我々の仕事は単純だ。『ここに持ち込まれる問題を解決して、人々を助けること』。このあたりは田舎だが、依頼は多く、中には危険な仕事もある。また、ファカタに近いので、大神殿から依頼される任務もある。君にどのような仕事を任せるかはその都度判断するが、とりあえずは……」

イシュラヌはカイドーの方を向く。

「カイドー。彼を君の助手としよう」

「はあ？　何だって？」

「君の仕事を手伝わせて、経験を積ませるんだ。同時に、彼の安全も守るようにしてくれ」

「ちょっと待てよ。確かに人手が足りないのは事実だが、こんな『何もできない奴』を助手にしたって、助けになるどころか、足手まといになるだけだろ？　とくに今は、お前とエムがファカタの仕事にかかりっきりだから、この近辺からの依頼は全部俺が一人で引き受けてんだぞ？」

「それは分かっているし、だからこそ頼むのだ。ファカタの『潜入調査』を彼に手伝わせるわけにはいかない」

「はあ、それで俺が『お守り役』になるわけか。だが、それならこいつを俺の好きなように使っていいんだな？　魔物が出る現場に、荷物持ちに連れて行ったりするぞ？　いいのか？」
「ああ、君が彼の安全を保障するなら、俺はかまわない」
「じゃあ、早速そうさせてもらうからな」
　そう言って、カイドーは部屋を出て行った。エムも立ち上がる。
「あたしも疲れたから休ませてもらう。明日からまたファカタだし」
「エム。君は明日一日休め」
「どうして？　ファカタの『任務』はまだ終わっていないでしょ？」
「そうだが、君はここ一ヶ月ほど、一日も休んでないだろう。危険な任務のことだ。このあたりで休んでおかないと、いずれ支障がでる」
「それじゃ、お言葉に甘えさせてもらう」
　エムはそう言って去っていく。二人きりになったのを見計らって、イシュラヌが僕に言う。
「改めて挨拶しよう。第十一神殿騎士団へようこそ、ガレット。到着直後に、不愉快な思いをさせてすまなかった」
「あ、いえ、いいんです」
「今、私とエムの二人で、少々危険な仕事をしている。よって、ここへ近づく者に対して警戒を強めていたところだったのだ。ところで、アルドゥイン様から聞いたが、『クージュの魂魄』を手に入れたそうだな。見せてくれないだろうか」
　僕は右手を開いて、水平に上に向けた。浮き上がるように現れる小さな球体を、イシュラヌは無言で見つめる。彼は手を伸ばしてそれに触れようとしたが、思いとどまったように指を引っ込めた。そしてつぶやく。
「なぜ、私に現れなかったのか……」
　僕は奇妙な気がして、思わずつぶやいた。
「先生も、ザフィーダ師も、同じことを言っていました」
　僕がそう言うと、彼の緑がかった目がゆっくりと動き、冷たい光を放ちながら僕の目を捉える。刺すようなその視線に、僕はたじろいだ。
「あの、すみません、余計なことを言って」
「いや、君は『これ』のことを知らなかったわけだから、仕方がない。だが、これを探してきた者たちが、これに並々ならぬ思いを持っていることは覚えておいてほしい。そして、これを手に入れるために、手段を選ばない人間がいてもおかしくはない、と」
　そう言って彼はもう一度僕の目を凝視する。僕には彼の目が――その目だけが、一段と大きく、迫ってくるように見えた。背筋から肩にかけて、強い緊張が走る。この感覚は、身が危険にさらされたときに感じるものだ。そして、イシュラヌが発しているのは、明らかに殺意のようなものだ。僕が手を引っ込めたのを見て、イシュラヌは我に返った。

「すまない」

「え？」

「怖がらせるつもりはなかった。正直に言うと、私自身、これが現れることを切に望んできた。そして、『持ち主』が自分ではなかった場合は、力尽くで手に入れようと思ってきたのだ」

「え……」

「だが、『塔の守り手』である君が持ち主になったと聞いて、そのような考えは捨てた。私も神殿の人間だから、神殿にとって君がいかに重要な存在であるかは知っている。また、アルドゥイン様が『所有権』を安全に移す方法を探っていることにも希望を抱いている。だから、安心してほしい」

イシュラヌは優しげに語る。つとめて優しく見せようとしているようだ。

「ここでは最大限、君の安全が守られるように配慮しよう。だが、我々は多忙だ。君が自分で身を守らなければならないこともあるかもしれない。どのような場合でも、けっして『魂魄』が敵の手に渡らないよう、責任を持って行動してほしい」

「はい」

こうして、「騎士団」での最初の一日が終わった。

◇

第十一神殿騎士団の三人は、この建物のことを「詰め所」と呼んでいる。「詰め所」は古いが、部屋の数は多い。僕はその二階にある、小さな部屋を割り当てられた。自分の部屋として使っていいそうだ。

一人になって粗末なベッドに横たわりながら、僕は思った。今までは、「アルドゥインの後継者」で「塔の守り手」だった僕も、ここでは経験のない、ろくに魔法も使えない、ただの若造だ。

（明日から、どうなるんだろう）

そういえば、何時に起きて、何をするか聞くのを忘れた。僕はベッドを降りようとしたが、もう夜も遅い。みんな寝ているだろう。僕は「早めに起きればいい」と思い直して、ベッドに戻った。

どれくらい寝ていたのだろう。部屋の扉がけたたましく開き、僕は目を覚ました。見ると、カイドーが立っていた。

「おい、いつまで寝てるんだ！　仕事だ」
「へ？」
意識が朦朧とした僕に、カイドーは腹立たしげに言う。
「もう昼前だぞ！　新入りのくせに何やってるんだ。とにかく早く着替えて下りて来い」
彼はそのまま大きな足音を立てて出て行った。窓の外を見ると、もう日が高く昇っている。慌てて着替えて一階に下りて行くと、大きな弓や剣、そしていくつかの箱を並べ、出かける準備をしているカイドーの姿が目に入った。
「あの、こんなに遅く起きてすみません。もっと早く起きようと思っていたんですが、思ったより疲れていたみたいで。ここではみなさん、何時に起きるんですか？」
僕がこう話しかけても、彼は作業に夢中で、返事がない。聞こえていないのだろうか。僕はさらに大きな声で話しかけようとした。
「あのー」
「あー、もう！」
カイドーが急に顔を上げて僕を見た。
「俺が急いでるのが分からねえのか！？　今はお前の言い訳なんか聞いてる場合じゃねえんだ！　さっき仕事だって言ったのが聞こえなかったのか？」
「すみません。僕は何をすれば？」
「とりあえず、武器庫から矢筒を一つ取ってきてくれ。それから、革の胸当てもだ」
「ええと、武器庫ってどこですか？」
「そこの扉を出て、右に行って突き当たりだよ！　早く行けったら！」
「は、はい！」
僕は武器庫へ向かって走った。重い扉を開くと、薄暗い空間が目に入った。中に入ると埃っぽく、僕は何度もせき込んだ。
（矢筒……胸当て……）
ぐるっと見渡すが、それらしきものは見あたらない。僕は鼻と口に手を当てながら、片手であちこちを探ったが、やはり見つからない。やがて背後から大きな足音と、カイドーの怒鳴り声が聞こえた。
「おい、いつまで待たせるんだ！」
「矢筒も、胸当ても、見つからなくて」
「矢筒なら、ここにあるだろうが」
ふと見ると、武器庫の扉のちょうど影のところに、矢筒が何本も立てかけてあるのが目に入った。カイドーが呆れたように言う。
「もういい。あとは俺が自分で探す。その方がずっと早いからな。まったく、鈍くさい奴だな。お前はさっさと自分用の食料を準備しろ」
「食料って、どこにあるんですか？」
「食堂に行って、エムに聞け。とにかく急げよ！」
　僕は情けなさと腹立たしさでいっぱいになりながら、食堂へ向かった。確かに僕は「鈍くさい」かもしれない。しかし、ここのことを何も知らないんだから、もう少し配慮してくれたっていいんじゃないか？
　食堂に入ると、エムが向こうを向いて食器を片づけていた。
「あの、携帯用の食料を持っていきたいんですが、どうすれば……」
　エムの背中に話しかけても、返事がない。
「……あのー」
　彼女は振り向きもしない。この距離で、僕の声が聞こえていないはずはないのだ。それなのに、まるで僕がいないかのような態度だ。
（結局、じゃま者扱いか。何もできないんだから仕方ないけど、あんまりじゃないか？）
　がっかりしていると、背後から、カイドーの声が僕を呼ぶ。
「おい、もう出かけるぞ！　さっさと来い！」
　僕は仕方なく、食料を持たずに出かけることにした。

◇

　カイドーと僕は馬に乗って出発した。カイドーの馬にも、僕の馬にも多くの荷物が載せられた。いったいどこに、何をしに行くのだろうか。聞かなければならないと思ったが、僕は出かける前の一連の出来事のせいで、彼に話しかけたくない気分だった。彼も何も言わず、黙々と馬を走らせる。数十分ほど行ったところで、彼がぼそりと言った。
「あー、ちくしょう、忘れちまった」
「どうしたんですか？」
　僕は反射的に尋ねた。カイドーもすんなり答える。
「『書き置き』をしてくるのを忘れたんだ」
「書き置きって、何ですか？」
「ああ、お前はまだ知らねえか。その、俺たちは一人一人別行動することが多い。だから、よそに仕事に行くときは、他の二人に自分の行き先が分かるように、書き置きをするようにしているんだ。『事務室』に――つまり昨日お前が転がされていた部屋に『掲示板』があるの、見なかったか？」
　そう言えば、壁に何やら大きめの石板が打ち付けてあるのを見たような気がする。
「あの板には、騎士団員の名前が書かれている。毎回、出かけるときには自分の名前の横に行き先を書くんだ。まあ、今日はエムが詰め所にいるから、問題はないだろうがな。ああ、忘れたことがもう一つ」
「何ですか？」
「『通信石』だよ。持ってくるのを忘れた。お前のせいだぞ。お前をせかすのに夢中で……。必要にならないといいが」
　通信石というのは、貝殻の入った小さな丸い水晶で、それを持っている者どうしは、少し離れていてもお互いの声が聞こえるようになっている。僕も以前、使ったことがある。
「ところで、今日はどこへ行くんですか？」
「キャラッツ村へ行く。ゆうべ『土人形（つちにんぎょう）』が出て、大騒ぎになったらしい」
「土人形？　それ、何なんですか？」
「知らねえのかよ。人形は人形でも、ひとりでに動く土の人形だ。『刻み呪文』っていう術で生み出される。大人の男よりも一回りぐらいでかくて、不用意に近づいた人間はたいてい無傷じゃすまされない。奴らが動くのは夜の間だけで、朝になるとどこかへ隠れて、日が沈むまで活動を停止する。破壊しないかぎり、夜になるたびに現れ続ける」
　僕には初耳だった。
「つまり、魔術師がそういう土の人形を呪文で生み出しているということですか？」
「そういうことをする奴は、『魔術師』とは呼ばねえな。正しくは『呪術師』だ。何しろ、『刻み呪文』は呪われた術だからな」
「その、土人形っていうのは強いんですか？」
「複雑な動きはできないし、術者に指示されたことしかしないが、やたら強くて頑丈なんだ」
「でも、土なんでしょう？」
「土といっても、結構固いぞ。今まで一度も掘り返されたことのない、凍った地面を想像してみろ。ちょうどあんな感じだ。普通の人間だったら、一体倒すのに大の男五人ぐらいで一度にかからないと難しいだろうな。もちろんそうした場合でも、怪我人は出るだろうし、運が悪けりゃ死人が出る」
　僕は恐ろしくなった。そういう怪物に立ち向かわなければならないのだ。

「まあ、できれば日が沈んで奴らが動き出す前に、隠れているのを見つけ出して破壊したいもんだ。その方が安全だからな」

◇

キャラッツ村に着くと、数名の村人が僕らを出迎えた。まだ明るいのに畑で作業をする人もなく、村は静まり返っている。村長の息子だという若者が、僕らを案内しながら用件を話す。
「カイドー様、来てくださってありがとうございます。あんな恐ろしいことは初めてで、みな怖がっておりまして」
「土人形が出たそうだが、いつ、何体ぐらい出たんだ？」
「昨日の夜更けです。最初に見たのは村の寄り合いで酒を飲んでいた数人の者たちで、家に帰る途中に、土でできた怪物に出くわしたそうです。みんな口々に、『化け物が五ついた』と」
「五体か。それは多い方だな」
僕はふと、道の脇に広がる畑に目をやった。作物の緑が茂った畑の横に、土地を肥やすために何も植えていない休耕地が広がる。どこの村にもある風景だが、僕は奇妙なことに気がついた。休耕地の奥の方に、不自然に穴があいているのだ。
「おい！　何ぼさっとしてんだ！　置いていくぞ！」
怒鳴るカイドーに、僕は休耕地の方を指し示した。
「いや、あの穴、変だなと思って」
「何？」
カイドーは休耕地をしばらく眺めた後、村人に了解を取って、中に入っていった。僕も彼について入る。近くに行くと、穴の形がはっきり分かった。細長い穴で、ちょうど大人の背丈より一回り大きいくらいの長さだ。カイドーがつぶやく。
「ここで作りやがったな」
僕らは他の穴も見て回った。それらの中には、明らかに「人の形」をしているものがあった。まるで、埋まっていた人が出て行ったような感じだ。
「ここで土人形を作ったってことですか？　土人形って、土を人型にくり抜いて作るんですか？」
「いいや。日が暮れてから土の上に『刻み呪文』を書く。それだけでいい。そうすれば、土人形が出てくる」
「ずいぶん簡単なんですね」

「やり方は簡単で、呪文も好きなように作れる。呪文の内容は『土人形にさせたいこと』を書くだけだし、何語で書いてもいい。だが、準備がたいへんだ。作った文章を『刻み呪文』にするために、数人がかりで一年以上も欠かさず祈祷をして、かなりの数の生け贄を供える。相当な手間と金をかけないと呪文にならない。そして、呪文が有効なのは、準備が終わってから数日の間だけだ。しかも、術を行う時に術者は体力をかなり消耗するから、一晩に何回も使えない。一人あたり二、三回が限度だ。村人の言うとおり、土人形が五体いたのなら、術者は二人か三人いたのかもな」

二人であたりを見回すと、穴は全部で五つあった。カイドーはそれらの穴をすべて見回った後、休耕地の中央あたりで足を止め、僕を呼び寄せた。

「これを見ろ」

見ると、土の上に何やら短い文のようなものが書かれていた。

「これが『刻み呪文』？」

「おそらくな。うまく発動しなかったんだろう。しかしこれ、何語なんだ？」

カイドーは頭をかきむしる。僕はしゃがんで、文字をよく見てみた。

「これ、古マガセア文字じゃないでしょうか」

「何？　お前、分かるのか？　何て書いてあるんだ？」

「ええと……」

僕はもう一度見た。土が崩れてよく分からなくなっているところ以外は、すべて古マガセア文字のようだ。しかし、僕に分かるのはいくつかの単語だけだ。

「ここ、『木の板』と、『運べ』って書いてあると思うんですが、他はちょっと……」

「それだけしか分からねえのか？　期待して損したぜ」

僕自身、自分の力を示すせっかくの機会を逃したことに落胆した。こんなことなら、ミラカウにいるときに、もっと古マガセア語の勉強時間を大切にすべきだった。

「まあ、『刻み呪文』の内容が分かることはまれだ。分かったところで、こっちがすることに変わりはない。ただ、見つけ出して破壊するだけだ」

僕らは村の集会所に案内された。わりと大きな建物で、僕らが着いたときは村人たちでごった返していた。ここが村の中で唯一の石造りの建物なので、村人たちが避難してきているのだという。カイドーは村人の一人に、村の正確な地図を二枚持ってこさせ、片方を僕に渡した。そして、土人形を見た人から情報を集めろと言う。僕は村人たちに話を聞いて回った。土人形を見た人たちはみな恐怖にかられていたが、やたらと饒舌だった。情報がありすぎて混乱しながら、僕はカイドーに報告する。
「ええと、ヨブさんは五体そろって歩いているのを見たって言ってて、ニッジーノさんの息子さんは酔っぱらっていて、知り合いかと思って近づいて行ったら一体に追いかけられて、川に落ちたそうです。それからイマーシュさん一家は寝ている時に家の壁を壊されて、そこの奥さんが……」
カイドーは苛立った様子で僕の報告をさえぎる。
「お前なあ、だらだらしゃべるな！　もうちょっと整理して報告しろよ」
彼の怒鳴り声に、村人たちもしんと静まる。
「え？　整理して、ってどういうふうに？」
「だから、土人形が何時にどこで目撃されたか、時間と位置で整理するんだよ。俺たちは、奴らが今どこに隠れているか知ろうとしているんだぞ？　そのために地図を渡したんだろうが！　何もかも一から説明しねえと分からねえのか、お前は！？」
僕がカイドーに叱られている様子を見て、村人たちの数人がくすくす笑った。何もこんな、人前で怒鳴らなくてもいいのに。
僕は苛立ちと恥ずかしさを抑えながら、もう一度村人たちに話を聞き、情報を整理した。すると、日没の数時間後に酒場の近辺で土人形を見た人々は、それらが五体そろって村の北の方へ向かっていくところを見ていることが分かった。また、村の北側の数軒の家に住んでいる人たちは、みな夜半過ぎに家の壁が破壊される大きな音で目を覚まし、それが土人形の仕業だと気づいて慌てて家から脱出し、ここへ逃げてきたのだという。家がどうなっているか心配だが、怖くて戻れないと口々に言っていた。それが、最も遅い目撃情報だった。
カイドーに調査の結果を伝えると、彼は言った。
「もう少しで日が落ち始めるな。とりあえず、村の北の方へ行って、隠れている人形どもを探すぞ」
カイドーが村人たちに案内を依頼すると、さきほどの村長の息子が名乗り出た。カイドーは僕に、自分の杖と、詰め所から持ってきた箱を一つ持つように言い、自分も大きな弓と三日月型の剣を持ち、矢筒と何やら大きな包みを背負って外に出た。歩きながら、カイドーが案内人に尋ねる。
「地図にはとくに書いていないが、村の北側には何かあるのか？」
「いいえ。家が数軒と、雑木林があるだけです」
僕が持つ箱は小さいが、意外と重い。ふと、僕のお腹が鳴った。

(そういえば、今日は何も食べていないんだった)

カイドーを見ると、歩きながら何かをかじっている。僕は朝食を食べそびれ、携帯食も持ってきていない。これは失敗だったかもしれない。

民家はまばらになり、道は徐々に細くなる。さらに進むと、ずっと先の方に数軒の小さな家が見え始めた。

「あれが、昨日土人形に襲われたという家々です。あの先にはもう、家はありません。荒れ地と、その先に林があるだけです」

近寄ると、柱が折れ、傾いている家もあった。壁板がごっそりはぎ取られている家もある。カイドーはそれをいぶかしげに見つめ、「壁板をどこにやったんだ？」とつぶやいた。確かに、あたりには壁板らしきものは見あたらない。カイドーは案内人に礼を言い、集会所へ帰って待機するように言った。そして僕を呼ぶ。

「これを見ろ。土人形の足跡だ」

見ると、傾いた家のすぐそばに、円形の浅い穴がいくつも空いていた。そしてそれは、荒れ地の方へ続いている。

「今からこれをたどっていく。うまくいけば、日が沈む前に隠れている奴を見つけられるだろうが、用心が必要だ。とりあえずこれを身につけろ」

カイドーは抱えてきた包みを下ろし、中から革の胸当てを取り出し、僕に渡す。身につけると、思ったよりもずっと重く、空腹の身にはかなりこたえる。しかし、カイドーがすぐに荒れ地へ歩き始めたので、僕もそれに従った。土だらけの荒れ地の上では、足跡はかなりはっきりしていた。そして、五体が規則正しく横に並んで、林の方に向かっているのがよく分かる。

そのうち、足跡の一部が右へ曲がり、荒れ地の中央あたりで途切れた。カイドーはその途切れたあたりへ行き、注意深く観察する。すると、周囲よりもやや土の感じが違うところがあった。カイドーは小さなシャベルを取り出し、そこを用心深く掘り始める。

「いいか？　よく見ておけ」

ある程度掘り返したあと、カイドーは手で土をよけ始めた。すると、周囲の土と少し違う色の、なめらかな球体が姿を現した。

「これが頭だな」

「へえー」

それは人の頭よりもやや大きい。見た感じ、髪や耳などはないようだ。カイドーがその近くの土をさらによけると、文字の刻まれた平らな部分が現れる。

「これが背中だ。うつ伏せで埋まっていてくれて好都合だった」

「どういうことですか？」
「まあ見ていろ」
　カイドーは僕が運んできた木箱を開け、中からガラスの瓶を取り出した。分厚い瓶の中に、透明な液体が入っている。カイドーは液体に棒きれを浸し、それを土人形の文字の上に垂らす。すると、文字の刻まれた表面が泡立ちながら溶け、一部の文字が消え始める。
「土を溶かす薬品なんですか？」
「そうだ。これは、キヴィウスから送られてきた。あの天才錬金術師、メーガウ師の発明の一つだ。この薬で、文字を一部でも消せば……」
「あっ」
　僕は目を見張った。一部の文字が完全に消えると同時に、それまで「まとまり」を保っていた土人形が崩れ始める。
「こんなふうに、ただの土に戻るというわけだ。これは、こいつらが動いている場合でも同じだ。ただ、動いているときにこれをやるのはかなり難しい。そもそも後ろに回り込むのがたいへんだからな。また、剣や杖で文字の部分を削ってもいいが、固いから一撃で倒すのは少々骨が折れる。だから、あまり近づいて戦わない方がいい」
「離れて戦う方法はあるんですか？」
「弓だ。俺の矢筒に入っている矢には、矢尻にこの薬品が塗ってある。これで背中の文字を狙うんだ。だが一番楽なのは、こうやって止まっているうちに土に戻すことだ。とりあえず、これで一体。他の奴らも急いで片づけるぞ」
　カイドーと僕はさらに足跡をたどって、林に入った。林の中は草が生えているので、足跡を見極めるのは困難だ。僕らはかなり時間を費やして地面に埋まっている二体を見つけ、一体目と同じように片づけた。四体目を見つけたときは、日が沈み始めていた。しかもそれは、仰向けに土に埋まっていた。改めて眺めて見ると、頭の表側にも目や鼻のようなものはないようだ。そして、「手」は丸く、先の方に指らしき細い突起が三本付いている。
「こいつは裏返さないとな。急ぐぞ。おい、足の方を持ち上げろ」
　二人で土人形の側面を持ち上げる。しかし、重い。
「おい、何やってんだ！　ちゃんと持て！」
　カイドーの怒声が飛ぶが、僕は空腹のせいか、意識が朦朧とし始めていた。それでもなんとか、力を振り絞って持ち上げる。完全にそれが裏返るまで数分かかった。カイドーは急いで薬をたらし、文字を消す。
「もう日が沈む。こんなに視界の悪いところで、残った一体に襲われたらやっかいだ。一度林を出るぞ。急げ！」

荷物を抱えて走り始めるカイドーの後ろを付いて走りながら、僕は目がかすむのを感じた。まずい。カイドーはどんどん先へ行く。しかし僕は限界だった。止まるかどうか考える前に、木の根っこにつまづいて、僕は転んでしまった。

「いててて」

立ち上がろうとするが、身体が重くて立ち上がれない。見ると、カイドーの姿が闇の中に消え始めている。

「待って……」

そう言いかけたとき、僕の背後で何やら音がした。振り向くと、視界いっぱいに黒い影が見えた。

夕闇の中で、胴体に刻まれた文字が光り、鼓動のようにゆっくり点滅し始める。その身体は、土の下に隠れて動かない状態で見たときとは、比べものにならないほど大きい。

「つ……」

文字のない方の胴体がこちらを向く。目も耳も鼻もないので、顔の向きも表情も分からない。しかしそいつが動きを止めたとき、僕は相手に「認識された」のを感じた。そしてそいつは両腕を振り上げる。

（殺される！）

僕はそう直感した。丸太のような腕、そして三本の指の付いた丸い手が、僕の方に吸い寄せられるように下りてくる。それがはっきり見えているのに、体がまったく動かない。

そのときだった。僕は後ろから急に襟を掴まれ、強く後ろに引っ張られた。襟で喉が締め付けられる。苦痛を感じるよりも早く、僕は一瞬前まで自分がへたり込んでいた地面に二つの大きな穴があくのを見た。

「うわあああああ！」

「馬鹿野郎！　さっさと立って、隠れろ！」

カイドーは僕の前に立ちふさがり、土人形と対峙した。僕は完全に腰が抜けた状態で地を這いながら後ずさりして、近くの木に寄りかかりながらようやく立ち上がった。土人形は両腕を真横に伸ばし、胴体をねじるようにして回転させる。片方の腕がカイドーの頭に当たるかに見えた。

「危ない！」

僕がそう叫んだとき、カイドーは高々と跳躍し、両手で頭上の木の枝をつかみ、軽業師のように回転して枝の上に立った。標的を失った土人形の腕は、すぐそばにあった別の木の幹にぶつかった。木は痛々しく折れ曲がり、きしみながら倒れる。土人形は、木に腕をぶつけたせいなのか、カイドーを見失ったためなのか分からないが、少し動きを止めた。その隙に、カイドーは剣を手にして木の枝から飛び降り、土人形の背中へ回り込んだ。土人形は後ろを向こうとしたが、振り向き終わらないうちに全身が崩れ始めた。そして大量の土埃の向こうに、カイドーの姿が現れる。

（すごい！）

カイドーは剣を手にしたまま、肩を怒らせて僕の方へやってくる。そして片手で僕の胸ぐらを掴んだ。

「何で、こんなとこで勝手に止まってたんだよ！　お前、もう少しでやられるとこだったんだぞ？　分かってんのか！？」

「……すみません」

「俺、急いで林から出ろって言ったよな？　聞いてなかったのか？　お前、俺のこと舐めてんのか？」

僕はただ首を振った。

「違います、その……」

「何だよ！」

「今日は何も食べてなくて……」

「はあ！？」

「その、携帯食を持ってきてなくて……エムさんに聞いても、教えてもらえなかったから……」

カイドーは僕から手を離した。彼の表情から、怒りが消えていく。かわりに、顔中の筋肉からすべて力が抜けたような、そんな表情に変わった。彼は下を向いて、ぽつりとつぶやく。

「……やってらんねえ」

「え？」

「お前……先に村人たちのとこに戻って、何か食わしてもらっとけ……俺は、ここを調べてから戻る」

「あの、僕は手伝わなくていいんですか？」

カイドーは僕をじろりと見て低い声で言った。

「自分で自分の面倒も見られない奴が、他人を手伝う？　笑わせんじゃねえよ……いいから行け」

◇

　僕が村の集会所で食事を終えた頃、カイドーが戻ってきた。カイドーは村人たちに、土人形をすべて破壊したことと、雑木林の中で怪しげな儀式の跡が見つかったことを報告した。なんでも、井戸のように深い穴が掘ってあり、その中に奇妙な模様が刻まれた木々の破片がいくつも放り込まれていたそうだ。どうやら、破壊された家から取り去られた壁板らしい。
「こういう模様が刻まれていたんだが、もとの壁板にあったものか？」
　カイドーは、持ち帰った壁板の破片を見せる。その破片には、次のような模様がいくつか刻まれていた。

○○○　○●○
　○　　　●

　村人たちはみな、こういう模様は見た覚えがないと答えた。つまりこの模様は、壁板が土人形に持ち去られた後に付けられたものだろう。カイドーによれば、穴の中にはその他に、いくつかの「糸巻き」と、麻か何かの繊維のようなものが大量に入れられていたという。村人たちはそれらについても、何も心当たりがないようだった。
　村人たちに礼を言われながら、僕らは村を後にした。レノシュ村へ戻る途中、カイドーはまったく口をきかなかった。僕も気まずくて、話しかけることができない。
　彼は、僕が自分の食べ物を持ってきていなかったことに、ひどく腹を立てているようだ。しかし、それはそんなにまずいことだったのだろうか？　そもそもそうなってしまったのは、出かける前にカイドーがあんなに僕をせかしたからだし、エムが僕を無視したからだ。つまり、彼らの責任なのだ。そう考えると、僕はまた、だんだんと腹が立ってきた。
「詰め所」に戻っても、カイドーは黙って自室へ引き上げてしまった。僕もそうしようとしたところ、廊下でエムと出くわした。彼女が僕に尋ねる。
「今、帰ったの？」
「はい」
「あんた、出かけるときに食べる物持っていかなかったよね？　あんたの分も食堂に用意してたんだけど、取りに来るの忘れたの？」
「え？」
　彼女は何を言ってるんだ？　何かがおかしい。
「僕、出かける前に食堂に行って、エムさんに携帯食のこと、聞いたんですけど」
「え？　あたし、全然気づかなかったけど」
「まさか。すぐ後ろから話しかけたんですよ。それなのに……」
　僕にはその先が言えなかった。無視された時の情けない気持ちが蘇ってきて、言葉が続かなくなったのだ。エムが察したように言う。
「ああ、そうだったのか。後ろから話しかけて、あたしが無視したと思ったんだね。悪かったね」
「え？」
「ちょっと来て」
　何が何だか分からない僕を、エムは食堂に連れて行き、座るように言う。そして自分も、椅子に腰掛けた。
「あんたとはこれから一緒に仕事をしていくわけだし、ちゃんと説明しときたいと思って」
「何のことですか？」
「あたしの耳のことさ。十歳の時にかかった病気の影響で、両耳の聴覚がないんだ」
「え？」
　僕は信じられなかった。だって、今普通に会話しているのだ。
「信じられないだろうけど、本当なんだ。今だって、あんたの声が『聞こえている』わけじゃない」
「だったら、どうしてこっちの言ってることが分かるんですか？」
「『見ている』からだ。あたしには、『声』が見える」
「声が、見える？」
「あんた、第六ティマグ数字を使う資格、持ってるんだよね？」
　僕はうなずいた。しかし、それが今の話とどう関係するのか？
「第六ティマグ数字は、『音声』を表す数字なんだ。六つの文字の並びが、あたしたちが言葉を話すときに使う二十六の『音声』に対応している。たとえば、『a』という文字で表される音は、●○○○○●のように表される」
　第六ティマグ数字に、そんな意味があったのか。第三ティマグ数字は「金属」に対応していたが、こっちは「音」に対応しているのだ。
「そしてあたしは、声を発している人間の口元が見えていれば、その声が『第六ティマグ数字』として見えるんだ」
「それじゃあ、今も？」
「うん。あんたの声を、あたしは『第六ティマグ数字』として読んでいる」

僕は驚いたが、確かに僕と話しているとき、彼女の視線は、つねに僕の口元にあるようだ。
「それは、魔法なんですか？」
「それは分からない。別に呪文を使ってそうなるわけじゃないしね。あたしは聴覚を失ってからそれが見えるようになったんだけど、そのときはまだ『第六ティマグ数字』の存在を知らなかった。だから、白や黒の丸が見えても意味が分からなかった。ティマグ神殿の厳密な基準では、これは『魔術』ではなくて、『奇跡的能力』に分類されるらしい。まあ、原因や理由が分からない、特殊な能力ってことだね」
「そういう人は、他にもいるんですか？」
「めったにいないようだよ。あたしが初めてこの能力のことを神殿に報告したとき、『災いの目』なんじゃないかって疑われた。もちろん、疑いはすぐに晴れたけど。そしてこのおかげで、聴力がなくてもさほど困らなくなった。相手の言っていることが、はっきり見えるからね」
「そんなにはっきり見えるんですか？」
「相手の顔が認識できるかぎり、その口から発せられる音声を見ることができる。普通の話し声が届かない距離でも、またどんなに小声で話されても、相手の顔が見えさえすれば何を言っているか分かるんだ。だから、調査なんかには役に立ってる。だけど、相手の顔が見えなければ、声は見えない」
「つまり今日の昼間は、僕がエムさんの後ろから話しかけたから、気づかなかったんですね」
エムはうなずく。
「まあとにかく、いやな思いをさせて悪かった。ところで、仕事はどうだったの？」
「それが……」
僕は今日の顛末を話した。彼女はさえぎらずにただ聞いてくれるので、僕はつい、何があったかだけでなく、僕が何を思ったかまで長々と話してしまった。すべて話し終わると、彼女は顔に手を当て、考え込む様子を見せた。
「うーん」
「やっぱり僕が悪いんでしょうか？　カイドーさんを怒らせてしまって」
「まあ、あたしから見れば、ある程度は『どっちもどっち』かな。カイドーは昔からせっかちで、その上『言葉が足りない』奴だしね」
「言葉が足りない？」
「つまり、自分に分かっていることは他人にも分かっている、という思い込みが強い。自分と他人の間で、何が共有できてて、何ができてないかを想像するのがひどく苦手なんだ」

そう言われてみれば、思い当たる節がいろいろとある。

「だけど話を聞いたかぎりでは、今日はあいつにしてはずいぶん気を使ってたようだね。一人前に、あんたにいろいろ教えたりして」

確かに、この一日で彼から教えてもらったことはたくさんある。彼が一人で仕事をするときは、そのような手間は必要ないのだ。そして今日、彼が僕を連れて行って何か利点があったかというと、ほとんどなかったかもしれない。

「それから、あんたが携帯食を持っていかなかったこと――つまり何も食べないで危険な場所に行って、怪物に襲われそうになったことについては、あたしもカイドーと同じ意見だ。正直言って、呆れる」

「そうですか？」

「当たり前だ。空腹になれば体の動きも、判断も鈍る。そんなこと、子供でも分かる。それがほぼ大人のあんたに分かってないなんて、さすがにあたしにも想像できない」

「だって、出かけるとき慌ただしかったし、あんまりしつこくいろいろ聞いたら、カイドーさんもエムさんも気分を害すると思って。それに、仕事なんだから、少々悪条件でもやらなきゃいけないんじゃないですか？」

「そりゃ、空腹や寝不足のときに仕方なく仕事をしなきゃならないことはあるよ。でも今日は、別にそうじゃないよね？　わざわざ自分で条件を悪くしてどうするの？　それにさ、もしあんたが今日の仕事を自分一人でしないといけないとしたら、携帯食は持っていったんじゃないの？」

そう言われて、僕は想像してみた。もし僕一人でキャラッツ村に行って、「土人形」の件に対処しないといけなかったとしたら――間違いなく食べ物は持っていっただろう。いや、たとえ持っていきそびれたとしても、少なくとも現地で食料を調達するなどの判断をしたはずだ。今日は慌ただしい日ではあったが、それぐらいの余裕はあったのだ。

「つまり僕は今日、基本的な判断を怠ったってことなんですね。結果的に、大切なことを『他人任せ』にしてたっていうか」

エムは僕をじっと見る。

「ええとね……あんたは今、自分の仕事をあたしたちの『手伝い』だと思ってるかもしれないし、ここに慣れるまでは実際、そういう仕事をすることが多いだろう。でもね、だからといって、あんたがあたしたちの判断に無条件に従うとか、あたしたちに『合わせる』とか、あたしたちの心証をよくするとか、そういうことを第一に考えるのはちょっと違う。あたしたちだって、そういうことを望んでいるわけじゃない。ましてや、あんたがあたしたちに対して『従順でいよう』としすぎて、自分の頭で考えるのをやめてしまったら、そっちの方が問題だと思う。

あたしたちが望むのは、この騎士団の目的——『持ち込まれた問題をできるだけ速やかに、安全に解決すること』が、あんたにも共有されて、あんたがそのために責任を持って行動することなんだ。ときには、あんたがそうしようとした結果、あたしたちと意見が食い違ったり、争ったりすることもあるかもしれない。しかしあんたがあたしたちと目的を同じくして、自分の行動に責任を持つなら、あたしたちはそれを可能なかぎり尊重する」

エムの言葉を聞きながら、僕はあることに気がついた。僕は無意識に、自分と騎士団の人々との関係を、自分と先生との関係に似たもののように考えていたようだ。しかし、実際はかなり違う。先生といるときは、先生の言うことに従っていれば間違いはなかったし、先生の言うとおりに行動することを第一に考えていればよかった。そしてそれはある意味、先生に重要な判断をすべて任せて、僕に関するすべての責任を負ってもらっていたとも言える。でも、「ここ」は違うのだ。黙り込んだ僕に、エムが言う。

「ちょっと説教みたいになっちゃったね。そういうつもりはなかったんだけど」

「いいえ。言ってもらえてよかったです」

「そう。それならよかった」

そう言いながら、彼女は初めて、かすかに笑顔を見せた。僕はここへ来て初めて心が和んだような気がした。僕は彼女とこのような話ができたことを、とてもありがたいと思った。おかげで、今僕がすべきことが徐々にはっきりしてくる。僕は彼女に尋ねた。

「僕、ここの物の配置とか、『決まり事』とかについて知りたいんですが、教えてもらえないでしょうか？」

「いいよ。あたしは今日ゆっくり休んだから平気。あんたさえ疲れていなければ、これから教える」

「ありがとうございます」

彼女は灯りを持って、「詰め所」のあちこちを案内してくれた。建物の外にある厨房と貯蔵庫では、食材や道具を使うときの大まかな決まり事を教わった。今日僕が途方に暮れた「武器庫」でも、何がどこにしまわれているかをくわしく説明してくれたので、明日からは迷わなくてよさそうだ。

「そして、この部屋だけど」

そこは、昨日僕が「捕まっていた」部屋だ。

「あたしたちは、ここを『事務室』と呼んでいる。仕事に必要な物は、武器や防具以外ならだいたいここにある。ほら、通信石も、ここにいくつかある」

エムが開けた引き出しの中に、丸い水晶がいくつか入っていた。しかし中の貝殻の色が、僕がこれまでに見たのとは違って、青い色をしている。

「この青い貝殻が入っている通信石は、普通の桃色のやつよりも、少し遠くまで声を伝えることができる。おおざっぱに言って、隣の隣の村ぐらいまでかな。ありがたいことに、この通信石なら、あたしにも声が『伝わる』」

エムは僕に通信石を一つ持たせ、自分も一つ持って少し僕から離れ、それに話しかけた。僕の手のひらにある通信石からエムの声が大きく聞こえると同時に、それが小刻みに震えるのが感じられた。

「石が動いているの、分かる？　慣れないと区別が難しいんだけど、実は石の動き方には二種類あるんだ。小刻みな振動が第六ティマグ数字の○、ゆるやかな振動が●に対応している。これを身につけていれば、石が伝えてくる言葉があたしにも分かる」

「なるほど。出かけるときは、これを持っていけばいいんですね」

「そうだね。それから、出かけるときはここに行き先を書く」

彼女は壁にかけられた、大きな薄い石版を示した。見ると、○と●が並んでいる。

「これは？」

「ああ、これが第六ティマグ数字だよ。左側にあるのが、イシュラヌと、あたしと、カイドーの名前。そして出かけるときは、その右側に行き先を、第六ティマグ数字で書く。今、出かけているのはイシュラヌだけだから、彼の名前の隣にだけ行き先が書いてある。つまり『セリブ』だ」

彼女によると、第六ティマグ数字の並びと、人名・地名の対応は以下のようになる。

○○●○○●●●○○●●●○●○○○○●○○●○●○○○○●●○●●●○　Ishran（イシュラヌ）

○○○○●●○○○●○●○●○○●○○○●○○●●○○○●○　Cerib（セリブ）

○○○●○●●○●●○●　Em（エム）

●○●○●●●○○○○●○○●○○●●○○●○○○○●●●●　Kaido（カイドー）

「あんたの名前も書いとかないといけないね」
　そう言って、彼女は左側の一番下に、次のように書いた。

○●○○●○○○●○○●●○●●●○●○○○○●○●○○●○●○○●○○

「これで、ガ……じゃなくて、リナード……Rinard と読むんですか？」
「そうだよ。あんたも、第六ティマグ数字を覚えないといけないね」
「音声との対応表みたいなのはあるんですか？」
「第六ティマグ数字の意味は一応秘密事項だから、対応表は作ってはいけないことになってるんだ。だけど、覚えるのは全然難しくない。原則として、a、b、c、……から z まで順に並んでいて、それで……」
　そこまで彼女が説明したところで、僕の背後から声のようなものが聞こえた。通信石の入った引き出しから聞こえている。
「連絡が入ったみたいだ。きっとイシュラヌからだ。悪いけど、続きは明日にでも」
「はい。エムさん、今日はありがとうございました」
　僕は部屋に引き上げた。一人になると、やはり疲れているのを実感する。それでも、僕は今日のことを反省して、着替えや持ち物を準備してから寝ることにした。明日また仕事に出なければならない場合に備えるのだ。

◇

　それからしばらくの間、僕は毎日カイドーに付いて仕事に出かけた。エムが何か言ってくれたのか分からないが、カイドーは初日よりも僕に気を使ってくれているようだった。二日目以降は、近郊の村で流行り病に倒れた人たちに薬を届けたり、大風で崩れた家を建て直すのを手伝ったり、森の中で行方が分からなくなった人を捜したりといった仕事が続いた。初日の土人形の件のように危険なことはないものの、それぞれに学ぶことがあり、詰め所に戻ってくる頃にはいつもへとへとになっていた。僕を連れているせいか、カイドーも疲れるようで、帰るとすぐに部屋へ引き上げていく。

イシュラヌにもエムにも、長いこと顔を合わせていない。イシュラヌはそもそも、まったく帰ってきていないようだ。エムはたまに帰ってきている形跡があるが、僕が留守のときや寝ているときに帰ってきては、またすぐに出かけているようだ。エムに会わないので、僕にはまだ第六ティマグ数字の読み方が分からない。カイドーに聞かなければと思いながらも、疲れて帰ってくるとそのことも忘れて寝てしまう。

僕がここに来てから二週間ほどたったある日のことだ。カイドーからは「仕事がないから一日休んでいい」と言われていたが、階下でしきりに物音がする。気になって下りて行くと、カイドーが武器などを準備していた。

「あれ？　仕事ですか？」

彼は僕をちらりと見る。

「ああ。さっき依頼の手紙が届いてな。また土人形が出たらしい。この前とは別の場所だが」

「じゃあ、僕も一緒に行きます」

「いや、待て」

支度をしようとする僕を、彼が引き留める。

「今日は、俺一人でいい。依頼の手紙によれば、二体しか出ていないそうだ。武器もそれほど必要ない。だから、お前は予定どおり、よく体を休めろ。しばらく働きづめだから、疲れてるだろ？」

「それはそうですけど」

「とにかく、今日は来るな。……というのはな、正直言うと、俺の方が疲れてるんだ。新入りを連れて回るということに、まだどうにも慣れないらしい。ここのところの疲れがまだ取れていない。だから今日は一人で行きたい。お前の安全のためにも、その方がいいと思う」

「そうですか。すみません」

「お前のせいじゃないから、気にするな。勝手に来たりするなよ。いいな」

そう言って、彼はすぐに出かけてしまった。僕はしばらく「事務室」にたたずんでいた。例の「石板」を見ると、僕以外の三人の名前の横に「行き先」が書いてある。今日は僕一人で留守番することになるのか。目線を落とすと、床に何か落ちている。手紙の一部のようだ。僕は拾い上げて読み始める。

> それから、土人形が目撃された場所の近くの地面に、このようなものが細かい字で長々と書かれていました。何と書かれているか分かりませんが、何かの呪いなのではないかと、村人たちはみな気味悪がっております。どうか、お早めにいらしてください。

それ以下の部分は文字で埋め尽くされている。文字を書き慣れない人が書き写したのか、もともと字が崩れていたのか分からないが、ところどころ意味不明な箇所がある。

> ■の上に、“得”と書き、“ら”と書き、“れ”と書き、“た”と書き、“文”と書き、“字”と書き、“列”と書き、“を”と書き、“複”と書き、“製”と書き、“し”と書き、“、”と書き、“■”と書き、“■”■書き、“■”と書き、“■”と書き、“■”と書き、“■”と書き、“■”と書き、“■”と書き、“■”と書き、“■”と書き、“■”と書き、“■”と書き、“■”と書き、“■”と書き、“「”と書き、“””と書き、“と”と書き、“■”と書き、“■”と書き、“、”と書き、““”と書き、“」”と書き、“を”と書き、“入”と書き、“れ”■■き、“、”と書き、“冒”と書き、“頭”と書き、“に”と書き、“「”と書き、“■”と書き、“の”と書き、“■”と書き、“に”と書き、“、”と書き、““”と書き、“」”と書き、“を”と書き、“付”と書き、“け”と書き、“足”と書き、“し”と書き、“、”と書き、“■”と書き、“■”と書き、“に”と書き、“「”と書き、“””と書き、“と”と書き、“■”と書き、“■”と書き、“。”と書き、“」”と書き、“を”と書き、“付”■■き、“け”と書き、“足”と書き、“せ”と書き、“。”と書き、“そ”と書き、“し”と書き、“て”と書き、“■”と書き、“の”と書き、“■”と書き、“に”と書き、“■”と書き、“■”と書き、“、”と書き、“人”と書き、“■”と■き、“襲”と■き、“え”■書き、“。”と書け。
> ■■■■■■■を複製し、元の文字列の文字と文字の間に「”と■■、“」を入れ、冒頭に「土の■■、“」を■■■■、末尾に「”と■■。」を付け足せ。そして神の■■集い、人を■■。

きっとこの紙は、カイドーが今日の仕事の依頼人から受け取った手紙の一部なのだろう。僕は手紙の他の部分を探したが、見あたらない。カイドーが持っていったのだろうか。しかし、なぜこの一枚だけ床に落ちていたのか。もしかすると、カイドーが開封したときに落として、気づかなかったのかもしれない。

僕はこの、「地面に書かれていた」という奇妙な文章に妙な胸騒ぎを覚えた。これは何だ？　もしかしたら、土人形を作るための「刻み呪文」じゃないのか？

これが地面に書かれていたこと、また土人形が目撃された場所のすぐ近くで見つかったことから、これが「刻み呪文」である可能性は高い。しかし、もしそうだったとすると、これは土人形に何をさせるものなのだろうか。この前カイドーは、「刻み呪文の中身が何であろうと、あまり重要ではない」と言っていた。しかし、この長々と書かれた文字列が、僕は妙に気にかかった。一見した感じ、この「刻み呪文」は土人形に何かを「書かせ」ようとしているようだ。いったいそれは何なのか？　僕は机の前に座り、自分が土人形になったつもりで考え始めた。

どれくらい、この文字列と向き合っていただろうか。あれこれこねくり回して、やっと「答え」らしきものにたどり着いたとき、僕はとんでもないことに思い至った。

（なんてことだ。まさかカイドーさんは、『このこと』を知らずに行ったのか？）

恐怖で背中に戦慄が走る。僕は慌て、転がるように立ち上がった。

第 9 章

混戦

僕はすぐにでも、カイドーを追いかけて知らせるべきではないか？　しかしさっき、「勝手に来るな」と念を押されたばかりだ。それに、もし彼がこのことを知った上であえて一人で行ったのであれば、僕が行くのは「余計なお世話」だ。きっと、この前以上に迷惑がられるだろう。

でも、もし彼が知らなければ――そして、僕の推測が当たっていれば、たいへんなことになるのは間違いない。そうだ。その可能性が少しでもあるかぎり、僕は彼に知らせるべきなのだ。結果として、それが無駄なことであったとしても。

（そうだ。まず、通信石で）

僕は引き出しを開け、通信石を一つ取り出した。

「カイドーさん。リナードです。聞こえていますか？　聞こえていたら返事してください。連絡したいんです。聞こえませんか？　エムさん、聞こえませんか？　イシュラヌさんは……」

他の二人のどちらかとでも、連絡がつかないだろうか。僕はしばらく試したが、応答はない。カイドーが出かけてから、もう二時間近く経っている。すでに遠くに行ってしまったのだろう。やはり、僕が後を追うしかないようだ。

僕は壁にかかった「石版」に目をやった。カイドーの名前の横には、次のように書かれている。

●●●○○●○○○●○●●●○●○●○●○●○○

こんなことになるのだったら、第六ティマグ数字の読み方を完璧に教わっておくべきだった。しかし、後悔しても遅いし、時間の無駄だ。この文字列から、少しでも何か分からないだろうか。

さいわい、文字列はそんなに長くない。それに、第六ティマグ数字の一つ一つの数字は「六つの文字からなる」わけだから、まずはこれを六つずつに切ってみよう。そうすれば、少なくとも、行き先の地名が「いくつの音」からなるのかは分かる。

●●●○○●
○○○●○●
●●○●○●
○●○●○○

四つだ。つまり、行き先の地名は四つの音からなる。僕は地図を引っ張り出して、ここから馬で数時間で行ける範囲の地名を眺めた。残念なことに、四音からなる地名はたくさんあって、絞り込むことができない。もう少し手がかりが必要だ。僕は再び、壁の板に目をやる。

（そうか。騎士団員の名前！）

石版の左側には、イシュラヌ、エム、カイドーの名前、そして僕の偽名である「リナード」が上から順に書かれているのだ。また、イシュラヌの名前の横に書かれている彼の「行き先」がどこであるかを、僕は知っている。セリブ（Cerib）村だ。今日は、エムの名前の隣にも同じ文字列が書かれているので、彼女もそこへ向けて出かけたのだろう。

僕はこれらの文字列を六文字ずつに分割し、実際の音との対応を書き出してみた。

Ishran（イシュラヌ）
○○●○○● i
●●○○●● s
●○●○○○ h
○●○○●○ r
●○○○○● a
●○●●●○ n

Em（エム）
○○○●○● e

●○●●○● m

Kaido（カイドー）
●○●○●● k
●○○○○● a
○○●○○● i
●○○●○○ d
○○●●●● o

Rinard（リナード）
○●○○●○ r
○○●○○● i
●○●●●○ n
●○○○○● a
○●○○●○ r
●○○●○○ d

Cerib（セリブ）
○○○○●● c
○○○●○● e
○●○○●○ r
○○●○○● i
●○○○●○ b

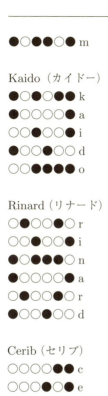

かすかに希望が見えてきた。第六ティマグ数字と音声との対応が、かなり明らかになっている。もし、カイドーの行き先を表す音声がこれらの中に含まれていたら、大きな手がかりになる。

僕はカイドーの行き先を表すティマグ数字と、これらのティマグ数字を比べてみて、共通するものがないかを調べた。その結果、二番目のティマグ数字――○○○●○●が、「e」という音を表すことが分かった。

（カイドーの行き先）
●●●○○●
○○○●○● e

●●○●○●
○●○●○○

それ以外は依然不明だ。それでも、全体で四音で、二番目の音が「e」というだけで、行き先の候補は大幅に絞られる。僕はそれを考慮しながら、地図の中から候補に残る地名を探し出していった。その結果、以下の三つが見つかった。

tequ　テク村
wegy　ウェギー村
yeut　ユート村

これらのうちのどれかなのは間違いない。全部を回って行けば必ずカイドーのいるところに到着するだろう。しかし、どの村もここから数時間かかる上、テク村は西、ウェギー村は東、ユート村は南と、異なる方角にある。どうしても、日が暮れる前に到着しなければならないのに。

ここで手詰まりになってしまったと感じた僕は、再び通信石に話しかけてみたが、やはり誰からも返事はない。もう、三つの場所のうちのどれかに当たりをつけて、行ってみるしかないのか。

（待てよ？　エムさんはこう言っていた。『第六ティマグ数字の意味は……覚えるのは全然難しくない。原則として、a、b、c、……から z まで順に並んでいて……』）

a、b、c から z まで順に並んでいる、とはどういうことだろうか。並べてみれば、何か法則性があるのか？　さいわい、a、b、c、d、e までは、すべて第六ティマグ数字との対応が分かっている。僕はこれらをアルファベット順に並べてみた。

●○○○○● a
●○○○●○ b
○○○○●● c
●○○●○○ d
○○○●○● e

「うーん……」

やっぱり、よく分からない。気持ちが焦り始め、僕は頭を掻きむしった。いや、待てよ。ティマグ数字なんだから、数に変換してみたら、何か見えないだろうか。

まずは「a」の音を表す●○○○○●から考えてみよう。ティマグ数字の中で、●は「1」を表し、○は「0」を表す。そして各桁は、2の累乗の個数を表しているのだ。●○○○○●の一番右の記号「●」は、「2の0乗」が「1つある」こと、つまり「1」を表している。二番目から五番目の記号は「○」だから、2の1乗、2の2乗、2の3乗、2の4乗の個数は、どれも「0」ということになる。右から六番目の「●」は、「2の5乗」が「1つある」こと、すなわち「32」を表している。「32」と「1」を足すと、「33」。つまりこの数字は、「33」を表しているのだ。

この調子で、僕はaからeまで、ティマグ数字を数に変換した。

●○○○○●a　数としては「33」
●○○○●○b　数としては「34」
○○○○●●c　数としては「3」
●○○●○○d　数としては「36」
○○○●○●e　数としては「5」

何か法則性はあるだろうか？　aが「33」、bが「34」。ここには連続性がありそうだが、次のcでいきなり「3」になる。そしてdが「36」、eが「5」だ。やっぱり分からない。法則性なんて、ないんじゃないか？

しかし僕はすぐに思い直した。この数字の右側だけを見ると、第三ティマグ数字と似ていることに気づいたのだ。僕は左手で、各ティマグ数字の左端の文字を隠してみた。すると、こうなる。

○○○○●a　数としては「1」
○○○●○b　数としては「2」
○○○●●c　数としては「3」
○○●○○d　数としては「4」
○○●○●e　数としては「5」

左端の一文字を無視すれば、a、b、c、d、eが、きちんと順に並んでいるのだ。僕は、すでにティマグ数字との対応が分かっている他の音に対しても、同じことをやってみた。すると確かに、左端の文字を除いた部分が、アルファベットの a から数えて何番目かを示している。たとえば、8 番目の h と 9 番目の i はこうだ。

●○●○○○ h
○○●○○● i

↓（左端を隠す）

○●○○○ h　数としては「8」
○●○○● i　数としては「9」

何も難しいことはない。僕は「カイドーの行き先」に再び向き合う。

●●●○○●
○○○●○● e
●●○●○●
○●○●○○

↓（左端を隠す）

●●○○● 数としては「25」
○○●○● 数としては「5」（e に対応）
●○●○● 数としては「21」
●○●○○ 数としては「20」

つまり、カイドーの行き先の最初の音は、アルファベットの 25 番目の文字で表される音であり、三番目はアルファベットの 21 番目、四番目は 20 番目ということになる。つまり、y、u、t。二番目の e を入れると、yeut——つまり、ユート村だ。

僕は立ち上がり、武器庫と厨房を回って荷物を準備した。自分用の防具、食べ物も忘れてはならない。例の「土を溶かす薬品」も必要だろうが、どれくらい持っていけばいいのだろうか。だいたいの目安でいいのか？　迷いに迷って出かけようとしたとき、通信石から雑音が聞こえた。誰かが、声が届く範囲に来たのだ。

僕は急いで通信石に話しかけた。向こうから聞こえてくるのは、エムの声だ。

「どうしたの？　そんなに慌てて、何かあったの？」

「たいへんなんです！　カイドーさんが土人形を倒しにユート村に行ったんですが、彼が置いていった手紙にとんでもないことが書いてあって」

僕は状況を説明した。エムはしばらく沈黙していたが、すぐにこう言った。

「分かった。あたしはこれからイシュラヌのいるセリブへ行くつもりだったんだけど、予定を変えて、あんたとカイドーのところへ行くことにする。そこから近いケティオ村に、ティマグ神殿の連絡所がある。とりあえずそこで落ち合おう。これから必要なものを言うから、運んで来て」

僕は彼女の言うものをすべて揃え、馬に積んで出発した。エムとの合流地点に決めたケティオ村には、一時間あまりで到着した。エムの顔を見ると、僕は急に安心したような、力が抜けたような気持ちになったが、問題はこれからなのだ。馬を進めながら、彼女が僕に言う。

「あんたの推測が正しければ、事態はかなり深刻だ。一応、さっきのケティオ村の連絡所で、セリブにいるイシュラヌへの連絡を頼んだ。セリブからユートまでも距離があるけど、運がよければ来てくれるだろう。ところで、あんたはどうやって、『そのこと』に気がついたの？」

「それは……」

僕は、「刻み呪文」の解読について、彼女に話し始めた。

◇

カイドーが残していった紙に書かれていた文字列——ユート村の地面に書かれていた「刻み呪文」と思われるもの——には、不明なところが多く、最初僕はただただ困惑していた。しかし、よく見ると、この文字列が三つの文からなることが分かった。

《一文目》
■の上に、“得”と書き、“ら”と書き、“れ”と書き、“た”と書き、“文”と書き、“字”と書き、“列”と書き、“を”と書き、“複”と書き、“製”と書き、“し”と書き、“、”と書き、“■”と書き、“■”■書き、“■”と書き、“■”と書き、“■”と書き、“■”と書き、“■”と書き、“■”と書き、“■”と書き、“■”と書き、“■”と書き、“■”と書き、“■”と書き、“

■”と書き、“「”と書き、“””と書き、“と”と書き、“■”と書き、“■”と書き、“、”と書き、“““と書き、“」”と書き、“を”と書き、“入”と書き、“れ”■■き、“、”と書き、“冒”と書き、“頭”と書き、“に”と書き、“「”と書き、“■”と書き、“の”と書き、“■”と書き、“に”と書き、“、”と書き、“““と書き、“」”と書き、“を”と書き、“付”と書き、“け”と書き、“足”と書き、“し”と書き、“、”と書き、“■”と書き、“■”と書き、“に”と書き、“「”と書き、“””と書き、“と”と書き、“■”と書き、“■”と書き、“。”と書き、“」”と書き、“を”と書き、“付”■■き、“け”と書き、“足”と書き、“せ”と書き、“。”と書き、“そ”と書き、“し”と書き、“て”と書き、“■”と書き、“の”と書き、“■”と書き、“に”と書き、“■”と書き、“■”と書き、“、”と書き、“人”と書き、“■”と■き、“襲”と■き、“え”■書き、“。”と書け。

《二文目》
■■■■■■■を複製し、元の文字列の文字と文字の間に「”と■■、“」を入れ、冒頭に「土の■■、“」を■■■■、末尾に「”と■■。」を付け足せ。

《三文目》
そして神の■■集い、人を■■。

一文目は妙に長い。そしてその文は、「■の上に」、何らかの文字を書くよう指示しているようだ。つまり、土人形に何か書かせようとしている。僕はそれを見極める作業を始めた。しかしその指示は実にまどろっこしい。なぜか、一文字ずつ「書く」ように言っているのだ。一文字ごとに「～と書き、」と書いてあるせいで、呪文がやたらと長く、見にくくなっている。しかし逆に考えれば、そのような「規則性」があるおかげで、途中に「～と■き、」とか「～■■き、」などの不明な個所があっても、それらはすべて「～と書き、」だろうと推測できる。

（一文目：途中に出てくる「～と書■、」「～と■き、」「～■書■,」「～■書き,」「～■■き、」を、すべて「～と書き、」に置き換えたもの）

■の上に、“得”と書き、“ら”と書き、“れ”と書き、“た”と書き、“文”

と書き、“字”と書き、“列”と書き、“を”と書き、“複”と書き、“製”と書き、“し”と書き、“、”と書き、“■”と書き、“■”と書き、“■”と書き、“■”と書き、“■”と書き、“■”と書き、“■”と書き、“■”と書き、“■”と書き、“■”と書き、“■”と書き、“■”と書き、“■”と書き、“■”と書き、“「”と書き、“””と書き、“と”と書き、“■”と書き、“■”と書き、“、”と書き、““”と書き、“」”と書き、“を”と書き、“入”と書き、“れ”と書き、“、”と書き、“冒”と書き、“頭”と書き、“に”と書き、“「”と書き、“■”と書き、“の”と書き、“■”と書き、“に”と書き、“、”と書き、““”と書き、“」”と書き、“を”と書き、“付”と書き、“け”と書き、“足”と書き、“し”と書き、“、”と書き、“■”と書き、“■”と書き、“に”と書き、“「”と書き、“””と書き、“と”と書き、“■”と書き、“■”と書き、“。”と書き、“」”と書き、“を”と書き、“付”と書き、“け”と書き、“足”と書き、“せ”と書き、“。”と書き、“そ”と書き、“し”と書き、“て”と書き、“■”と書き、“の”と書き、“■”と書き、“に”と書き、“■”と書き、“■”と書き、“、”と書き、“人”と書き、“■”と書き、“襲”と書き、“え”と書き、“。”と書け。

これを見ながら、僕は一つ一つ、「■の上」に「書かれるはずの文字」を書き出した。すると、不明な箇所を含め、次のようになった。

《文字列A》(一文目の指示に従って得た文字列)

得られた文字列を複製し、■■■■■■■■■■■■■■「”と■■、“」を入れ、冒頭に「■の■に、“」を付け足し、■■に「”と■■。」を付け足せ。そして■の■に■■、人■襲え。

そこで僕は気づいた。これは、呪文の二文目、三文目と似ている。不明な部分はあるが、明らかに共通部分がある。「を複製し」、「を入れ」、「冒頭に」は、どちらにも現れている。他にもちらほら、共通する文字がある。

(呪文の二文目と三文目をつなげたもの)

■■■■■■■■を複製し、元の文字列の文字と文字の間に「”と■■、“」を入れ、冒頭に「土の■■、“」を■■■■、末尾に「”と■■。」を付け足せ。そして神の■■集い、人を■■。

僕はふと思った。もし、呪文の一文目が「■の上」に書け、と指示している「文字列」が、呪文の二文目、三文目とまったく同じだったら？　もしそうだったら、不明な部分をある程度復元できるかもしれない。これが正しい方向かどうか分からないが、やってみる価値はありそうだ。

僕は、二つの「似た文字列」を統合して、新たな文字列を作ってみることにした。

文字列 A：得られた文字列を複製し、
二文目：　■■■■■■■を複製し、
　　　→得られた文字列を複製し、

文字列 A：■■■■■■■■■■■■■■「” と■■、“」を入れ、
二文目：　元の文字列の文字と文字の間に「” と■■、“」を入れ、
　　　→元の文字列の文字と文字の間に「” と■■、“」を入れ、

文字列 A：冒頭に「■の■に、“」を付け足し、
二文目：　冒頭に「土の■■、“」を■■■■、
　　　→冒頭に「土の■に、“」を付け足し、

文字列 A：■■に「” と■■。」を付け足せ。
二文目：　末尾に「” と■■。」を付け足せ。
　　　→末尾に「” と■■。」を付け足せ。

文字列 A：そして■の■に■■、人■襲え。
三文目：　そして神の■■集い、人を■■。
　　　→そして神の■に集い、人を襲え。

統合した文字列をすべてつなげると、次のようになる。

《文字列 B》（統合後の文字列）

得られた文字列を複製し、元の文字列の文字と文字の間に「” と■■、“」を入れ、冒頭に「土の■に、“」を付け足し、末尾に「” と■■。」を付け足せ。そして神の■に集い、人を襲え。

だいぶ不明な部分が埋まった。しかしながら、これが本当に正しいのか、どうやって判断すればいいのか分からない。そもそも、呪文の一文目の「指示」によって生み出される文字列が、呪文の二文目以下の部分と同一であることの意味は何だ？

僕は、復元した「二文目」の意味を考えてみることにした。ここでいう、「得られた文字列」とは何だろうか。おそらく、「一文目」の指示によって、土人形が書く文字列のことだと考えるのが自然だろう。今の仮説が正しいとすると、それは「文字列 B」そのもののこと——つまり、この呪文の二文目と三文目をつなげたものだ。これを「複製し」とある。これはつまり、同じ文字列をもう一つ作れ、ということだろうか。だとすれば、次のようになる。

《文字列 C》（文字列 B を複製したもの）

得られた文字列を複製し、元の文字列の文字と文字の間に「” と■■、“」を入れ、冒頭に「土の■に、“」を付け足し、末尾に「” と■■。」を付け足せ。そして神の■に集い、人を襲え。
得られた文字列を複製し、元の文字列の文字と文字の間に「” と■■、“」を入れ、冒頭に「土の■に、“」を付け足し、末尾に「” と■■。」を付け足せ。そして神の■に集い、人を襲え。

そして、呪文の二文目の指示の続きを見てみると、次のようになっている。

「元の文字列の文字と文字の間に「” と■■、“」を入れ、」

ここでいう「元の文字列」というのは、普通に考えれば、複製して二つになった文字列のうち、一番目のものだろう。「” と■■、“」の部分は不完全だが、一番目の文字列の文字と文字の間にこれを入れるとすると、次のようになる。

（文字列 C の一番目の文字列の文字と文字の間に「” と■■、“」を入れる）

得” と■■、“ら” と■■、“れ” と■■、“た” と■■、“文” と■■、“字” と■■、“列” と■■、“を” と■■、“複” と■■、“製” と■■、“し” と

■■、“、”と■■、“元”と■■、“の”と■■、“文”と■■、“字”と■■、“列”と■■、“の”と■■、“文”と■■、“字”と■■、“と”と■■、“文”と■■、“字”と■■、“の”と■■、“間”と■■、“に”と■■、“「”と■■、“””と■■、“と”と■■、“■”と■■、“■”と■■、“、”と■■、““”と■■、“」”と■■、“を”と■■、“入”と■■、“れ”と■■、“、”と■■、“冒”と■■、“頭”と■■、“に”と■■、“「”と■■、“土”と■■、“の”と■■、“■”と■■、“に”と■■、“、”と■■、““”と■■、“」”と■■、“を”と■■、“付”と■■、“け”と■■、“足”と■■、“し”と■■、“、”と■■、“末”と■■、“尾”と■■、“に”と■■、“「”と■■、“””と■■、“と”と■■、“■”と■■、“■”と■■、“。”と■■、“」”と■■、“を”と■■、“付”と■■、“け”と■■、“足”と■■、“せ”と■■、“。”と■■、“そ”と■■、“し”と■■、“て”と■■、“神”と■■、“の”と■■、“■”と■■、“に”と■■、“集”と■■、“い”と■■、“、”と■■、“人”と■■、“を”と■■、“襲”と■■、“え”と■■、“。

得られた文字列を複製し、元の文字列の文字と文字の間に「”と■■、“」を入れ、冒頭に「土の■に、“」を付け足し、末尾に「”と■■。」を付け足せ。そして神の■に集い、人を襲え。

一番目の文字列がずいぶん長くなった。呪文の二文目の残りの指示は、（一番目の文字列の）冒頭に「土の■に、“」を付け足し、末尾に「”と■■。」を付け足せ、ということだ。これをすると、得られる文字列の全体は次のようになる。

（一番目の文字列の冒頭に「土の■に、」を付け足し、末尾に「と■■。」を付け足したもの。）

土の■に、“得”と■■、“ら”と■■、“れ”と■■、“た”と■■、“文”と■■、“字”と■■、“列”と■■、“を”と■■、“複”と■■、“製”と■■、“し”と■■、“、”と■■、“元”と■■、“の”と■■、“文”と■■、“字”と■■、“列”と■■、“の”と■■、“文”と■■、“字”と■■、“と”と■■、“文”と■■、“字”と■■、“の”と■■、“間”と■■、“に”と■■、“「”と■■、“””と■■、“と”と■■、“■”と■■、“■”と■■、“、”と■■、““”と■■、“」”と■■、“を”と■■、“入”と

■■、“れ”と■■、“、”と■■、“冒”と■■、“頭”と■■、“に”と■
■、“「”と■■、“土”と■■、“の”と■■、“■”と■■、“に”と■■、
“、”と■■、““”と■■、“」”と■■、“を”と■■、“付”と■■、“
け”と■■、“足”と■■、“し”と■■、“、”と■■、“末”と■■、“尾”
と■■、“に”と■■、“「”と■■、“””と■■、“と”と■■、“■”と
■■、“■”と■■、“。”と■■、“」”と■■、“を”と■■、“付”と■
■、“け”と■■、“足”と■■、“せ”と■■、“。”と■■、“そ”と■■、
“し”と■■、“て”と■■、“神”と■■、“の”と■■、“■”と■■、“
に”と■■、“集”と■■、“い”と■■、“、”と■■、“人”と■■、“を”
と■■、“襲”と■■、“え”と■■、“。”と■■。
得られた文字列を複製し、元の文字列の文字と文字の間に「”と■■、“」を入れ、冒頭に「土の■に、“」を付け足し、末尾に「”と■■。」を付け足せ。そして神の■に集い、人を襲え。

ここまできて、僕は思った。この文字列の全体は、手紙に書かれていた文字列と似ている。つまり、文字列の一文目と二文目の指示どおりに「生み出した文字列」が、元の刻み呪文と酷似しているのだ。

《元の刻み呪文（再掲）》
■の上に、“得”と書き、“ら”と書き、“れ”と書き、“た”と書き、“文”
と書き、“字”と書き、“列”と書き、“を”と書き、“複”と書き、“製”と
書き、“し”と書き、“、”と書き、“■”と書き、“■”■書き、“■”と書
き、“■”と書き、“■”と書き、“■”と書き、“■”と書き、“■”と書き、
“■”と書き、“■”と書き、“■”と書き、“■”と書き、“■”と書き、“
■”と書き、“「”と書き、“””と書き、“と”と書き、“■”と書き、“■”
と書き、“、”と書き、““”と書き、“」”と書き、“を”と書き、“入”と
書き、“れ”■■き、“、”と書き、“冒”と書き、“頭”と書き、“に”と書
き、“「”と書き、“■”と書き、“の”と書き、“■”と書き、“に”と書き、
“、”と書き、““”と書き、“」”と書き、“を”と書き、“付”と書き、“
け”と書き、“足”と書き、“し”と書き、“、”と書き、“■”と書き、“■”
と書き、“に”と書き、“「”と書き、“””と書き、“と”と書き、“■”と
書き、“■”と書き、“。”と書き、“」”と書き、“を”と書き、“付”■■
き、“け”と書き、“足”と書き、“せ”と書き、“。”と書き、“そ”と書き、
“し”と書き、“て”と書き、“■”と書き、“の”と書き、“■”と書き、“

に”と書き、“■”と書き、“■”と書き、“、”と書き、“人”と書き、“■”と■き、“襲”と■き、“え”■書き、“。”と書け。
■■■■■■■を複製し、元の文字列の文字と文字の間に「”と■■、“」を入れ、冒頭に「土の■■、“」を■■■■、末尾に「”と■■。」を付け足せ。そして神の■■集い、人を■■。

（まさか、まったく同じだという可能性は？）

つまり、元の刻み呪文の指示どおりに行動すると、まったく同じ刻み呪文を書くことになるのだ。とても奇妙だが、今はそう考えるのが有効に思える。

そして、もしそうだとしたら、呪文から生み出された文字列の中の「と■■、」はすべて「と書き、」と置き換えられる。そして、一文目冒頭の「土の■に」は「■の上に」と統合して「土の上に」となるし、一文目の末尾の「と■■。」は「と書け。」になる。

（元の刻み呪文と統合して、不明な文字列を置き換えたもの）

土の上に、“得”と書き、“ら”と書き、“れ”と書き、“た”と書き、“文”と書き、“字”と書き、“列”と書き、“を”と書き、“複”と書き、“製”と書き、“し”と書き、“、”と書き、“元”と書き、“の”と書き、“文”と書き、“字”と書き、“列”と書き、“の”と書き、“文”と書き、“字”と書き、“と”と書き、“文”と書き、“字”と書き、“の”と書き、“間”と書き、“に”と書き、“「”と書き、“””と書き、“と”と書き、“■”と書き、“■”と書き、“、”と書き、““”と書き、“」”と書き、“を”と書き、“入”と書き、“れ”と書き、“、”と書き、“冒”と書き、“頭”と書き、“に”と書き、“「”と書き、“土”と書き、“の”と書き、“■”と書き、“に”と書き、“、”と書き、““”と書き、“」”と書き、“を”と書き、“付”と書き、“け”と書き、“足”と書き、“し”と書き、“、”と書き、“末”と書き、“尾”と書き、“に”と書き、“「”と書き、“””と書き、“と”と書き、“■”と書き、“■”と書き、“。”と書き、“」”と書き、“を”と書き、“付”と書き、“け”と書き、“足”と書き、“せ”と書き、“。”と書き、“そ”と書き、“し”と書き、“て”と書き、“神”と書き、“の”と書き、“■”と書き、“に”と書き、“集”と書き、“い”と書き、“、”と書き、“人”と書き、“を”と書き、“襲”と書き、“え”と書き、“。”と書け。

得られた文字列を複製し、元の文字列の文字と文字の間に「”と■■、“」を入れ、冒頭に「土の■に、“」を付け足し、末尾に「”と■■。」を付け足せ。そして神の■に集い、人を襲え。

これでもまだ、不明な文字はある。しかしここまで来れば、それらのほとんどの内容が明らかになる。二文目の「と■■、」は「と書き、」になり、「土の■に、」は「土の上に、」になり、「と■■。」は「と書け。」になる。そして、一文目では、その二文目と同じ文字列の文字と文字の間に「と書き、」が入っているわけだから、不明な五つの文字は上から順に、「書」、「き」、「上」、「書」、「け」となる。分からない文字は、残り二文字だ。

土の上に、“得”と書き、“ら”と書き、“れ”と書き、“た”と書き、“文”と書き、“字”と書き、“列”と書き、“を”と書き、“複”と書き、“製”と書き、“し”と書き、“、”と書き、“元”と書き、“の”と書き、“文”と書き、“字”と書き、“列”と書き、“の”と書き、“文”と書き、“字”と書き、“と”と書き、“文”と書き、“字”と書き、“の”と書き、“間”と書き、“に”と書き、“「”と書き、“””と書き、“と”と書き、“書”と書き、“き”と書き、“、”と書き、““”と書き、“」”と書き、“を”と書き、“入”と書き、“れ”と書き、“、”と書き、“冒”と書き、“頭”と書き、“に”と書き、“「”と書き、“土”と書き、“の”と書き、“上”と書き、“に”と書き、“、”と書き、““”と書き、“」”と書き、“を”と書き、“付”と書き、“け”と書き、“足”と書き、“し”と書き、“、”と書き、“末”と書き、“尾”と書き、“に”と書き、“「”と書き、“””と書き、“と”と書き、“書”と書き、“け”と書き、“。”と書き、“」”と書き、“を”と書き、“付”と書き、“け”と書き、“足”と書き、“せ”と書き、“。”と書き、“そ”と書き、“し”と書き、“て”と書き、“神”と書き、“の”と書き、“■”と書き、“に”と書き、“集”と書き、“い”と書き、“、”と書き、“人”と書き、“を”と書き、“襲”と書き、“え”と書き、“。”と書け。
得られた文字列を複製し、元の文字列の文字と文字の間に「”と書き、“」を入れ、冒頭に「土の上に、“」を付け足し、末尾に「”と書け。」を付け足せ。そして神の■に集い、人を襲え。

つまり、「神の■に集い」の部分だけが残った。これはどうしても分からない。

しかし、元の文字列に書かれたとおりに行動したら、同じ文字列を土の上に書くことになるとは、どういうことなのだろうか。つまり、この「刻み呪文」によって生み出された土人形が、自分を生み出した呪文と同じものを土の上に書く。すると……？

僕はその様子を想像して、初めてこの呪文の恐ろしさに気がついたのだった。

◇

エムが言う。

「昨夜ユート村で目撃されたのは、二体という話だったよね。そいつらが今夜また動き出して新しく土人形を作ったら、また増えた奴らも仲間を増やすわけだから、時間が経てば経つほど、こちらには不利になる」

ユート村へ向かう最短の道は、最近の大風のために崩れて通れなくなっており、僕らは回り道をしていた。それでもずいぶん進んだ気がしていたが、エムによれば、このままだとユート村に日暮れ前に着くのは難しいという。

「日が沈む前にカイドーさんが、隠れている土人形を破壊してくれればいいですが」

「それはそうだけど、最悪の事態を想定していく必要がある。それにしても、ちらほら土人形が出ているのは聞いてたけど、こんなことになるとはね」

土人形を作っている者たちは、何を目的としているのだろうか。カイドーは、土人形を作る準備には時間も手間もかかると言っていた。エムの話では、ティマグ神殿でも土人形を作っている奴らについて調べているが、たいしたことは分かっていないらしい。ただ、土人形が出ている村にはたいてい、怪しげな儀式の跡が残っているそうだ。土人形のために近隣の人々が混乱している間に、儀式が行われている可能性が高いという。

「そういえば、この前のキャラッツ村でも、カイドーさんが儀式の跡らしきものを見つけました。深い穴に、変な模様の付いた板が放り込んであったって」

「同じような跡は他の村でも見つかってる。ただ、それだけじゃないらしいんだ。山の上や丘の上なんかで火を焚いたような形跡も、二回ぐらい見つかっている。そのうち一回は、円形の石の囲いの中に人間の死体が置いてあったらしい。つまり少なくとも、二種類の儀式が行われているようだ。

今回のユート村の件も、同じようなねらいがあるかもしれないね。そうだ、あんたが解読した『刻み呪文』だけど、土人形に呪文を複製させる以外に、何かさせようとしてたよね？　人を襲えとか何とか」

エムが言っているのは、刻み呪文の最後の三文目のことだ。

「ええ。不明なところがあるんですが、『神のなんとか』というところへ行って、人を襲え、という指示がありました」
「神の？　そうだ、『神の山』だ」
「神の山？」
「ユート村のはずれにある小さい山で、農耕の神が祀られている。昔、奇跡が起こったという言い伝えがあってね。村の人たちは交代で山に入って、いつも誰かが祈りを捧げるようにしている。信仰が深いんだね」
「それじゃ、敵のねらいはそこなんでしょうか？」
「おそらくね。とにかく、被害が出ないようにしないと」
ユート村の近郊に着いたとき、ちょうど日が落ちた。エムも僕も無言で先を急ぐ。もうすぐ村の入り口というところへ来たとき、前方がにわかに騒がしくなり、多くの影がこちらに向かってきたので、僕は肝を冷やした。
「まさか、土人形！？」
「違う。人間だ」
よく見ると、それは大勢の村人たちだった。彼らは悲鳴を上げながら走ってくる。かなり混乱しているようだ。彼らのうちの数人がこちらに気づき、何を思ったか、わけの分からないことを叫んで逃げようとする。エムは一度深呼吸して、大声で彼らに呼びかけた。
「みなさん、落ち着いてください！　私たちは神殿騎士団です！」
その一声で、村人たちはしんと静まりかえった。そして次の瞬間、彼らは泣きつくように、こちらにわらわらと寄ってきた。中の一人が震え声で言う。
「化け物が……化け物が……その、カイドー様が、逃げろと」
「カイドーはどこに？」
「『左馬亭』に、一人で立てこもって……」
「『左馬亭』？　ああ、『神の山』近くの酒場だね。分かった。みなさんはとにかく、村から離れて」
彼女と僕は村へ馬を走らせた。その間にも、逃げる村人たちとすれ違う。村の入り口で、彼女は僕が持ってきた矢の半分ほどを自分に渡すように言った。
「これから、カイドーのいる酒場まで突っ切って行く。カイドーが無事なら、あんたは持ってきた武器をカイドーに渡して、彼の補助をするんだ」
「分かりました。エムさんは？」
「あんたをカイドーのところに届けたら、村を回って、残った人たちを逃がしながら『増えようとしている奴』を叩く。とにかく行くよ！」
彼女は馬をけしかけ、もの凄い勢いで一直線に走り始めた。僕はそれを必死で追いかける。やがて進行方向に、大きな黒い影がいくつか立ちふさがっているのが見えた。胴体部分の全体が、鼓動するように光っている。土人形の背中にびっしりと書かれた「刻み呪文」が光っているのだ。

「エムさん、前にいます！」

僕が言うよりも早く、彼女は馬上で弓を構えていた。彼女の放った矢が、光る胴体の一つに当たると、その部分から光が失われていく。

（『刻み呪文』が破壊されたのか？　そうか、例の薬を塗った矢尻なんだ）

彼女はすかさず、別の一体の胴体にも狙いをつける。それも命中したが、別の奴らがこちらを向いた。このまま走れば、ぶつかる。

「危ない！」

彼女は僕の言葉にかまわず、腰から剣を抜いてまっすぐ走り、一体を馬の足で蹴散らし、もう一体の背中をすれ違いざまに切りつけた。残った奴らが追ってくるが、馬にはとうてい追いつけないだろう。だがこのあたりまで来ると、道の上にも、周囲の畑や家の影にも土人形がいて、こちらに向かってくる。エムは進行方向にいる奴らだけを、弓や剣でなぎ倒していく。僕の方はただ彼女に付いていくだけなのに、すでに息が切れそうだ。

やがて、小高い山の入り口近くまで来た。エムは走りながら振り向いて、「あれが『神の山』だ」と短く説明した。その麓（ふもと）には、いくつかの民家に囲まれた石造りの建物があった。あれが目当ての酒場のようだ。建物の周囲に、十数体の土人形がうごめいていた。みな、その太い腕で壁を無造作に叩いている。石の壁は今のところ無事なようだが、小さな窓のいくつかはすでに割られている。

その割れた窓の隙間から、矢が一本飛び出してきた。それは土人形たちの間をすり抜け、宛てもなく飛んでいくように見えたが、急激に大きく方向を変え、引き返すように元の建物に向かっていく。

「あっ！」

僕が驚いていると、その矢は窓のところに張りついている土人形の背に当たった。すぐにそいつは土の固まりと化す。エムが言う。

「カイドーだ。とりあえず無事なようだけど、矢が足りなくなっているに違いない。さいわい、あの裏口のあたりには土人形はいない。あたしが他の奴らを引きつけるから、あんたは武器を持って裏口から入るんだ」

言い終わらないうちに、エムは建物に向かって走り始めた。建物の周囲の土人形、そして僕らを追ってきた奴らの注意が彼女に向く。僕は近くの家の壁に沿って、目立たないように酒場の裏口に近づく。馬を降り、荷物を下ろして中に入ろうとするが、鉄の錠前がかかっている。

（壊すしかない）
　僕は錠前に向かって唱えた。
「第三ティマグ数字において、この元素に銀を融合せよ」
　錠前は光る液体になって溶けていく。僕はすぐに戸を押し開けた。中から漂ってくる、酸っぱいような、甘いような匂い。酒の貯蔵庫らしく、樽がたくさん置いてある。僕はそれらをよけながら、急いで武器を運び込んだ。裏口を閉めたとき、剣を手にしたカイドーが飛んできた。カイドーは体中泥だらけで、顔も汗にまみれていた。敵が入ってきたと思ったのだろう。恐ろしい形相だ。
「僕です！　リナードです」
「何！？　お前、どうして……」
「エムさんも来てます。僕は武器を持ってきました。とにかくこれを」
　カイドーはしばらく絶句していたが、武器に気がつくと矢を大量に取り、そして残りを持ってついてくるように指示した。カイドーは厨房を抜け、テーブルの並んだ広い部屋へと向かう。壁に開いた小さな窓から、土人形たちの頭の部分がのぞく。外から壁を叩く音が、雷のように響く。
「すごい音ですね」
「だが、奴ら、さっきより数が減ったようだ」
「エムさんが何体か引きつけて行ったんだと思います。でも、いずれここに戻ってきますよ」
「何で分かるんだ？」
　僕はカイドーに「刻み呪文」の内容と、エムの作戦を説明した。カイドーは驚きを隠さない。
「土人形が、土人形を作り出す！？　だから、こんなことになったのか。それで、エムがこれから増えようとする奴を叩いてくれるわけだな。しかし、『神の山へ行って、人を襲え』か。まずいな」
「なぜですか？」
「さっき、山に入った村人が何人かいる。助けに行かねえと。よし、とりあえずここの周囲にいる奴らを破壊して、外へ出よう。ありがたいことに、武器が増えたからな」
　カイドーはそう言って弓を構え、小窓の隙間めがけて何本も矢を放った。さっき見たように、それらは途中で引き返してきて、窓に張りつく土人形たちの背に命中する。
「すごい。なぜ、矢が戻ってくるのか」

「無事に帰れたら理由を教えてやる。あと数体倒したら、そこの扉から外へ出るぞ。お前も自分の杖と、弓を持つんだ。そして、扉の前の家具をどけてくれ」

僕は言われたとおり、扉の前に積まれていた家具を動かした。残りがテーブル一つになったとき、扉が大きな音を立てて開き、テーブルが斜め横に弾んで倒れた。

「入ってくるぞ！　気をつけろ！」

僕はテーブルをよけるために、扉の横の壁に張りついていた。すぐに、大きな黒い体と、光る文字が視界に入る。

「やれ、リナード！」

カイドーの言葉に突き動かされるように、僕は杖を構え、光る文字を突いた。固い衝撃が腕を伝わると同時に、破壊された文字が光を失うのが見えた。そしてそいつは崩れ、大量の土が床に散らばる。僕の全身が興奮で震える。

（やっつけたんだ。僕が）

「馬鹿、もう一体来るぞ！」

見ると、扉から別の土人形が顔を出していた。そいつはこちらを向いている。僕は慌てて後ろへ退いた。僕と入れ替わるように、カイドーが向かってゆく。

「リナード、こいつの背中に回れ！」

僕は言われたとおり、カイドーとやりあっている土人形の背中に回り、杖で光る文字を突いた。しかし今度は、なかなか破壊できない。

（固いな。そうか、重心）

僕は重心を低くして、杖を突き出した。それは土人形の胴体に深く刺さった。崩れていく土の向こうから、カイドーが言う。

「よし、外へ出るぞ！」

◇

酒場の周囲の土人形はまばらになっていた。少し離れたところにいくつか見える土人形たちは、山の方へ向かって歩いていく。カイドーはそいつらを弓で破壊し、通信石を取り出して話しかける。

「エム、聞こえるか？」

何度か話しかけた後、エムが答えた。

「カイドー？　今、村の南の方で、見かけた奴らを片づけてる。でも数が多すぎて、全部を倒すのは無理だ。何体かはそっちに向かってる」

「分かった。引き続き頼む。何かあったら連絡してくれ」

そう言って彼は僕に向き直った。

「まだこれから状況は厳しくなりそうだ。この周囲が静かなうちに、山にいる村人を見つけて逃がす。不幸中の幸いというか、今回は呪文が長ったらしいおかげで、奴らを見つけるのは難しくない」

確かに、今日の土人形たちは、背中じゅうが光るので遠くからでも見つけやすい。そして矢はまだ豊富にある。

カイドーと僕は山に入った。山道は整えられていて、途中にさまざまな神や動物の石像と、ろうそくを立てる台などが置かれている。普段は昼夜問わず、村人が祈りに来るのだろう。しかし今は不気味に静まり返っている。

山の中腹に来たところで、沈黙が破られた。悲鳴が聞こえ、道の向こうから三人の村人たちが飛び出してきたのだ。その後ろからは、二体の土人形が追ってきている。

「おい、落ち着け！」

カイドーは村人たちに声をかけながら、土人形に向けて素早く矢を放った。どれも土人形の脇をすり抜けた後、引き返してきて、土人形の背中に当たる。僕は、カイドーが弓を射ながら何かを唱えているのを聞いた。

（呪文？　呪文で矢の方向を変えているのか？）

いずれにしても、それを確かめるのは今ではない。僕は村人たちに尋ねた。

「山にいるのは、あなた方三人だけですか？　他に誰かいますか？」

年長の男性が息を切らしながら答える。

「ほ、他の者はおりません。わしらだけ、山が心配だったんで、ここに」

カイドーが言う。

「よし、それならすぐに下山しよう」

山道を引き返そうとしたとき、ずっと下の方に、土人形の姿が見えた。

「カイドーさん、下から一体登ってきてます！」

「分かってる」

カイドーはまた弓を構える。彼を見て、僕は自分がこの状況に慣れてきているのを感じた。カイドーの「術」があれば、簡単に土人形を倒せるのだ。この窮地から脱するのも、きっと難しくない——そう思った次の瞬間、カイドーに異変が起きた。

「がはっ！」

「え？」

カイドーが、矢を放った直後に、口から血を吐いたのだ。それだけではない。彼の体が力なく、山道の上に倒れる。
「ちょっと、カイドーさん！」
　仰向けにして揺り動かしても、まったく反応がない。生きてはいる。しかし、完全に気を失っているのだ。
「え？　そんな……ちょっと……カイドーさん！　カイドーさんったら！」
　駄目だ。村人たちが悲鳴を上げる。カイドーがねらっていた土人形が、徐々にこちらへ登ってくる。
「え……ちょっと、待って……」
　僕は、誰にともなくそう口走った。土人形の姿が大きくなってくる。顔中の筋肉がひきつり、手足が震える。
「そんな……」
　しかし、もう、僕がどうにかするしかない。僕は村人に尋ねた。
「どこか！　この近くにどこか隠れられるところは！？」
「す……すぐ上に小屋があるんだけども、鍵がかかっとって入れませんで」
「そこへ行きましょう！　手伝ってください！」
　僕は村人たちの助けを借りて、カイドーの体を持ち上げた。重いのを我慢しながら、必死で山道を登る。土人形との距離は縮まっている。しかし幸いなことに、村人の言う小屋は道から少し奥まったところにあり、下から登ってくる土人形からはちょうど死角になっていた。僕は小屋にかかった鉛の錠前を「水銀」に変えて破壊し、村人たちを中に入れ、カイドーの体を押し込んだ。しかし僕が入る前に、すぐ近くから土人形の足音が聞こえてきた。
（僕がこれに入るのを見られたら、小屋ごと破壊される）
　僕は隠れるのをあきらめた。小屋の扉を急いで閉め、山道の中央に立った。まもなく土人形が姿を現す。僕はそいつの方を見ながら、村人たちに聞こえるように声を上げた。
「絶対にそこから出ないでください。何があっても、声を出さないように。それから、カイドーさんをお願いします」
　小屋の方は状況が分かったらしく、沈黙を守っている。僕は土人形を十分引きつけたあと、山道を上に向かって走った。ときおり振り返っても、土人形は小屋の方には見向きもせず、僕だけを追ってくる。ねらったとおりだ。しかし不運なことに、その後ろからも続々と土人形が現れ、そのすべてが僕の方へ登ってきている。僕は走りながら、通信石に声をかけた。
「エムさん！　聞こえますか！」

少し間をあけて、エムが答える。
「ああ、こっちは徐々に片づいてきたから、『神の山』に向かってる。そっちはどう？」
「カイドーさんが倒れました。さっき、『神の山』の中腹にある小屋に運び込みました。村人たちも三人、そこに一緒に隠れています」
「な、何だって！？」
「僕は、土人形たちを引きつけながら、上の方に向かっています。エムさん、そっちが片づいたら、カイドーさんたちを助けに来てください」
「分かったけど、あんたは大丈夫なの？」
「なんとか逃げ切ります。お願いします」
僕は後ろを振り返った。土人形の背中が発する光が列をなして、僕が来た山道を埋め尽くしている。もう、引き返すことはできない。どこからか道をそれて下に降りたいが、道の脇は急な斜面になっており、とても降りられそうにない。今は、ただ道を登っていくしかないようだ。しかし、いつかは山頂に着いてしまう。そしてそれは、僕の予想よりもはるかに早かった。
月のない空に、満天の星が広がる。下を見ると、山道に沿って長い長い光の列が続く。僕は山頂を見回し、背後に林を見つけると、転げるように木のたくさん生えている方へ逃げた。木々の間隔は徐々に狭くなり、星の光も届かなくなる。僕には今、こういう闇が必要だ。とにかく、土人形たちから遠ざからなければ。僕は力のかぎり走った後、大きな木に寄りかかり、一度呼吸を整えた。
（あれ？）
何かが聞こえる。人の声だ。こんなところに、人がいるのか？　村人がまだ残っているのだろうか。もしそうだったら、危険を知らせなければならない。僕は、声のする方へ寄っていった。木がまばらになり、目の前が急に明るくなる。誰かが火を焚いているのだ。
木立が途切れ、僕の目に入ったのは、うずたかく積み上げられた薪から空に向かって立ち上る炎と、長い衣を着た男。明らかに村人ではない。その男は、両手を天に向けて、酔いしれたように何かをしきりに唱えている。彼の前の地面には、石を並べて作った大きな円があり、その中に何か大きなものがたくさん並べられている。
いや、あれは「もの」ではない。人間だ。生きているのか死んでいるのか分からないが、人間が並べられているのだ。まるで、生け贄の動物のように。
並べられている人たちは、みなさまざまな格好をしていた。僕から見える範囲では、農夫に、寺男に、漁師。女性や子供もいる。
（『儀式』か？）
　間違いなく、そうだろう。僕は大きな木の陰に隠れて様子をうかがった。男の声は徐々に大きくなり、それにつられるように、異変が起こり始めた。石の囲いから少し離れたところに小さな光の輪が出現したのだ。その輪は徐々に大きくなっていく。輪の中は真っ黒で、何も見えない。
（あっ！）
　石の囲いの中に並べられた人の一人が、ふわりと浮いた。その体が、頭の方からまっすぐに光の輪の中心に吸い込まれて、消える。その間に、その隣の人、またその隣の人の体も浮き上がり、順に輪の中へ吸い込まれていく。
　僕は驚きのあまり、木の影から少し身を乗り出してしまった。僕の足下にある枯れ木が、乾いた音を立てる。その直後、光の輪は急に小さくなり、あっという間に消えた。浮き上がりかけていた数人の体が、再び地面に落ちる。長い衣を着た男は唱えるのを止め、閉じていた目を大きく見開いた。彼は硬直したように動きを止め、目の前の光景を見つめる。そして僕の方を見た。
「誰だ」
　僕はもう一度隠れようとしたが、すでに遅かった。
　林の中へ逃げようと振り返りかけたとき、両肩に妙な痛みを感じ、足がもつれて倒れてしまった。立ち上がろうとしても、体が重くて起き上がれない。この感覚は記憶にある。体ではなくて、僕が着ている服が異常に重くなっているのだ。つまり、「変重」の呪文だ。
　じたばたしている僕の方に男が近づいてくる。男は僕の髪を乱暴につかみ、無理矢理頭を持ち上げると、思い切り殴りつけた。頭の芯を貫くような痛みが走り、口の中に血の味が広がる。
「この野郎！　『破壊の儀式』を邪魔しやがったな？　第十一神殿騎士団か？　人手不足の弱小騎士団が、もうこんなところまでやって来るとは……ちくしょう、あの土人形ども。手間をかけたわりに、まったく役に立ってねえじゃねえか！　おや、貴様は……」
　男は、僕の顔を眺めた。
「貴様、騎士団の奴だったのか！」
　同時に、僕も男の顔をはっきりと見た。頬にある、炎の形の入れ墨。僕はこいつを知っている。
「サイロス！」
「ほう、名前を覚えてくれていたのか。『子馬』の件では、世話になったな」

サイロスはひきつった顔で笑う。
「あの一件のおかげで、俺たちはシェッツマール家のバカ息子どもに追い回される羽目になった。そんな中で俺たちは、命がけでもう一度あの城に忍び込んで、やっと金の子馬を手に入れたんだ……仲間を何人も犠牲にした。それなのに……子馬の中に、『あれ』は入っていなかった！」
サイロスは、話しながら異常に興奮し始める。
「そして……今日もだ！　何年も準備をして……大切な儀式を……もう少しというところで、このざまだ！」
サイロスは絶叫しつつ、倒れている僕の体をめちゃくちゃに蹴った。
「お前のせいだ。あの時も……キヴィウスで、お前が何か邪魔しやがったんだ。そうだろう？　俺は、もうおしまいだ。『クージュの魂魄』を見つけられず、今日の『破壊の儀式』にも失敗した。今回が、最後の機会だったんだ。俺は、『あの方』に始末されるかもしれない。だがな、俺は決めたぞ。自分が殺される前にお前を殺す。そして、向こうに並べた死体の仲間に加えてやる」
そう言うサイロスの顔は、邪悪に歪んでいた。間違いなく、僕を殺す気だ。僕は、痛みと恐怖で頭が回らなくなっていた。鼻血が出すぎて、思うように呼吸もできない。しかし、逃げなければ。僕は、押しつぶされそうな服の重みの下でもがいた。
「おい、逃げようってのか？　無駄だよ。お前のその上着だが、今、元の重さの何倍になってると思ってるんだ？　『変重』ってやつを、七回以上は唱えたぞ。本当は、上着を重くするような遠回しなことはせず、お前の心臓を重くして潰してやりてえ。その方が何倍、お前を苦しませることか。……そうか。『あの方』のご先祖も、きっと同じようなことを考えたんだろうな」
サイロスはほとんど独り言のようにぶつぶつつぶやきながら、さらに僕を殴り続けた。気が遠くなってくる。このまま僕は、殴り殺されるかもしれない。そう思ったとき、林の暗がりの方から、若い男の声がこう言った。
「『変重』を使われたか。服の重さは 90 キログラヴィウムといったところだな。しかしその程度の重さで、そこまで動けなくなるのは問題だ」
それは明らかに、僕に向けての言葉だった。サイロスは驚いて、声のした方を見る。姿を現したのは、イシュラヌだった。
「ほう、また騎士団の奴か？　こいつを助けに来たんだろうが、俺の前に姿を現したのは不用意だったな」
サイロスは立ち上がり、イシュラヌに向かって素早く何かを唱え、高笑いをする。

「ははは！　動けまい！　今、お前のその鎧は……」
「それがどうした」
　イシュラヌは言うが早いか、サイロスの方に向かって動いた。いつの間に抜いたか分からない剣の先が、サイロスの左目の前で止まる。剣と眼球の間は、髪の毛一本分ぐらいの隙間しかない。
「……！」
　絶句するサイロスに追い打ちをかけるように、イシュラヌが言う。
「残念ながらこの鎧は、ティマグ神殿騎士団の団長に支給される特製でな。呪文の影響をある程度抑えることができる。さらに残念なことを言うと、この鎧は最初から100キログラヴィウム以上ある。よって、お前の『変重』がこれに影響を与えたとしても、たいして重くならないか、かえって軽くなるかのどちらかだ。なんなら、もう一度試してみるか？」
　サイロスの顔は真っ青になった。彼は混乱し始めている。イシュラヌを見据えていた血走った目が、目標を見失ったようにあてもなく動き始めたとき、イシュラヌはすでに剣の腹をサイロスの右耳の上あたりに叩きつけていた。サイロスは体勢を崩し、白目を剥いたまま仰向けに倒れた。
「ガレット、大丈夫か？」
「はい」
　僕はなんとか起き上がったが、体中がずきずきと痛んだ。
「こんなに危険な目に遭っているとは」
　イシュラヌは怒っているようだ。僕のこと――いや、「クージュの魂魄」のことを心配しているのだろう。
「すみません」
「まあ、今日は仕方がない。エムから聞いた。君が動かなければ、もっとひどいことになっていただろう。死人も出ただろうしな。さいわい、村人はみな無事だ」
「土人形は？」
「ほぼ全滅した。山にいる奴らもすべて、エムと私で片づけた。今エムが、残った奴がいないか、見回りをしている」
「カイドーさんは？」
「まだ目を覚まさない。いったい何が起こったのか……。君は、カイドーが倒れるところを見ていたそうだな？」
「ええ。それまで普通に戦っていたのに、急に倒れて」
「そうか。今夜意識が戻らなかったら、ファカタの大神殿の救護院に運ぶ。そいつも運ばないといけないから、人手が必要だな」

　そう言いながら、イシュラヌは倒れているサイロスを指さした。彼は、意識の戻らないサイロスをきつく縛り上げた後、僕を連れて先ほどの「儀式」の場所を調べ始めた。サイロスがさっき口走っていたとおり、並べられた人たちはみな、すでに死んでいた。

「死んでからそう時間は経っていないように見えるが、きっと何らかの方法で保存されていたのだろう。しかし、なぜこんな格好をさせられているんだ？」

　そう言いながらイシュラヌは死体を一つ一つ調べる。僕は、炎に照らされた死体を見るのさえ恐ろしかったが、なんとなく、うつ伏せになっている女性の死体に目が行った。その手もとには、小さな水瓶が落ちていた。薄桃色のひらひらした服が乱れて、背中がはだけている。そしてその背中には、何かが書かれていた。

　僕はおそるおそる、その死体に近づいた。背中の文字には見覚えがあった。これは、確か……。

「イシュラヌさん」

「どうした？」

「この人、背中に文字が書かれています」

「何だと？」

　イシュラヌはこちらへ来て、ためらわずに死体の背中から服を剥がした。そこには次のような文字が刻まれていた。

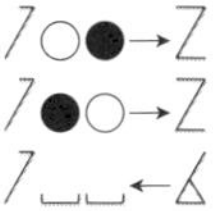

第 10 章

偽呪文

ユート村の出来事から、五日が経過した。あれ以来、イシュラヌは一度も帰ってこない。エムも、僕をここに送り届けた後すぐにファカタへ向かった。カイドーはというと、結局あの日の翌日になっても目を覚まさず、サイロスの身柄と一緒にファカタの大神殿に運ばれていった。僕はイシュラヌの言いつけで、レノシュ村の「詰め所」にこもり、傷を治している。ユート村から帰ってきて二日ほどは、体の痛みと疲労のせいで動くことができなかった。今ではずいぶん回復しているが、サイロスに痛めつけられたときにできた傷は、完全に治るまでもう少しかかりそうだ。

誰もいない「詰め所」は静まりかえっていた。僕は少し元気になったぶん、何かしなければと思うようになった。今でもユート村のことを思い出すと、痛みと恐怖、後悔と焦りが一度におしよせてくる。あの混乱の中でも、騎士団の三人は圧倒的に強かったし、頼もしかった。それに対し、僕はほとんど戦うことができなかったのだ。

僕はここへ戻ってきてから毎日、ミラカウの家で先生にやらされていた勉強や鍛錬を、そのままの時間割でこなした。古マガセア語の勉強もしたが、退屈にも感じないし、眠くもならない。あれほど苦痛に感じていた日課が、今ではまったく違った意味を持って見えている。

そして何よりも、僕はあまり余計なことを考えなくなった。今までは、「強い魔術師になるために、もっと手っ取り早い方法があるんじゃないか」とか、「有能な他人がいくらでもいるのに、『僕』が成長しようとすることに、どれほど意味があるのか」などという考えがよく頭に浮かび、目の前のことを続ける気力が失せていた。しかし今は、そんなことを考えている時間がない。「手っ取り早い方法」もあるのかもしれないが、自分が今知らない以上は、ないに等しい。有能な他人が身近にいたとしても、いつも助けてもらえるとは限らないし、逆にひ弱な自分が相手を助けなくてはならないこともある。とても強く、頼りにしていたカイドーが戦いの途中に倒れてしまったことは、僕にそれを痛感させた。結局、極限の状況はいつも自分一人にのしかかってくるのだ。

一日の予定をすべて終えたが、今日はまだ余力がある。僕は「事務室」の掲示板に目をやり、第六ティマグ数字のことを考え始めた。第六ティマグ数字は一見したところでは音声との対応が分かりにくいが、左端の一文字を隠すと、a からアルファベット順に並んでいる。

●○○○○● a　数としては「33」
●○○○●○ b　数としては「34」
○○○○●● c　数としては「3」
●○○●○○ d　数としては「36」
○○○●○● e　数としては「5」

↓（左端の文字を隠す）

○○○○● a　数としては「1」
○○○●○ b　数としては「2」
○○○●● c　数としては「3」
○○●○○ d　数としては「4」
○○●○● e　数としては「5」

この前はそれに気づいたおかげで、カイドーの行き先を知ることができた。しかし、僕にはまだ分からないことがある。左端の文字が○になるか●になるかが、どうやって決まっているのかということだ。

a から e のティマグ数字をじっと眺めると、仮説らしきものが見えてくる。それは、これらの数字を文字列として見たとき、どれにも必ず●が二つだけ入っていることだ。

（右側の五文字の中に含まれる●が二つのときは、左端の文字が○になり、一つのときは●になるのか？　つまり、六文字全体に含まれる●が必ず二つになるようになっているのだろうか？）

今、僕以外の三人の「行き先」は「ファカタ」（Fakata）になっている。最初の音である f を表す第六ティマグ数字は、以下のとおりだ。

○○○●●○　f

●が二つで、左端の文字は○。僕の予想は正しそうだ。しかし、すでに音声との対応が分かっている数字の中には、以下のようなものもある。

●○●○●● k
●○●●○● m
●○●●●○ n
○○●●●● o
●●○○●● s

これらの中には、●が四つ含まれている。このことを考慮すると、数字の中の●の数が偶数になるように、左端の文字が決まっていると考えるのがよさそうだ。つまり、右の五文字の中に●が奇数個含まれている場合は、左端の文字は●になり、一方偶数個の場合は、左端の文字が○になる。僕はこの仮説に従って、a から z までの 26 の音声と、第六ティマグ数字との対応を考えてみた。

●○○○○● a
●○○○●○ b
○○○○●● c
●○○●○○ d
○○○●○● e
○○○●●○ f
●○○●●● g
●○●○○○ h
○○●○○● i
○○●○●○ j
●○●○●● k
○○●●○○ l
●○●●○● m
●○●●●○ n
○○●●●● o
●●○○○○ p
○●○○○● q
○●○○●○ r
●●○○●● s
○●○●○○ t
●●○●○● u
●●○●●○ v
○●○●●● w
○●●○○○ x
●●●○○● y
●●●○●○ z

（もし、これが正しいとしたら）

僕はさらに疑問を感じた。第六ティマグ数字の中で、●が奇数個含まれているような数字——たとえば●○○●●○のような数字は、音声に対応していないのだろうか。確か、第六ティマグ数字は 0 から 63 までの、64 個の数を表せるはずだ。それに対し、僕らの言語の音声の数は 26 だ。明らかに「使われていない」数字が半分以上ある。なぜそのような無駄があるのだろう。

考え込んでいるところに物音がして、誰かが帰ってきた。エムだ。出迎えると、彼女は荷物を下ろしながら僕に尋ねた。
「体の具合はどう？」
「だいぶ治りました。エムさんは、ファカタから？　イシュラヌさんとは一緒じゃないんですか？」
「イシュラヌはたぶんまだファカタの大神殿だ。あたしは二日前に、ファカタの南のチェクシー村に派遣されて、そこから直接帰ってきた。ユート村の一件以来、たいへんなことになっててさ。くわしく話すから、ちょっと食堂で待ってて」
食堂で待っていると、エムはすぐにやってきた。彼女は水を一口飲むと、息をついた。
「何から話したらいいかな。とりあえず時間に沿って話そうか。イシュラヌが、ユート村からカイドーに付き添ってファカタの大神殿に行ったのは知ってるよね？」
「ええ」
「あたしもあんたをここに送ったあと、すぐに大神殿に行った。カイドーは大神殿の救護院に運ばれたんだけど、そこにはすでに、大勢の神官が収容されていた。そしてカイドーの後にも、倒れた神官たちがファカタ周辺の他の騎士団から、続々と運ばれてきたんだ。そのうちの半分ぐらいは、ひどい怪我をしていた。聞いたところによると、前日の夜に土人形の大群にやられたそうだ」
「土人形に？」
「そう。実はあの日、土人形が出たのはユート村だけじゃなかったんだ。そのうちにあちこちから知らせが入ってきて、国内の十カ所以上の村で、同じことが同日同時刻に起きていたことが分かった。しかも、ほとんどの場所で騎士団の出動が遅れて、神官にも村人にも多数の犠牲者が出たらしい。村人が全員無傷ですんだのは、結局ユート村だけだったそうだ。まあ、うちもあんたが『刻み呪文』の謎に気づかなければ、同じことになっていただろうけど。
その日からあたしを含め、無事だった神官たちが他の村の後始末にかり出されてる。たいていの場所では例の『勝手に増える土人形』がまだ残っててさ。夜になるとまた増え出すんで、ユート村の何十倍も苦労したよ。なんとか全部片づいたけど、今回のことでティマグ神殿全体が受けた損害は信じられないくらい大きい」
エムはそこまで話して、一息つく。
「……それから、カイドーだけど、いまだに目を覚まさない。実は、あの日ティマグ神殿の救護院に収容された神官たちの残り半分は、カイドーと同じく、土人形が出た夜に突然倒れた人たちだった。とくに外傷もなく、ただ意識を失っているんだ。しかも、別に土人形と戦っていたわけでもなく、いつもどおり過ごしていたのに急に倒れた人もいた」

「普通に過ごしていたのに？」

「うん。しかも、あの日以降、そういう『患者』の方が増えている。土人形と戦って怪我をした人たちは、怪我が治れば救護院を出て行くけど、それと入れ替わるように意識を失った人たちが次々に入ってくる。今では、救護院のほぼ全体がカイドーのような神官たちで埋まっている」

そう言って、エムは片手で額の辺りを押さえた。彼女の顔に翳りが見える。疲れているのだろうか。

「エムさん、大丈夫ですか？」

「ああ。カイドーが目を覚まさないことが、さすがに応えてね。全然似てないから信じられないと思うけど、カイドーはあたしの実の弟なんだ」

「そうだったんですか」

「うん。歳も一つしか違わないし、親が早くに死んで以来お互い助け合って生きてきたから、こっちが姉、あっちが弟っていう感じはしないけどね。それに、こういう仕事だから、肉親だからといってお互い特別扱いしないようにはしてるんだけど」

エムはため息をつく。

「でも、今回はあんたがいなかったら、カイドーは確実に死んでいただろう。あんたには感謝してる。お礼と言ってはなんだけど、第六ティマグ数字の呪文をあんたに教えるよ」

◇

呪文を教えてもらう前に、僕は第六ティマグ数字についての自分の仮説が正しいかどうかを尋ねた。エムによると、「正解」らしい。

「そうか。いくつかの手がかりから、全体を推測したんだね」

「ただ、分からないことがあるんです。第六ティマグ数字は 64 個の数字を含んでいますよね。これはつまり、全体で 64 個のものを表すことができるということだと思うんですが、音声に対応している数字は 26 個しかない。半分以上の数字が使われていませんけど、これはなぜなんでしょう」

「いいところに気がついたね。それは、第六ティマグ数字の呪文、『消音』の効果と関係がある」

「『消音』っていうと、音を消すっていうことですか？」

「そうだよ。あんた、何かしゃべってみて」

「え？　何を？」

「何でもいいから」

僕はそのように言われると、かえって何をすればいいのか分からなくなる質(たち)だ。

「ええと、そう言われると、こま……」

僕は、「困ってしまうんですけど」と言ったつもりだった。しかしすぐに、無意味に口をぱくぱくさせている自分に気がついた。なんと、声が出ていない！　思わず口を押さえた僕に、エムが言う。

「これが『消音』だ。相手が『口に出そうとしている音声』を消す。今、あんたが出そうとした声を『18 音』消したんだ。『第六ティマグ数字において、この者の声を 18 音消去せよ』という呪文でね。そしてこの効果が、さっきあんたが指摘した『使われていないティマグ数字』に関係している」

「どういうことですか？」

「つまりね、第六ティマグ数字のうち、●が奇数個含まれているような数字——音声に対応していない数字は、すべて『無音』に対応しているんだ。『消音』の呪文は、音声に対応している数字を、無音に対応している数字に変換することで、その音声を消す。この変換は、とても単純だ。第六ティマグ数字の一番左の文字を変えるだけだからね」

「一番左の文字を変える？」

「そう。たとえば『消音』によって a という音声が消されるとき、これに対応する●○○○○●の一番左の文字が、●から○に変わる。つまり○○○○○●という、無音を表す数字の一つに変換されるんだ。こういう変換を繰り返せば、連続した音声も消すことができる」

僕はその単純さに感心した。エムはさらに言う。

「あと、呪文とは関係ないけど、実用面でも第六ティマグ数字の『無駄』が便利だと思うことがあるよ。たとえばこの掲示板だけど、たまにカイドーの奴がティマグ数字を書き間違えるんだ。そういうとき、●が奇数個入っているようなティマグ数字があると、『ああ、間違えたんだな』って分かる。もし、64 個の数字のすべてが何らかの音声に対応していたら、間違いだということが分からないかもしれないよね。もちろん、あらゆる間違いをその方法で見つけられるわけではないけれど」

僕はなるほどと思った。

「それじゃ、『消音』の呪文の練習をしてみようか。この呪文を使うときは、相手が言うことを、言う直前にぴったり予想しないといけない。その上で、頭の中で第六ティマグ数字に変換するんだ」
「つまり、さっきエムさんが僕の声を消したとき、エムさんには僕が何を言うかが分かったわけですね」
「そう。そこは魔術でも何でもなく、ただの予想。当たれば呪文は効果を発揮するけど、当たらなければ何も起こらない。さて、とにかく練習してみよう。あたしがこれから『あ』と言うから、それに相当する第六ティマグ数字を思い浮かべて、『第六ティマグ数字において、この者の声を１音消去せよ』と唱えてみるんだ」
「わ、ちょっと待ってください」
　僕は「あ」という音を頭の中で第六ティマグ数字に変換した。エムはじっとして、僕が呪文を唱えるのを待っている。僕は唱えた。
「第六ティマグ数字において、この者の声を１音消去せよ」
　その直後、エムが言った。
「『あ』。あ、駄目だな。あたしの声、出てるじゃないか」
　僕はなんとなく、予想どおりの結果だと思った。しかしエムは怪訝な顔をする。何度かやってみたが、やはり駄目だ。
「なぜ効果が出ないんだろうな。あんた、『融合』とか、使えるんだよね？」
「ええ。でも実は僕、今までも、初めての呪文をすぐに使えたことがないんです」
「そうか。あまりそういう人は聞かないけれど、個人差があるのかもね。暇なときに練習したらいいよ。とにかく、音声からティマグ数字への変換は、素早くできるようにならないと駄目だ」
　そのとき、誰かが戸を叩く音がした。戸口に行って入り口を開けると、近くのケティオ村にある、神殿の連絡所の人が立っていた。手紙を届けに来たという。
「こんなに遅くに、手紙ですか？」
「ファカタの大神殿から緊急の通達です。では、急いでいますので」
　使いの人は手紙を僕に渡して、すぐに帰ってしまった。食堂に戻ってエムに手紙を渡すと、彼女は読むなり、眉間にしわを寄せた。見ると、その手紙にはこのように書いてある。

◇

ファカタの大神殿より
すべての神官への緊急の通達

- ザフィーダ大神官が体調を崩された。回復されるまで、モーディマー副大神官が神殿全体の指揮を執る。
- しばらくの間、あらゆる呪文の使用を禁止する。

以上

◇

エムと僕は顔を見合わせた。
「何なの、これ？」
「ザフィーダ師がご体調を？　どうなさったんでしょうね」
「くわしいことは何も書いてないね。それに、『あらゆる呪文の使用を禁止する』って。これ、さらっと書いてあるけど、とんでもない命令だよ。ティマグ神殿全体の活動が止まってしまうじゃないか。緊急なのは分かるけど、こんな重要なことを命じるのに理由も書かないなんて」
そのとき、また戸口に人の気配がした。行ってみたが誰もおらず、戸口の下から手紙が差し込まれていた。拾い上げて見ると、差出人はイシュラヌになっていた。僕はこれもエムに渡した。
「これが届いてました。誰が持ってきたのか分かりませんでしたけど」
「ああ、それはたぶんワッタヤーさんだよ。近所のご老人で、イシュラヌとカイドーとあたしの間で手紙をやりとりするとき、たまに『中継点』になってもらうんだ。極秘の任務のときとか、神殿の連絡所を通したくない場合もあるからね」
エムはそう言いながら、イシュラヌの手紙を開いた。彼女は僕に一緒に読むように言う。イシュラヌの手紙は二枚あり、神殿の通知と比べるとかなり長い。急いで書きなぐったような字でつづられている。

◇

エム、リナード

つい先ほど、ファカタの大神殿から全神官に向けて通知が出されることが決まった。この手紙が着く頃には、君たちもすでにその内容を知っていることだろう。それについて、急いで知らせておきたいことがある。

まず呪文の使用禁止についてだが、これは「偽呪文化」のせいだ。神殿でもまだほんの一握りしか知らないことだが、土人形の大量発生の日を境に、偽呪文が急激に増えたことが分かった。

カイドーが倒れた原因もこれだ。彼を始め、今回意識を失っている神官たちは、みな「偽呪文」の影響を受けていると考えられる。

◇

ここまでが一枚目だ。

「カイドーが、偽呪文のせいで？」

エムは僕に、カイドーが倒れたときのことをくわしく尋ねた。僕は、彼が土人形に向けて矢を放った直後に倒れたと話した。

「そのとき、呪文は唱えてた？」

「たぶん、唱えていたと思います。その前もずっと、カイドーさんは矢を放ちながら何か唱えていましたから」

「そうか……『反転』を唱えていたんだね」

「『反転』って、どんな呪文なんですか？」

「第八ティマグ数字を使った呪文の一つだ。比較的小さくて軽い物体——具体的には、普通の大人が持ったり投げたりできるぐらいのものに対して、その運動の水平方向を逆転させることができる」

説明を聞いて、僕は納得した。あのとき、カイドーは呪文を使って、矢の進む方向を変えていたのだ。こちらに向かってくる土人形の背に矢を当てるために、矢が途中で「引き返す」ように制御していた。あれが「反転」の効果なのだろう。でもあの直前まで、カイドーはその呪文を何度も平気で唱えていたのだ。それがあの瞬間に、急に「偽呪文化」してしまうということがあるのだろうか。

エムはイシュラヌの手紙の二枚目を読み始める。

◇

この数日で、神官たちが倒れたときの情報が集まってきた。その結果、ほぼ例外なく、彼らが何らかの呪文を唱えた直後に倒れたことが分かった。呪文の種類は多岐にわたり、ティマグ神に使用を許された全呪文のうち、少なくとも半分以上が偽呪文になったことが明らかになっている。そして残りの呪文についても、偽呪文化してしまった疑いがある。ただし、どれが安全で、どれが安全ではないのかを知るすべはない。これまでと同様、「実際に唱えてみる」以外に確かめようがないのだ。そしてもちろん、そんなことは危険すぎて、できるわけがない。

結局、モーディマー師が中心となり、しばらくすべての呪文の使用を禁止することを決定した。これは当然の判断だと思うので、二人とも従ってほしい。

ただ、モーディマー師の動きには不可解な面がある。ザフィーダ師のご病気のことについては、モーディマー師の口から簡単に発表されただけで、大神殿にいてもくわしいことはまったく分からない。いろいろな人に聞いて回ったが、一昨日あたりからザフィーダ師の姿を見た者はほとんどいない。

また、私は今朝モーディマー師に突然呼び出され、ユート村で見たことについて尋ねられた。リナードの素性を隠している都合上、ザフィーダ師に直接報告したかったのだが、面会は拒否された。結局、リナードのことを伏せたためにあまりくわしく話せなかったのだが、他に何か知っているのではないかとしつこく詰め寄られた。まるで尋問だ。さらにその場でモーディマー師から、「ファウマン卿の調査を取りやめるように」という指示を直々に受けた。理由を尋ねたが、納得のいく説明はなかった。だが、一応従うことにする。

よって、エムはしばらく近隣から入る仕事に専念してくれ。リナードは、私が指示するまではけっして動くな。私はモーディマー師からしばらく大神殿から出ないように言われているし、どうやら監視もつけられているようだ。この手紙も監視の目を避けながら書いている。よってしばらくは神殿の正規の連絡網以外で連絡する。以上

◇

手紙はここまでだった。

「ファウマン卿の調査って、何ですか？」

「少し前からイシュラヌとあたしで、ファウマン卿の身辺を調べていたんだ。ファウマン卿がホーンシュ国から禁書を持ち込んだかもしれないっていう情報があって、ザフィーダ師から第十一騎士団へ直々に調査の指示が下ったんだ。調査はようやくこれからっていうところだったんだけど、中止ならそれでいい。あちこちに潜入したりして、神経を使う仕事だったから」

ファウマン卿。世間知らずの僕でも、ファウマン家という家名とその紋章ぐらいは知っている。イシュラヌとエムは、そんな有名人の調査をしていたのか。エムはもう一度手紙に目を落とし、ぽつりと言った。

「それにしても、なんだか妙だ。なぜ、イシュラヌがモーディマー師にこんな扱いをされないといけないんだ？」

◇

その日の夜。僕は久しぶりに、「例の夢」らしきものを見た。

僕は、背の高い薔薇の花々に囲まれていた。あふれるような光の中で、咲き誇る赤と白の薔薇の生け垣が整然と並び、長い列をなして道を造っていた。両側は、薔薇の他には何も見えない。道を進むと、道は折れ曲がり、折れ曲がったかと思うとまっすぐになる。そして、分かれ道に当たり……要するに、迷路なのだ。

見たことのない場所だが、これも「あの世界」の一部なのだろうという確信があった。薔薇の香りをかすかに感じるが、なんとも心許ない香りだ。というのは、その香りが本当に「ある」のか、薔薇を見た僕が勝手に「香りがある」と感じているだけなのか、分からないからだ。初めて訪れたときから思っていたが、「ここ」には全体に、そのような「心許なさ」がある。

迷路を歩き回る僕に、何かが聞こえてきた。若い女性たちの笑い声だ。自然とそちらに足が向く。「迷路」の角を右に曲がったところで、僕は声の主たちを目にした。

女たちは六人いて、薔薇の前で輪になって踊っていた。みな、水の入った甕を手に持ち、薄い桃色の服を着ている。短い草の上で軽やかに動き回る彼女たちの白い足がまぶしい。踊りながら、薔薇の壁の一番近くにいる女が、目の前の薔薇に水をかける。彼女たちの輪はまるで車輪のように、薔薇の壁に沿ってゆっくり動く。そして、その隣の薔薇に、別の女が水をかける。そんなことを繰り返している。きらきらと水しぶきが上がり、薔薇の花びらを濡らすたびに、女たちは喜びの声を上げる。僕は彼女らに近づいてみた。

「あの、こんにちは」

話しかけても、返事は返ってこない。僕のことは、まったく目に入らないようだ。女たちはみな美しい。よく見ると、背の高い方から順に並んで輪になっているようだ。

僕は気づいてもらえないまま、しばらく彼女たちに付いて歩いた。彼女たちはいつまでも踊りをやめないし、薔薇に水をやるのもやめない。実に楽しそうだが、見ている者にとっては、単調な作業にすぎない。ただ、注意深く観察していると、一番背の高い女性が薔薇に水をやるときだけ、奇妙なことが起こる。彼女が水をかけると、薔薇の色が変わるのだ。白い花は赤くなり、赤い花は白くなる。そしてその変化は女性たちをとくに喜ばせるらしく、笑い声はひときわ大きくなる。

どれほどの間、彼女たちを見ていただろうか。僕はふと、あることを思い出した。薄い桃色の服。手に持った水甕。そのような格好をした女性を、僕はどこかで見たことがある。しかし、どこだったのか？　僕は立ち止まって頭を抱え、思い出そうとしたが、まったく思い出せない。だが、少なくとも、今のような明るい、楽しげな場所ではなかったことは確かだ。もっとおぞましい記憶だ。暗い場所——あれは夜で——。

「『神の山』だ」

僕はそう言う自分の声で目を覚ました。僕は何か、とんでもないことに思い当たったような気がして、朝日が射し込み始めた部屋を飛び出し、エムを探した。しかし、彼女は留守だった。すでに仕事に出かけたようだ。気づいたことを話す相手がいないと分かったときには、僕はもう自分が何に気づいたのかをすっかり忘れていた。

◇

そのまま二日ほど過ぎたが、ファカタの情報は入ってこなかった。エムはたびたび、近くの村に仕事に出かけた。僕も手伝いに行きたかったが、「イシュラヌの言いつけがあるから」と言って、連れて行ってもらえなかった。そして夜は決まって例の夢を見たが、「あの夢だった」という印象だけが残り、内容はまったく覚えていない。

その日の夜、エムは遅くに帰ってきた。彼女の顔には疲れが見える。僕が穀物と豆を入れた粥を用意すると、彼女は一気に食べて、深くため息をついた。

「疲れているんですね」

「うん。やっぱり、魔術をまったく使えないのは疲れるね。神殿騎士の多くは、中級以下の呪文をいくつか習得するだけで、実際の仕事でもそれほど魔術を使わない。むしろ、魔術以外の能力を使うことが多いんだけど、それでも全然使えないのは骨が折れる。それに、どこから広まったのか知らないけれど、田舎の人たちでさえも『魔術禁止』のことを知っててさ。なんとなく、やりにくいんだよね。これまでは神殿騎士だって名乗ったらすぐに信頼してもらえたのに、今は半信半疑で、『本当に解決できるなら協力しますけど』って感じで……あ、そういえば」

彼女は懐から一通の手紙を取り出す。

「またイシュラヌからだ。さっき、ワッタヤーさんにすぐそこで渡された」

彼女は、僕に先に読めと言う。僕は手紙を開いて読み始めた。

◇

エム、リナード

とくに変わったことはないだろうか。ファカタの大神殿は今、明らかに不穏な空気が流れ始めた。

まず、新しく分かったことから書く。土人形の件についてだが、あの日襲われた村々には例外なく、過去に奇跡が起こったとされる「神聖な山」があったことが分かった。そして、そこに円形に並べられた石と、積み上げられた薪の残骸があった——つまり、ユート村の「神の山」で行われたのと同じような「儀式」の形跡があった。土人形は、儀式の間、村の住人を寄せ付けないようにするために用いられたのだろう。

そのことが分かってから、その儀式が偽呪文化に関係している、あるいは儀式そのものが偽呪文化の原因ではないかという推測が、多くの神官たちから出されている。それは当然かと思う。

だが、ユート村の「神の山」で見つかったいくつかの死体は、あの後すぐにモーディマー師によってどこかへ隠された。彼らの背中に刻まれていた「文字」のことも公表されていない。儀式を執り行っていたサイロスという男の処遇もモーディマー師にゆだねられており、奴から何か情報を引き出せたかどうかも分かっていない。要するに、あの儀式の場に居合わせたリナードと私以外は、くわしいことを何も知らないと考えていい。

多くの神官たちは、魔術の禁止によって、ティマグ神殿の活動が麻痺していることに不安を感じている。すでに、神殿に対する人々の目はかなり厳しいものになっているし、このままでは、キィシュ王室から得ていた長年の信頼を失いかねない。それでも多くの者は、モーディマー師の判断に従っている。

モーディマー師のやり方にあからさまに不満を表明しているのは、メーガウ師とその一派だけだ。メーガウ師は昨日ファカタに到着し、神官たちの前で、いつもの調子でモーディマー師に詰め寄った。メーガウ師は、ザフィーダ師への面会を含め、さまざまな要求をしたが、モーディマー師は断固として拒否した。長年メーガウ師と波風立てずにやってきたモーディマー師とは思えない、強気な態度だった。二人の間の亀裂は決定的だ。下手をすると、ファカタの大神殿とキヴィウスの神殿が分裂しかねない。

私に対する監視も解かれないままだ。私は今後、少々危ない橋を渡ることになるかもしれない。私に何かあっても、二人は「知らない」で通してくれ。

◇

僕は内容をかいつまんでエムに話した後、尋ねた。
「イシュラヌさんが言っている『危ない橋』って、どういうことでしょう？」
「きっとイシュラヌのことだから、モーディマー師が握っている情報を探ろうとしているんだろう。儀式のこととか、ザフィーダ師のこととか」
もしその試みが失敗したらどうなるのだろうか。今の神殿の実質的な指導者は、モーディマー師だ。彼に逆らったら、どうなるのか？　エムが苦々しい顔をして言う。
「イシュラヌのことは心配だが、今は情報が少なすぎる。とにかく次の情報を待とう」

◇

その夜。僕はまた夢の中にいた。
自分のいる場所には見覚えがあった。僕の周囲で葡萄の木々が、強い風に煽られてざわざわと揺れている。そうだ、ここは二種類の葡萄を収穫して、斜面の上に新しく植えていく、あの作業をする場所だ。前回は夕方の光に照らされていたが、今日はどんよりと暗く、今にも雨が降ってきそうだ。
（もっと下へ降りて行けば、ラミルが現れるはずだ）
見覚えのある中年の男性が、延々と続く木々の中を登ってきて、僕の前を横切る。ラミルの言っていた「おじさん」だ。前に見たときと違って、彼の顔には激しい疲れが見えた。頬はこけて、目は落ちくぼんでいる。僕は彼について斜面を登ってみたが、辛そうな割に、いつまでも止まろうとしない。
（なぜ止まらないんだ？　ああ、もしかすると……）
前回の記憶では、「おじさん」は境界の上の畑の何も植えていない畝に、白い葡萄の木を植える役目をしていた。彼はきっと、そこへ向かって歩いているのだろう。しかし、今は、見えるかぎり葡萄の木が生い茂っていて、どこが端なのかがまったく分からない。
彼の後ろを、どれだけ歩いただろうか。歩きすぎて気が遠くなりかけたところに、ようやく葡萄の木々が途切れ、まだ木が植えられていない畝が見えた。風が土を巻き上げ、僕は思わず顔をおおった。「おじさん」はそこで止まり、葡萄の種を蒔く。新しい畝が木々でいっぱいになったところで、彼は引き返す様子を見せ、小さい女の子に代わる。
女の子も、この前見た子と同じだったが、妙に痩せこけていた。吹き付ける強風にふらつきながら、「おじさん」が来た道をひきかえしていく。すでに疲れ切っていた僕は少し遅れ気味で、彼女の後を歩いた。彼女は上の畑と下の畑との境界まで下りて行くはずだが、いつまでも、いつまでもその境界が見えてこない。ここは、そんなに広い畑だったのか？　そして僕はまた、別の奇妙なことにも気がついていた。

（なぜ、『白い葡萄の木』しか植えられてないんだ？）

こちらの畑は見渡すかぎり、白い実をつけた葡萄の木ばかりだ。この前は、もう一つの種類——赤い実をつける木も植えていたのに。

どれほど斜面を下っただろうか。やっと、畑の境界である小道に出た。その境界付近で、二畝分ほど赤い葡萄の木が植えられているのが見えたが、それでも白い葡萄の方が圧倒的に多いことには変わりがない。ラミルに理由を聞かなければ。

女の子が畑の境界を越えて姿を消し、少年のような人影が現れる。畑を歩くその後ろ姿に、僕は呼びかけた。

「ラミル！」

返事はない。彼は収穫の終わった畝を越えていく。僕は何度も彼の名前を呼びながら、やっと彼の肩に手を触れた。しかし、反応がない。僕は彼の前に回り込み、正面から顔を見た。

「君は……」

少年は、ラミルではなかった。背格好は似ているが、別人だ。ラミルはどこへ行ったのだろう。

「ねえ、君、ラミルはどこへ行ったの？」

聞いても、返事がない。いつものように、僕の存在自体が認識されていない様子だ。少年はまた一つ畝を越え、まっさらな土の上に出る。今気がついたが、こちら側の畑は、すでに収穫が終わった枯れ木ばかりになっている。少年は何もない土の上で方向転換をし、斜面を一歩登ろうとする。この前、ラミルとはこの段階で「別れ」をしたんだった。

（そして、ラミルの後には『ばあさん』が現れたんだった。ばあさんが、収穫の終わった木を焼いていくんだ）

しかし僕の予想に反して、現れたのは中年の男性——「おじさん」だった。彼は葡萄の木を焼くこともせず、ただ斜面の上を目指して歩いていく。さっきよりも一段と痩せこけた「おじさん」の姿が遠くなり、見えなくなると、僕は不安になった。おかしい。明らかに、間違っている。このままでは……。

（ラミルだ。ラミルを見つけて、ここに連れ戻さなければ）

僕は葡萄畑を離れ、ラミルを探して、あちこち走り回った。走りながら、僕はさまざまな異変に気づいていた。豊かに繁っていた木々は枯れ、緑の草原は荒れ地になっていた。どこからか、もうもうと黒い煙が上がり、空を覆っていく。そうだ、湖は……。

湖の方へ走り出したとき、僕はエムの声で目を覚ました。

「起きて！　たいへんだ。あんたは、すぐにここを出ないといけない」

第 11 章

記憶術

その夜、ファカタ上級学校の教員棟一階にあるユフィンの部屋で、ユフィンとヴィエンは頭を抱えていた。二人の前には、何通かの手紙と、あの「カノン酒のような色の目をした」謎の女から送られた設計図の数々が広げられている。

「困りましたねえ。どうします？」

「そうだねえ。でも、これ以上、どう言い訳しようか？」

彼らの目の前にある手紙は、一通を除いてすべて、ここしばらくの間にファウマン卿から彼らに送られたものだった。どの手紙も、例の仕事――ファウマン卿に教えられた文字を使って万能装置を設計する仕事の進捗を問うものだ。要するに、早く報告しに来いと催促されているのだ。

一通だけ、差出人の異なる手紙があった。それは、つい数日前にポマロ校長から届いたものだ。これは前に二人がファウマン卿について相談するために出した手紙の返事ではなく、それと入れ違いに送られたもののようだったが、偶然にもその内容はファウマン卿に関するものだった。しかし、誰に何を言うときにも言葉を惜しまないポマロ校長には珍しく、内容は「ファウマン卿にはできるだけ関わらないように」という注意だけで、理由は書かれていなかった。二人はその忠告を重く受け止め、ファウマン卿のたびたびの催促に対してはいろいろな理由をつけて断ってきた。しかしそろそろ、断る理由も尽きてきている。

「設計図を送ってくれた女の人も、ポマロ校長も、ファウマン卿に近づくなって忠告してくれるのはいいんだけど、理由を教えてくれないからねえ」

「そうですね。設計図を調べれば何か分かるかと思いましたけど、結局何も分かっていませんし」

ヤークフら四人の学者に割り当てられた設計図――つまりファウマン卿が彼らに「止まらなくする方法」を考えるよう依頼した装置が何をするものであるかは、すでに判明していた。

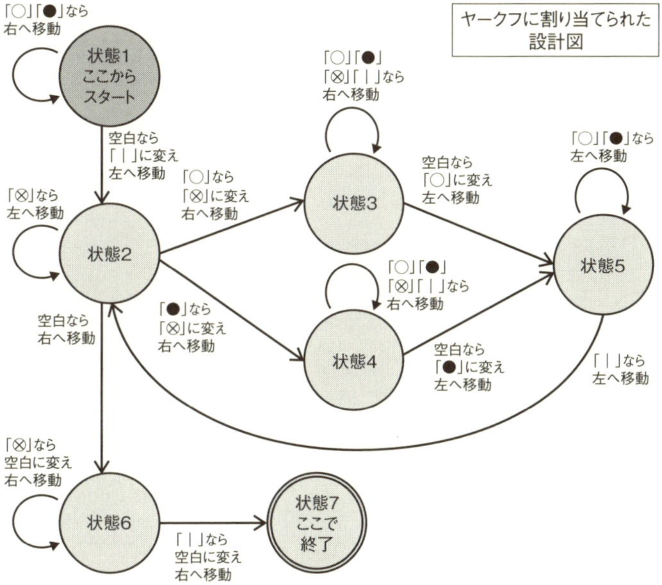

ヤークフに割り当てられた装置は、「○●●●」のような入力が与えられた場合、まず「○●●●｜」のように右端に区切り文字を追加する。そのあとの動きはケーランの設計図――文字列を複製する装置と似たところがあり、「｜」の右側に新しい文字列を書き込んでいく。ただし、新たに生成されるのは元の文字列とまったく同じものではなく、それを左右逆にしたものだ。そして最終的に、「｜」と、その左側にある元の文字列はすべて消される。結果として残るのは、元の文字列を反転させた「●●●○」のような文字列だ。

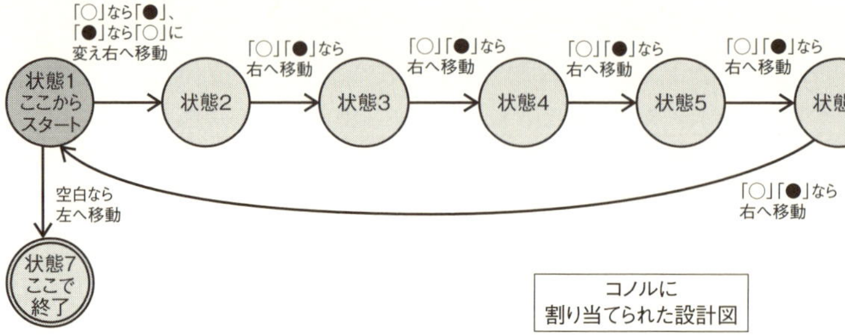

コノルの装置は、すでに分かっていたとおり、長さが6の倍数であるような文字列を認識し、6文字ごとに最初の1文字を変更する。「●●○○●●○○●○○●」のような文字列ならば、「○●○○●●●○●○○●」に変換される。この変換の意味は、相変わらず不明なままだ。

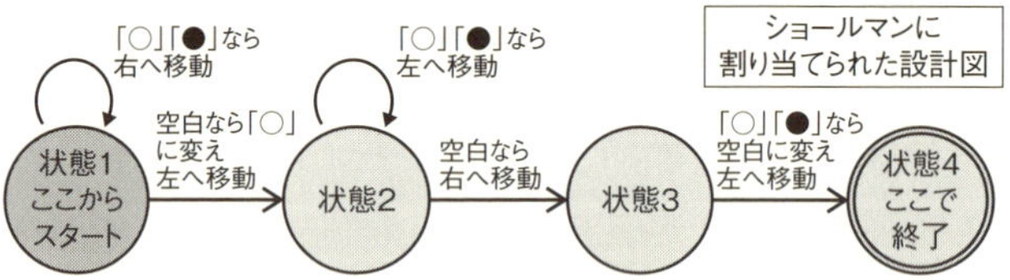

ショールマンの装置は、文字列の右端に○を追加し、かつ左端の文字を削除するという単純なものだ。つまり「○○●●○○●○●」のような文字列は、「○●●○○●○●○」に変わる。ある意味、文字列内の各文字を左に一つずらし、右端の空いた部分を○で埋めているようにも見える。ユフィンはこれを「数を倍にする装置なのではないか」と予想した。実際、○と●からなる文字列を数字と見なすと、この装置は入力の数をその二倍の数に変換していると見なすことができる。たとえばこの装置による「○○●●○○●○●」から「○●●○○●○●○」への変換は、ファウマン卿から教えられた数字で考えれば、「101」から「202」への変換と見なせる。この考え方は大変興味深いものだったが、二人はすぐに、この操作がつねに「数を倍にする」計算に対応するわけではないということに気がついた。たとえば、入力が「●●○○●○●○○」——「404」であった場合、この装置の操作で得られる「●○○●○●○○○」は「296」で、元の数の倍ではないからだ。

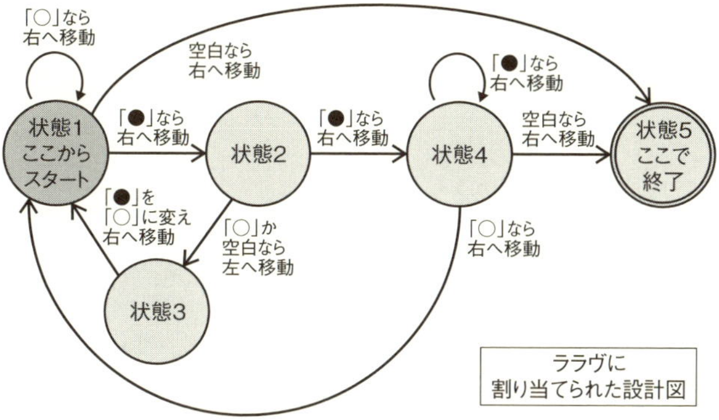

ララヴの設計図は、文字列内で、単独の●をすべて○に書き換える装置を表していた。たとえば「○●○○●●●○●○○●●○」のような文字列だと、「○○○○●●●○○○○●●○」のように、○と○に挟まれた単独の●が○に変えられ、●の連続だけが残る。二人はこれについても数字に換算して考えてみたりしたが、どのような計算かは分からなかった。そこでヴィエンは、これに対する入力文字列を数字として見るよりも、むしろ模様や絵のようなものとして見た方がよいのではないかと考えた。そのように見ると、この装置の操作は「○の区画」と「●の区画」をくっきり分けていると考えられなくもない。

二人の考察はここで止まっていた。これらの装置の動作が分かっても、それらがファウマン卿にとって何を意味するのかが分からない。何度議論しても、二人は結局「学術的な興味」という結論にしかたどり着けないが、腑に落ちないことは確かだ。しかもその結論は、彼らが次にとるべき行動を決めてくれるわけではない。ヴィエンはやや疲れを感じ、一息ついた後、話題を変えた。

「そういえば、ティマグ神殿のこと、聞きましたか？」

「ティマグ神殿のこと？　何かあったの？」

「街で噂になっていますよ。なんでも、全面的に呪文の使用が禁止になったそうです」

「え？　どういうこと？」

「くわしくは分からないんですが、ティマグ神殿に属する人たち全員に禁止令が出ているみたいです。街の人たちは『しばらく神殿には頼れない、どうしたらいいんだ』って不安がってますよ」

「それって、ザフィーダ師の命令？」

「いいえ、ザフィーダ師は少し前に体調を崩されたとかで、代理の人が決めたそうです」
「ティマグ神殿も災難続きだね。ついこの前も、あちこちで土の化け物が出たって言うじゃない。ガレット君も影響を受けているんじゃない？　どうしてるんだろうね」
二人がガレットに最後に会ってから、一年近く経つ。ガレットがソア山中での「問いかけ」の試練を終え、師のアルドゥインとともにファカタ郊外のティマグ大神殿に戻ってくるのを出迎えて以来だ。
「ガレット君もあれから、いろいろ忙しく勉強してるんだろうね。久しぶりに会いたいけど、無理かなあ。あれ？　ヴィエン？　どうかした？」
不意に、ヴィエンの顔に緊張の色が走った。
「どうしたの？」
「しっ。窓の外に誰かいます」
「えっ！」
「そっちを見ないで！　ユフィン、下を向いて、何か読んでいるふりでもしていてください」
ヴィエンは椅子から立ち上がり、さりげないそぶりで窓の外から見えない位置に動いた。そしてそのまま、壁づたいに窓まで近づく。深呼吸をして、三つ数えて窓を開けると同時に、夜の庭に飛び出す。そのとき、明らかに動く人影があった。ヴィエンは影に飛びかかり、袖を取ろうとするが、手が柔らかな布にかすかに触れただけで捕まえられない。
（誰だ、こいつ）
相手の気配を全身で感じ、再度動こうとしたところで、影が声を発した。
「気づかれましたか。さすが、ヴィエンさんだ」
「え？」
影が、窓の明かりの方へ歩み寄る。その顔には見覚えがあった。
「あんたは、イシュラヌさん！」
「すみません、こんな真似をして」
ユフィンが窓から顔を出す。
「え？　誰？」
「どうも、ユフィンさん。『利き酒大会』以来ですね」

◇

「窓から様子を探るようなことをして、申し訳ありません。事情がありまして、お二人と内密にお話したくて、機会をねらっていたのです」
　突然の来訪者に、ユフィンもヴィエンも困惑した。
「まずは、正式な自己紹介をさせてください。私は、ティマグ神殿の第十一騎士団の長を務めている、イシュラヌと申します」
「なんと、神殿騎士の方だったんですね。しかし、内密に来られたというのは？」
「実は、少し前からお二人のことを探っていました。正確には、あなた方が最初にファウマン卿に呼び出された日から、ですが」
「じゃあ、あの『利き酒大会』のときは？」
「偶然居合わせたのではなくて、あなた方を尾行した結果、あそこにいたのです。あのとき私たちはファウマン卿を調べていたものですから、お二人が彼とどういう関係なのかを知る必要があったのです。お二人と直接言葉を交わすようなことはするまいと思っていたのですが、成り行きであのようなことになって」
　イシュラヌはにこやかにそう話す。ヴィエンが尋ねる。
「なぜ、ファウマン卿を調べていたのですか？」
「ファウマン卿については、ホーンシュから帰国する際に不法な書物を持ち込んだという情報がありました。それで我々はザフィーダ師の直接のご命令で、彼の身辺を調べ始めたのです」
　イシュラヌによれば、ファウマン卿のジョイス通りの邸宅、セリブ村の別邸、王国学術院の院長室などを調べたが、証拠の品は見つからなかったという。ファウマン卿は、オーフィリー城――つまり王宮にも執務室を持っているが、まだ調査できていないらしい。話を聞きながら、ユフィンとヴィエンの二人は「謎の女」とポマロ校長の「ファウマン卿に関わるな」という忠告について考えていた。彼らの忠告と今のイシュラヌの話に関係があることは間違いない。イシュラヌは続ける。
「調査は行き詰まったのですが、我々は、彼の行動に不審なところがあることに気がつきました。とくに奇妙に感じられたのは、彼があなた方を呼び出し、装置の設計を依頼したことです。ご存じのとおりファウマン卿は、宮廷内での要職をいくつも兼任しています。そんな多忙な彼が、いくら知的な興味を持っているとはいえ、なぜわざわざそのようなことをするのか。しかも、彼にとっては学術院の院長の仕事など、本来は単なる名誉職にすぎないはず。それなのに、彼は強権を発動して、一度学術院を離れたあなた方を上級会員に抜擢している」

ヴィエンが言う。

「僕もユフィンも、ファウマン卿の行動には疑問を抱いています。でも、今のところ、学術的な興味以外に何か理由があるようにも思えないのですが」

イシュラヌはうなずく。

「設計図の件については、我々もそのような結論にたどり着きました。よって、お二人が独自にファウマン卿を調べようとしたとき、それをやめさせるために、我々が調査の過程で手に入れた情報をすべてあなた方に渡したのです。ファウマン卿は危険な人物かもしれませんから、あなた方に深入りしてほしくなかったのです」

「では、設計図を送ってくれたあの人は？」

「あの女性は、私の騎士団の一員です。ファウマン卿の部屋を探ろうとしたところをユフィンさんに見つかって、薬で眠らせてしまって申し訳なかったと言っていました」

ユフィンが言う。

「ああ、あれはもういいんだよ。あの後もらった薬草で頭痛も治ったし。それで、イシュラヌさんが今日ここに来られたのは、ファウマン卿のことで？」

「いいえ。ファウマン卿の調査は、ザフィーダ師の代理のモーディマー師によって打ち切られました。今日は別のお願いがあります。先ほど申し上げたとおり、私はお二人のことを調べさせていただきました。最初はお二人のことを、ファウマン卿の手下なのではないかと思っていましたが、その疑いは晴れました。それどころかお二人は、アルドゥインの後継者であるガレット・ロンヌイが『塔の守り手』になる際に協力されたそうですね。神殿にとっては、ある意味恩人です。神殿内で、そのことを知る者はほとんどいませんが」

「ああ、あれね。あれはガレット君が頑張ったのであって、僕らはちょっと手助けしただけだよ」

「その話を知って、私はお二人を信頼に足る人物だと確信したのです。私のお願いは、そのガレット・ロンヌイを、お二人の近くにしばらく匿(かくま)っていただきたいということです」

ユフィンもヴィエンも驚く。

「ガレット君を？　何かあったんですか？」

「くわしくは申し上げられませんが、彼はとある事情で少し前から身を隠しています。公には国外へ修行に出たことになっていますが、ここしばらくの間は『エーミアのリナード』という偽名を使い、私の騎士団に属していました。ティマグ神殿の内部の者も、ザフィーダ師、魔術師アルドゥイン、そして私以外はそのことを知りません」
「ティマグ神殿の内部にも秘密って、よっぽどのことですね」
「ええ。私も当初は少々やりすぎではないかと思っていたのですが、今になって思うとそれでよかったのです。というのは、つい一昨日、大神官代理のモーディマー師がガレットとアルドゥインを探すよう、通達を出したのです。それも、『土人形事件』の首謀者として」
「え！　土人形事件って、国中のあちこちで化け物が出たっていうあれですよね？　それの首謀者がガレット君とアルドゥイン様だって！？　馬鹿な！」
「もちろん、そんな馬鹿なことがあるはずがありません。どこでそのような誤解が生じたのか、私も理解できずにいます。しかし、今ティマグ神殿は混乱しています。神官の半数が倒れていまだに昏睡状態ですし、無事な者たちも魔術を禁止されている。そんな中で、モーディマー師は一部の有力な神官たちを抱き込み、徐々に支持を集めています。彼に従えば、秘密の魔術を使わせてもらえるという噂も流れています。そんな中で出された通達ですから、半信半疑の神官たちも、一応従う様子を見せています。実際、ガレットが旅立ったことになっているナフタニアへ向けて、昨日数名の神官が派遣されました」
「それで、イシュラヌさんの騎士団にガレット君を置いておくのが難しくなったんですか？」
「土人形の事件の日、やむを得ない事情があって、ガレットは事件現場の一つであるユート村に出向いていました。その際、神殿の関係者にガレットを見られた可能性がある。ティマグ神殿にはまだガレットを直接知る者は多くありませんが、このような状況ですから、疑われるのは時間の問題です。そこで、あなた方にお願いしたいのです」
「僕はぜひ、ガレット君の助けになりたいけど。どう思う、ヴィエン？」
　ユフィンの問いかけに、ヴィエンが答える。
「そうですね。この教員棟の二階は僕が一部屋使っているだけで、他の部屋は全部空いています。それに今は休暇中で一階の他の教員たちも二ヶ月ほど戻らないから、ガレット君が出入りしても問題ないと思いますよ。学生もほとんどが故郷に帰っているから、他の場所にいるよりも安全に過ごせると思います。ポマロ校長には許可を得ないといけないけど、絶対に断らないだろうし」
「そうだね。昼間は学生の格好をさせておけば、そのあたりをうろついても誰も疑わないね。というわけで、大丈夫ですよ、イシュラヌさん」
　イシュラヌは安堵したように言う。
「ありがとうございます。承諾していただけてよかった。実はガレットにはすでに、ここに来るよう指示を出しているのです。早ければ明日の夜にでも到着するはずです」
「そうだったんですか。僕らもガレット君に会いたいって話していたところだったんですよ。ええと、偽名は『リナード』でしたっけ。守衛に、彼に教員棟に入る許可を出すよう伝えておきましょう」
　ユフィンが興味津々といった様子でイシュラヌに尋ねる。
「ところでイシュラヌさん。ファウマン卿が持ち込んだ不法な書物って、どんなものなの？」
「私もくわしいことは分かりませんが、ホーンシュに流出した『マガセア文書』の一つで、過去にすべて焼き捨てられたはずの文書だということです。通称、『ハウェイの破壊の書』」
「『ハウェイの破壊の書』か。聞いたことないけど、マガセア文書ということは九百年以上前のものだね。ファウマン卿が持ち込んだのは、写本なんでしょう？　まさか、原本じゃないよね」
「それが、原本らしいのです。その本は、写本を作るのは不可能と言われていまして」
　ユフィンはかすかに眉を動かす。
「写本が作れないって？　もしかして、『書票呪』がかかっているの？」
　イシュラヌは「そのとおりです」と言ってうなずく。「書票呪」とは、本の裏表紙の折り返しに書かれた呪いのことだ。裏表紙の折り返しには、本の所有者を明記する紙を貼り付けるのが普通だが、その紙に「本を盗んだ者への呪い」が書かれていることがある。
「その本の折り返しには、こう書かれているそうです。『正当な所持者以外の者が、この本を手にして三分以内に手放さなければ、両手が火に包まれるであろう。また、この本を開いて二分以上見つめると、永遠に光を失うであろう』と」
　ユフィンが眉をひそめる。
「二つも呪いをかけているのか。手にとって三分で両手が燃えて、開いて二分で失明するということだね。『書票呪』としては『盗んだ者が死ぬ』というのがよくあるけど、二分以上中身を見られないという方が、秘密を守るには適しているかもね。つまり持ち主以外は絶対に読むことができない、と」
「ええ。ただ、その呪いがその本の『目印』にもなっているのです。その他の特徴は、『題名の書かれていない、手のひらほどの大きさの、茶色の表紙』という、ありふれたものですから」

「題名がなく、手のひらほどの大きさ、茶色の表紙……」

ユフィンはいきなりヴィエンに向き直る。

「手のひらぐらいの、茶色い本！　ねえヴィエン、ファウマン卿の部屋にあったよね？」

「は？」

「ファウマン卿の部屋の本棚にあったんだよ。最初に行ったときは上から三段目の左端に、二回目のときには下から二段目の左から四列目の棚に移動してた。そうだったよね！」

「そんなこと言われても、覚えてませんよ。確かに本棚は見ましたけど、僕はユフィンとは違いますから」

イシュラヌの怪訝な視線に気づいたヴィエンが説明する。

「あの、イシュラヌさん。このユフィンはやたら記憶力がよくてですね、ちょっと見たことでも鮮明に覚えているんです。文書館に行っても、どの棚のどこにどの本があったか、全部記憶してるんですよ。で、ユフィン。ファウマン卿の本棚も覚えているんだね？」

「もちろんだよ。僕らが最初行ったときと二回目に行ったときでは、本棚の他の本の位置はまったく変わっていなかったのに、その茶色い本だけが移動してたんだ。絶対怪しいと思うな、僕は」

イシュラヌが目を細める。

「なるほど。我々がファウマン卿の留守中に学術院の院長室を調べたとき、本棚にそのような本はありませんでした。しかし、ユフィンさんとヴィエンさんがファウマン卿と面会した際にはあった。おそらくファウマン卿は、自分の行くところにつねにその本を持っていっているのでしょう。よって、ファウマン卿があの部屋にいるときは、その本もある可能性がある。それにしても、さすがですね、ユフィンさん」

「え？　何が？」

「先ほど申し上げたとおり、私は少し前にお二人のことを調べさせていただきました。勝手ながら、お二人の生い立ちなども含めて、です」

「それじゃあつまり、その、僕の生まれた家のこととかも？」

イシュラヌがうなずくと、ユフィンはやや落ち着かない様子を見せる。ヴィエンはなんとなく、事情を察した。

「ユフィン。僕は席を外しましょうか？」

「え？」

「誰にでも、他人に知られたくないことはあるでしょう。いくら親友でもね。

僕は、出て行くのはかまいませんよ」
　ユフィンは黙り込んだ。そして、意を決したように口を開いた。
「いや、いいよ。いずれ、ヴィエンには言わなくちゃいけないと思っていたんだ。イシュラヌさん。あなたの知っていることは、こうですね。僕の本名が、ユフィノス・テンリウスだと」
「テンリウス？」
　ヴィエンが珍しく驚いて、細い目を見開く。
「テンリウスって、まさか、あの名家の？」
　イシュラヌが補足する。
「ええ。昔から、この国の要職を担う人材を多く出している、あの家です。現在のテンリウス卿は、まだ若いが驚くべき政治手腕を発揮して、ファウマン卿に並ぶ重要人物と評価されている」
「ええ、現テンリウス卿は——ヴィタールは、僕の兄です」
「そうだったんですか……」
　ではなぜ、ユフィンは実の名を名乗らず、「クースのユフィン」のように庶民と同じ名乗り方をしているのだろうか。ヴィエンの疑問を察して、ユフィンが言う。
「その、実質的に、僕はあの家から追い出されちゃったんだよね。正確には、兄に追い出されたんだけど。イシュラヌさんは、そのことも調査済み？」
「ええ。テンリウス卿とは、ずっと折り合いが悪かったようですね」
「折り合いが悪かったっていうのは正確じゃないかもね。僕は昔から、兄が好きだったよ。でも、兄の方はそうじゃなかった。そもそも、母や姉たちが末っ子の僕を猫みたいに甘やかすのが気に入らなかったみたいだし、僕がテンリウス家に生まれた男に似つかわしくなく、政治に興味を示さないことをいつも責めてた」
　イシュラヌが口を挟む。
「私が調べたところ、お兄様がユフィンさんのことを快く思っていなかった理由は、それだけではないようですよ」
「どういうことです？　僕が知らない理由が？」
「お兄様は、あなたにずっと嫉妬していたようです。テンリウス家の『お家芸』について、あなたがお兄様よりも才能を持っていたから」
「え……」
　ヴィエンには話が見えなくなってきた。テンリウス家の「お家芸」とは何だ？　ヴィエンの疑問に先に答えたのはイシュラヌだった。

「イデス・コン・エメモワーレ。テンリウス家に伝わる、一種の『記憶術』ですね」
「記憶術？」
　ヴィエンがユフィンを見ると、ユフィンは気まずそうな苦笑を返した。同時にヴィエンの脳裏には、ユフィンが驚異的な記憶力を見せた、数々の場面が蘇る。あれは、記憶術だったのか？　しかし……。
「記憶術って、本当にあるんですか？　昔からいろんな人が『自分は記憶術の大家だ』って宣伝しているけど、みんな嘘なんだと思っていましたよ」
　言葉に詰まるユフィンのかわりに、イシュラヌが答える。
「ヴィエンさんの言うとおり、記憶術を体得したと主張する人々の中に、本物はほとんどいません。しかし、記憶術が存在することは確かなんです。そしてその一つが、テンリウス家に伝わる秘密の技術です。そうですね、ユフィンさん」
　ユフィンはぎこちなく反応する。
「ええ……そうです。でも、イシュラヌさん。兄が記憶術のことで僕に嫉妬していたというのは、本当なの？」
「そのようですよ。ユフィンさんが記憶術を修行するまで、お兄様は『テンリウス家始まって以来、最高の天才』と言われていたそうです。つまり、テンリウス家の歴代の人間の中で、彼が一番記憶術に優れていたということですね。しかし、『最高の天才』の名は、すぐにユフィンさんにとって代わられた。お兄様にはそれが、耐えられなかったようです」
「そうだったのか。僕は、自分が兄よりも多くのことを覚えられるのは知ってた。でも、僕はそれを自慢にはしなかったし、それを理由に兄を蔑むこともなかった。兄はそれ以外のあらゆる面で僕よりはるかに優れていたし、僕と違って、テンリウス家の次期当主としての覚悟も責任感もあったからね。僕にとって兄は、絶対に手の届かない存在なんだ。それなのに、兄の方は、僕に対してそういう思いを持っていたんだね」
　しんみりとした空気の中、イシュラヌがぽつりと言う。
「私にも、ユフィンさんのような力があればよかったな。そうしたら、今回の調査も……」
「え？　何ですか？」
　イシュラヌはぱっと顔を上げて、早口で言う。
「いいえ、何でもありません。今言ったことは忘れてください」
　イシュラヌは立ち上がる。

「夜も更けてきましたし、私は失礼します。では、ガレットが来たら、よろしくお願いします」

そう言って、イシュラヌは出て行き、あっという間に姿を消した。ユフィンはイシュラヌを見送った後、黙って何やら考え込んでいる。

「ガレット君に会うの、楽しみですね。ねえ、ユフィン？」

ヴィエンがそう話しかけても、ユフィンは返事をしない。何を考えているのだろうか。ヴィエンがもう一度話しかけようとしたとき、ユフィンは唐突に口を開いた。

「ねえ、ヴィエン。ファウマン卿に頼まれた仕事、できてるんだよね？」

「何ですか、急に。『万能装置』のことなら、もちろんできてますけど、なぜ？」

「明日にでもファウマン卿の部屋へ行くんだ。そして、本棚に『例の本』があったら、その中身を探る」

「え！」

ヴィエンは困惑する。

「ちょっと待ってくださいよ。冗談でしょう？」

「とんでもない。僕は本気だよ。僕なら、一分、いや、三十秒もあれば中身をすべて記憶できる。本気を出したら、十秒もかからないかもしれない。それに、写本を作ることだってできる」

「いやいや、それはつまり、ファウマン卿の前で本に目を通すってことでしょ？　だめですよ！　そんなことを考えるなんて、ユフィンらしくない。無謀すぎます。そもそも、僕らがイシュラヌさんに協力しないといけない義理はないし、向こうだって素人が下手に手を出したら迷惑でしょう？」

「別に、イシュラヌさんのためじゃないよ」

「だったらなぜ？　今まで、ファウマン卿に極力関わらないように努力してきたっていうのに。あっ、まさか……君、その『禁書』を読んでみたいだけなんじゃないでしょうね？」

ユフィンは苦笑いする。どうやら図星のようだ。

「無謀なのは分かってるよ。でも、無理そうだったら中止すればいいだけの話だ」

「いやいやいや、どうやったって、無理ですよ。下手するとすべてを失います」

「すべてって何？　僕にとっては、知らない本の中身を知ることがすべてだ」

ユフィンの言葉に、ヴィエンもさすがに返す言葉を失った。

「とにかく、何かいい方法がないか考えてみようよ」

「うーん」

この前と、完全に立場が逆転している。結局、気の進まないヴィエンは、妙に張り切っているユフィンに付き合って作戦を考える羽目になった。

◇

ファウマン卿との面会の許可は翌日すぐに下りた。「万能装置の設計の進捗を報告したい」と言って申し込むと、ファウマン卿はすでに詰まっていた予定を無理に空けて、二人を部屋に呼んだ。彼はにこやかに二人を出迎えながらも、「やっと来てくれたね。ずっと待っていたのだよ。もう少し早く持ってきてくれれば、もっとありがたかったんだが」という言葉を口にした。二人はファウマン卿がなぜそのようなことを言うのか、理解しかねた。

ファウマン卿はいつものように、立派なテーブルの前のふかふかした長椅子に座るよう、二人に促した。二人は椅子の位置と、本棚との距離を確認する。いつもと同じく、一歩ぐらいしか離れていない。しかし、例の本が棚の上の方とか、右端とか左端とか、離れたところにあったら作戦は中止だ。ユフィンは気づかれぬように本棚全体を見渡す。

（あった）

例の本は、本棚の中央の列の、下から二番目にあった。長椅子の右端に座り、少し体を屈めて前方に手を伸ばせば、取れる距離だ。ユフィンは長椅子に腰掛け、ファウマン卿に見えないように、ヴィエンに向かって合図を送る。

（作戦開始？　ああ、なんてことだ……）

少し浮かれ気味のユフィンとは対照的に、ヴィエンは諦めとともに、半ば捨て鉢な覚悟を決める。作戦といっても、たいしたものではない。ユフィンは「八割以上成功する」と自信を持っているが、ヴィエンはせいぜい五割程度だと思っている。だがもう、ユフィンを止めることはできない。そして彼が失敗すれば、自分も道連れだ。ヴィエンは深めに息を吸い、声を発する。

「閣下。本日は石板を使ってご説明したいのですが、持ち込んでもかまいませんか？」

「石板を？　なぜかね？」

「今回は石板の方が、よりご説明がしやすいものですから」

「もちろん、かまわんよ」

ヴィエンはファウマン卿の許可を得て、一度廊下へ出る。やがて、使用人が石板を運んできた。あらかじめ学術院の倉庫から運んできて、使用人に預けておいたのだ。ヴィエンはそれを部屋に持ち込み、台に立てかけ、慎重に配置する。自分はこの横に立ち、必要なことを書きながら説明するのだ。ファウマン卿が石板を見るときに、ユフィンの姿が視界に入らないようにする必要がある。

「それにしても、これまではユフィン君が主に説明していたが、今回はヴィエン君が説明するのかな？」

「ええ。ユフィンは今日、やや体調がすぐれないものですから」

ユフィンはわざとらしく咳をしてみて、「失礼いたしました」と短く言った。

「そうか。ではヴィエン君、始めてくれたまえ」

ヴィエンはファウマン卿へ向かって姿勢を正した。そしておもむろに説明を始める。

「今日披露するのは、万能装置の設計図ではありません。設計図そのものはたいへん複雑ですので、現在はまだ作業中です。そのかわり、今日は万能装置がどのように動作するか、その概要をご説明します。まずはこれをご覧ください」

ヴィエンは石板を固定し、次のような設計図を描いた。

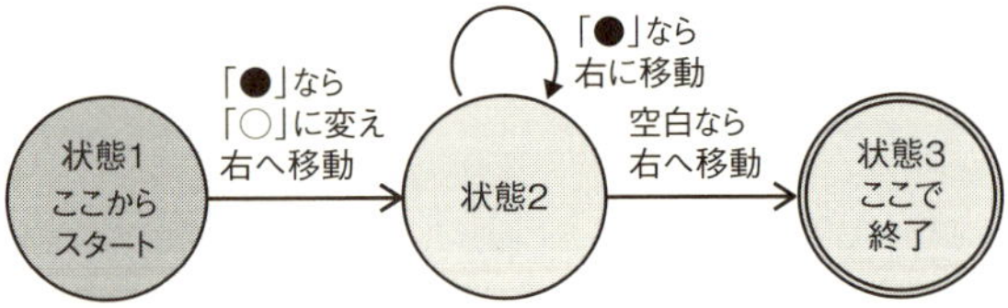

ファウマン卿は石板を凝視する。

「何だね、その設計図は？　見たところ、●からなる文字列のみを受け入れる装置のようだが」

「そのとおりです、閣下。ただ補足しますと、●のみからなる文字列を受け入れるだけでなく、一番左の文字を○に変えるという、『文字列の変換』も行います。仮にこの装置を、『装置 A』と呼ぶことにします。これからこの簡単な装置を、『万能装置の上で』、●●という文字列に対して動かす手順を披露しようと考えているのです。

閣下もご存じのとおり、我々は万能装置を、『装置の動作の記述＋その装置が受け入れる文字列』を受け入れるものとして位置づけています。つまり万能装置とは、そのような『言語』を認識する装置にすぎない、と。

よって、これから万能装置に、『装置 A の動作』と、A に対する『入力文字列』をつなげたものを入力します。まずは装置 A の方を、閣下からお教えいただいた『書き方』に直すと、次のようになります」

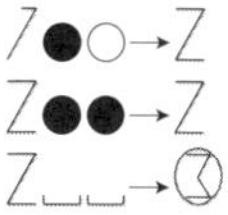

「これを万能装置に入力するには、一列につなげる必要があります。とはいえ、そのままつなげると見づらくなりますから、『|』という区切り文字を使って各部分をつなげましょう」

そう言いながら、次のような文字列を書く。

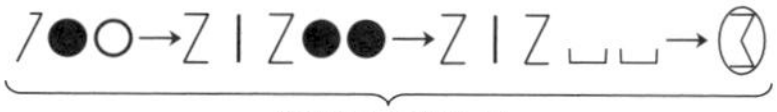

「そして、装置Aへの入力となる文字列●●は、この後に続けます。ただし、見づらくないように、『||』という区切り文字で間を区切ります。これが入力です」

ファウマン卿が口を挟む。

「なるほど、よく分かる。だが、ここまでは予想の範囲内だ。この先、どうするのかね？」

なぜだろう。今日のファウマン卿の口調には、普段よりも挑戦的な態度が現れている。

「これから、この入力に、ちょっとした『工夫』をします。これをしておきますと、万能装置は思いどおりに動いてくれるのです。それも、装置にできることがすでに分かっている、『文字列の複製』や『文字の置き換え』、『文字列の探索』を組み合わせた、単純な動作によって。

最初の工夫とは、こうです。まず、文字列の一番左に、『7○』という文字列を付け足し、さらに『装置Aの記述』と区別するために『┆』で区切ります。この『7○』の部分を仮に、『状態表示部』と呼びましょう」

操作1：文字列の一番左に、「7○」（状態表示部）と区切り文字「⁝」を付け足す。

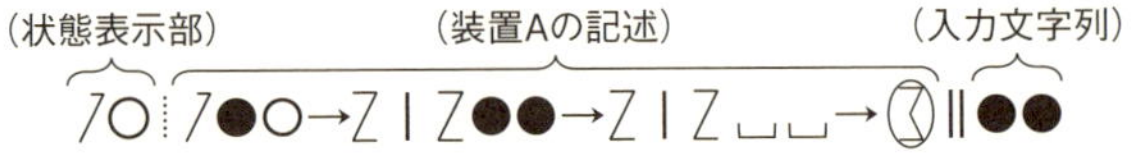

「それは、何のためかね？」

「この部分は、『装置 A の現在の状態』と、『装置 A が現在作用している文字』を記録するのに使うのです。装置の状態は、最初はつねに『7』から始まり、『作用する文字』も最初はつねに『○』にしておきます」

ファウマン卿は顎に手を当てて、石板の方に身を乗り出す。理解しようと、集中しているようだ。ヴィエンはユフィンの方をちらりと見て、続ける。

「さらにもう一つ、工夫をしておきます。『||』の後ろ、入力文字列の最初の文字を、下に『・』の付いた文字に置き換えるのです。『●』なら『●̣』、『○』なら『○̣』というふうに」

操作2：入力文字列の最初の文字を「・」の付いた文字に置き換える。

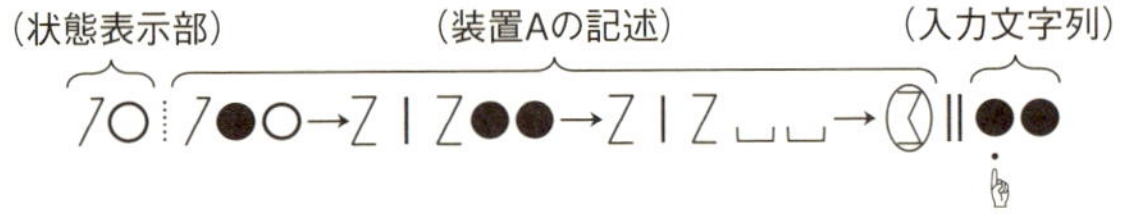

この印は、とヴィエンが説明しかけたところを、ファウマン卿はさえぎる。自分で考えたいようだ。そして口を開く。

「その印は、装置 A が現在作用している文字の位置を示すのかね？」

「そのとおりでございます、閣下。この印によって、『||』の後ろの『入力文字列』のどこが、今装置 A に『見られている』ことになっているかを示します。最初は、『入力文字列』の一番左の文字から見ます」

「ほう。それで？」

「ここから本格的な動作に入ります。まずは、『⁝』の左側、状態表示部の二文字目を、『||』の右側、入力文字列の中の『・』の付いた文字に置き換えます。今の場合、『⁝』の左の○を、『||』の右の●に置き換えます」

操作 3：状態表示部の二文字目を、「・」の付いた文字で上書きする。

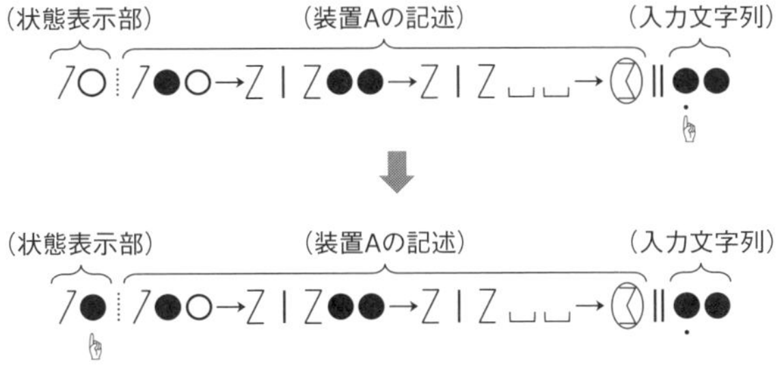

「次に、『状態表示部』の二文字と同じ文字列を、『装置 A の記述』の中から探します。すると、『⁝』のすぐ右に見つかります」

操作 4：状態表示部と同じ文字列を「装置 A の記述」の中から探す。

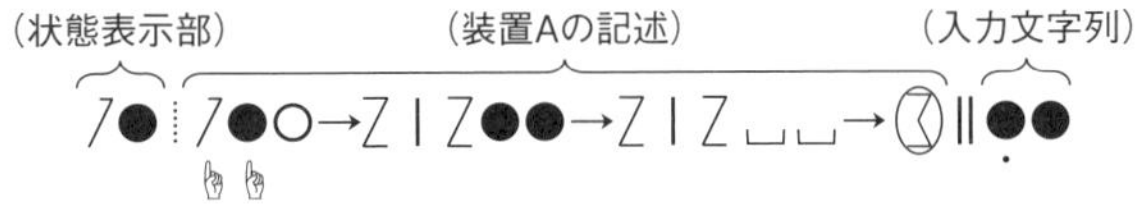

「次は、見つかった部分の一つ右へ移動し、そこの文字を記憶します。今の例の場合は、『○』です。そして『‖』の右側へ移動し、『・』の付いた文字を見つけ、それを記憶した文字に置き換えるのです。今の例では、この操作の結果、『‖』のすぐ右の『●』が『○』に変わります」

操作 5：見つかった部分の一つ右の文字を記憶し、入力文字列の「・」が付いた文字に上書きする。

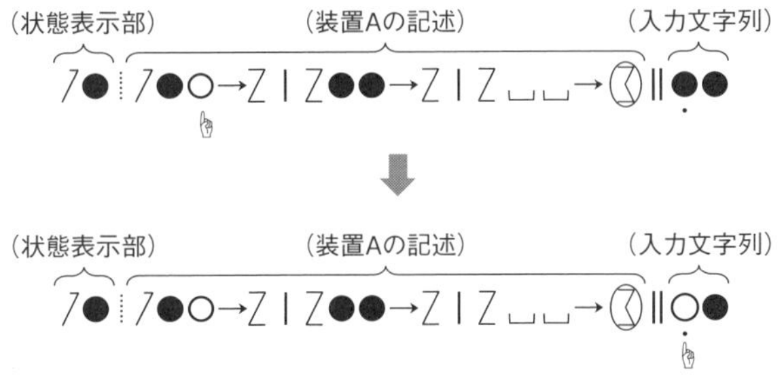

ファウマン卿は、考えるのに夢中になっている。ヴィエンは目の端でユフィ

ンの様子をうかがう。ユフィンはわざとらしく咳をするが、ファウマン卿は気にならないようだ。咳こむユフィンの膝から、持参した大判の冊子や資料の束がすべり落ち、テーブルの下の床に音を立てて落ちる。その音には、さすがにファウマン卿も一瞬ユフィンの方を向くが、ユフィンは「資料を落としました。失礼」と言い、体を屈める。ヴィエンはすぐに、「閣下、こちらを」と言って、ファウマン卿の注意を石板に向ける。ここからが肝心だ。ファウマン卿をもっとこちらの説明の方に引き込まなければ。

「そして次の操作で、万能装置は『装置 A の記述』でさっきまで見ていた文字の、一つ右隣の矢印を見ます。そしてその方向に、『入力文字列』の『・』印を動かします。この場合、矢印は『→』なので、『・』を一つ右に動かします」

操作 6：「装置 A の記述」で、先ほど記憶した文字の隣にある矢印を見る。そしてその矢印の示す方向に、入力文字列の「・」印を動かす。

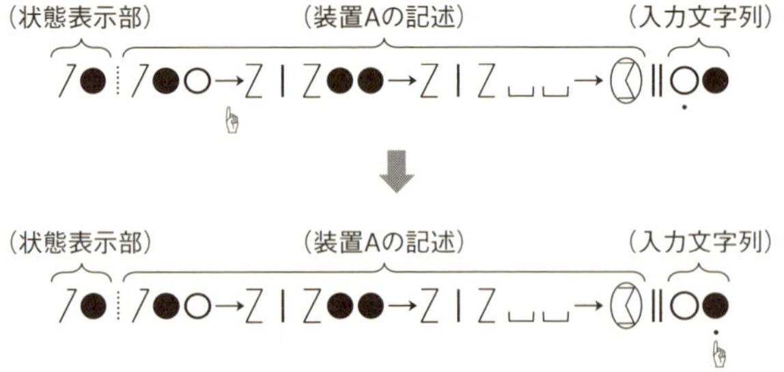

ユフィンはテーブルの下に潜り込み、床に落ちた資料を拾い集める。そしてテーブルの影から本棚に手を伸ばした。ヴィエンは説明を続けようとする。

「次の操作ですが……」

「待ってくれヴィエン君。私に予測させてほしい」

ファウマン卿が考えている間、ヴィエンは視界の隅の方で、テーブルの下から延びたユフィンの手が本棚から「例の本」をつかみ取るのを見た。ユフィンの手はすばやくテーブルの下へ戻る。後は、本に目を通して戻すだけだ。そのときだった。ファウマン卿が急に立ち上がったのだ。

「すばらしい！」

「え？」

ファウマン卿は興奮気味で石板に歩み寄り、その横に立つ。ヴィエンの背筋が凍る。ユフィンの姿が、ファウマン卿の視界に入ってしまう。

「これは実にすばらしい。……おや、ユフィン君、まだ落としものを拾っているのか？　大丈夫かね？」
「え、ええ、大丈夫です」
ややせき込みながら、ユフィンが資料の束とともにテーブルの下から姿を現した。
（まずいな。ユフィンが本を手に取ってから、十分な間がなかった。まだ本を開いてもいないはずだ）
ユフィンは再び長椅子に腰を下ろした。ヴィエンはユフィンの手元を素早く確認する。ぱっと見たところでは分からないが、ここに持ち込んだ四冊ほどの資料の束の間に、例の本が挟まっているのだろう。
（このままファウマン卿がここに立って、ずっとユフィンを視界に入れているとなると……『第二案』を実行するしかないな）
ヴィエンはユフィンと目で合図をし合う。ファウマン卿はそれに気づく様子もなく、上機嫌で話す。
「私の予想したところを話そう。次の手順はこうではないかね？　『装置 A の記述』の、矢印の次の文字――つまり、次の状態を表す文字を、『状態表示部』の一文字目に持ってくる。そうだろう？」
「そのとおりでございます。この例では、その操作の結果、状態表示部の一文字目が7からZに変わります」

操作 7：「装置 A の記述」で、先ほど見た矢印の右隣の文字を、「状態表示部」の一文字目に上書きする。

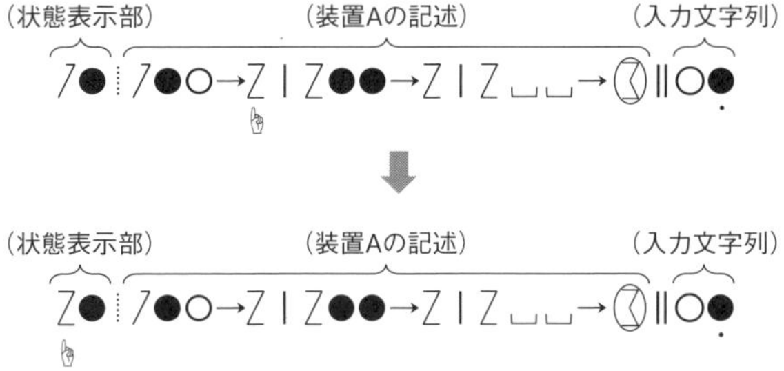

ヴィエンの焦りをよそに、ファウマン卿はさらに続ける。
「そしてその後は、こうではないかね？　きっと『操作 3』に戻るのだ。つまり、状態表示部の二文字目を、『・』の付いた文字で上書きする。もっともこ

の場合、『・』の付いた文字も、状態表示部の二文字目も●だから、上書きしても変化はないが」

操作3：状態表示部の二文字目を、「・」の付いた文字で上書きする。

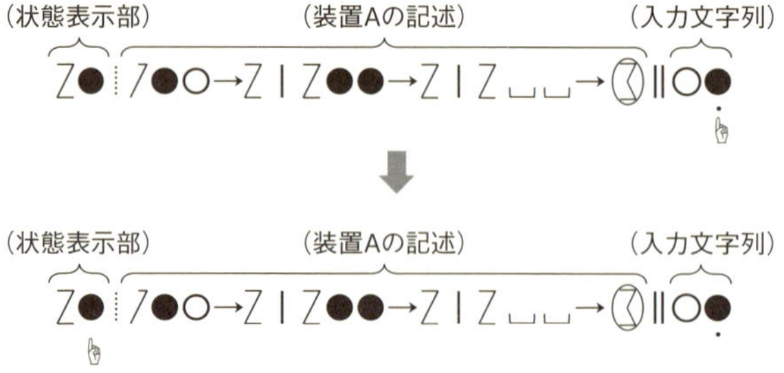

「そして、操作4から7を繰り返し、また操作3に戻る。そうだろう？」

操作4：状態表示部と同じ文字列を「装置Aの記述」の中から探す。

操作5：見つかった部分の一つ右の文字を記憶し、入力文字列の「・」が付いた文字に上書きする

操作6：「装置Aの記述」で、先ほど記憶した文字の隣にある矢印を見る。そしてその矢印の示す方向に、入力文字列の「・」印を動かす。

操作 7：「装置 A の記述」で、先ほど見た矢印の右隣の文字を、「状態表示部」の一文字目に上書きする。

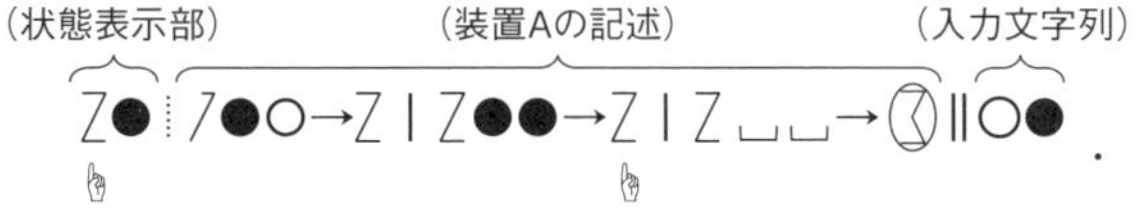

操作 3：状態表示部の二文字目を、「・」の付いた文字で上書きする。(この場合、空白は状態表示部で「␣」と表示される)

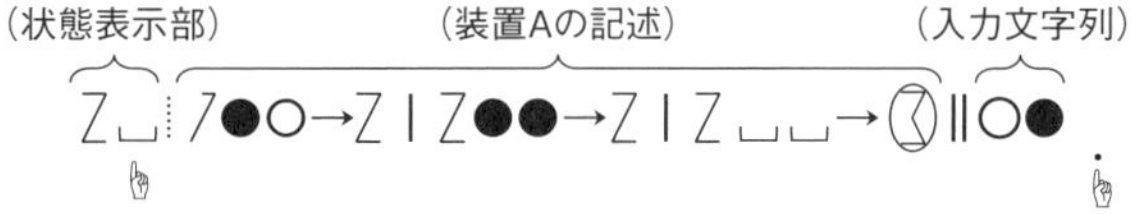

「ええ、そのとおりでございます」

ファウマン卿の話が途切れるのを待っていたことを悟られないよう、ヴィエンは感銘を受けたそぶりで答えた。ユフィンが本を手にとって、すでに一分半は過ぎている。「書票呪」によってユフィンの手が燃え始めるまで、残り約一分半。

ファウマン卿がヴィエンに尋ねる。

「それで、この万能装置はどのようにして止まるのかね？」

ヴィエンはこの質問を利用することにした。

「終了の条件についてですが……ええと、どうするんでしたっけ。ユフィン？」

ヴィエンの問いかけは少々不自然だったが、ファウマン卿は興奮していて気に留めていない。ユフィンは少々せき込みながら、慌てた様子で膝の上の資料をめくり始める。

「ちょっと待っていただけますか。……あれはどこに書いたのかな？　熱で頭がぼんやりしていて……すみません、すぐに見つけます」

ヴィエンとファウマン卿に見つめられながら、ユフィンは手早くぱらぱらと資料のページをめくる。その中にはもちろん、資料の中に隠れて、例の本も紛れている。やがてユフィンは動きを止め、ヴィエンに言う。

「そうだ、ヴィエン。これだよ」

そう言って、ユフィンは資料の一冊を開いてヴィエンに見せる。ヴィエンはそれを見ながら、やっと思い出したような顔をして、説明をする。

「閣下。この装置が止まるのは、操作 3 から 7 を繰り返した結果、『状態表示部』の一文字目が『終了状態』を示す文字になったときです。現在の例でいうと、先ほどの続きの操作が次のように行われ、状態表示部が『◯␣』となったときに、装置は正しく終了します」

操作 4

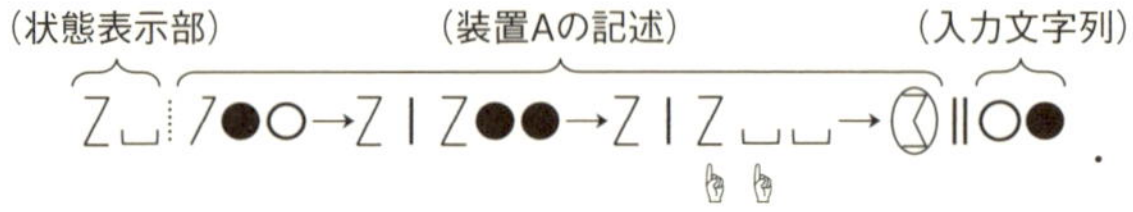

操作 5

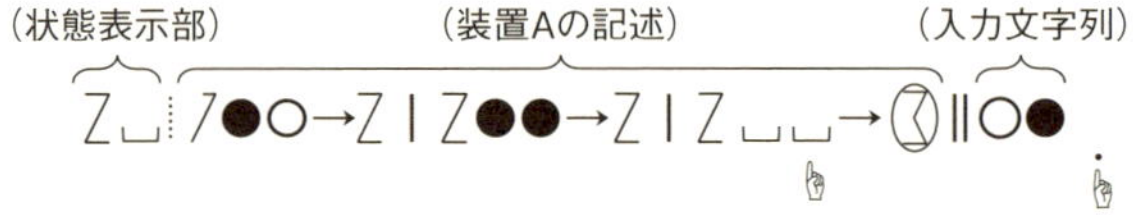

操作 6

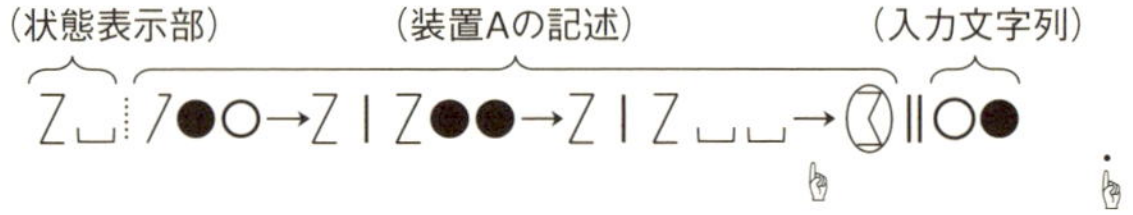

操作 7

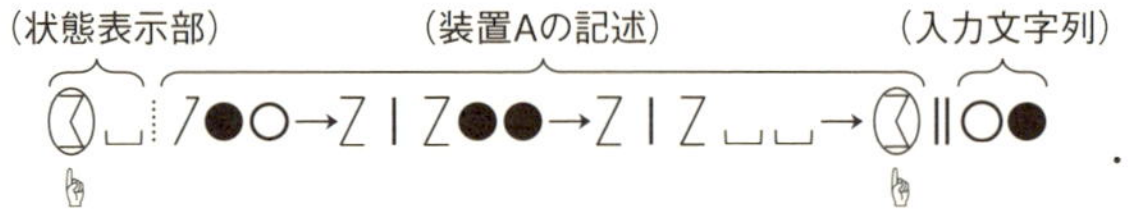

「やはり、私の予想どおりだ」

ヴィエンは説明しながら、残り時間を予想していた。ユフィンは本を元の位置に戻せるだろうか？

ユフィンは焦っていた。本の中身に目を通すことはできたが、戻すのに十分な時間がない。ファウマン卿は石板に意識を向けているが、もし今本を戻すような動きをしたら、当然気づかれるだろう。しかし、もう時間切れだ。ユフィンは仕方なく、体を極力動かさないようにして、例の本を長椅子の脇から床にそっと置く。手を離す瞬間、右手の人差し指に刺すような痛みを感じた。見ると、指先の一部が黒く変色している。

（少し焦げてしまったか。危ないところだった。しかし、このままではまず

いな）

ユフィンはもはや、この本に触れることはできない。ヴィエンに戻してもらうしかないが、それはあまりにも不自然だ。ヴィエンの説明はほぼ終わっている。終われば、すぐに退出しなければならない。長椅子の脇にこの本が一冊だけ置いてある状況を見れば、頭の回転の速いファウマン卿のことだ。たちまち、すべてを悟るだろう。

ヴィエンはユフィンの顔を見た。顔色は真っ青で、本当に体調が悪そうに見える。

（時間切れで、本を戻せなかったのだな。床に置いたのか？）

しかし、これ以上説明を引き延ばすことはできない。ファウマン卿は実に満足した様子で、「いやあ、君たち、今回は、いや今回も、実によい仕事をしてくれたね。礼を言うよ」などと言っている。まもなく、挨拶をして部屋を出る頃合いだ。自分が本を本棚に戻す機会はあるか？　いや、ない。だったら、どうすれば……。もう、ここまでか？　何も知らないファウマン卿は、ヴィエンに尋ねる。

「ところでヴィエン君。この万能装置の設計図だが、いつ完成するかね？　できればすぐにでも欲しいのだが……」

ある案がひらめく。ヴィエンはファウマン卿を見据えて、口を開いた。

「完成には時間がかかると思います。ただ、閣下。設計図をお渡しする約束をする前に、一つ、お伺いしたいことが」

「何だね？」

次にヴィエンが口にしたことは、ファウマン卿だけではなく、ユフィンをも驚かせた。

「閣下はなぜ、出世を餌にして学者たちに設計図を作らせているのですか？」

ヴィエンは何を言っているのだ。ユフィンは思わず椅子を立った。ファウマン卿の表情が凍りつく。ヴィエンはふてぶてしい態度で続ける。

「しかも閣下は、我々の設計図を、勝手に他の学者に渡したりもされている。これはいったい、どういうことですか？　この場ではっきりと、ご説明いただきたく」

「ちょっと、ヴィエン！」

動揺するユフィンの方を、ヴィエンが横目で見る。その目を見て、ユフィンは気がついた。これは、作戦の一部なのだ。しかし、どういう作戦なのだ？ヴィエンは何を起こそうとしている？　無言のファウマン卿に、ヴィエンは追い打ちをかける。

「私どもは閣下から、『研究会を立ち上げるため』と伺っていましたが、それは嘘だったのですか？」
「ヴィエン、お願いだからやめてくれ！」
「ユフィン。君だって、疑問に思っていたじゃないか！　僕は、こういうことははっきりさせないと気がすまないんだ。そうしなけりゃ、僕らの研究が、今後どんな扱いをされるか分かったもんじゃない。そうだろう！？」
ヴィエンは興奮して冷静さを欠いているようなそぶりを装っているが、ユフィンには演技だと分かる。しかしなぜ、この親友はわざわざ自分を動揺させるようなことを言うのか？　そうか。動揺してみせることが、自分の「役回り」なのだ。ヴィエンはさらに、ファウマン卿に詰め寄る。
「閣下。お答えいただけますか？」
ファウマン卿は黙ったままだ。ユフィンは考える。体調の悪い自分は、親友の失礼きわまりない言動に、気が動転する。そして、こう反応するのだ。
「ヴィエン、いい加減にしろ！　失礼がすぎるぞ！　閣下、どうか、どうかお許しを……ううっ、げほ、げほっ！」
ユフィンは本棚の方を向いて激しくせき込み、ふらついて本棚にぶつかる。何冊かの本が、その衝撃でばらばらと床に落ちる。さらにユフィンは体勢を崩しながら……中央の棚、下から二番目の段に手をつこうとして……そこに置かれた本を床にぶちまける。
ファウマン卿が叫ぶ。
「本が！」
ヴィエンは驚いたふりをして、ユフィンに駆け寄る。ユフィンは散らばった本の上に、うつぶせに倒れていた。
「ユフィン。ユフィン！」
「ヴィエン君！　すぐにユフィン君を本の上からどかしたまえ！」
ヴィエンは言われたとおりにユフィンの体を移動させた。ユフィンはヴィエンに助けられて上体を起こしながら、ファウマン卿にしきりに赦しを請う。
「閣下、申し訳ございません。貴重なご本を……」
ファウマン卿は返事をせず、必死で散らばった本をかき集める。ユフィンはヴィエンに介抱されながら言う。
「ヴィエン、君のせいだ。僕のことはいいから、早く、閣下のお手伝いを」
本に手を伸ばそうとするヴィエンを、ファウマン卿は恐ろしい剣幕で怒鳴りつけた。
「触るな！」

　これが、さっきまで知的な感動に打たれていたファウマン卿と同じ人物だろうか。あまりの変貌ぶりに、ユフィンもヴィエンも驚きを隠せなかった。しかしファウマン卿も、さすがに取り乱しすぎたと思ったのだろう。すぐに抑えた口調で言う。
「その、手伝いは要らないから、君たちはもう出て行ってくれたまえ。ヴィエン君の疑問に関しては、やや認識の不一致があるようだ。いずれ説明の機会を持とう」
「閣下、本当に申し訳ございません」
　ヴィエンは気まずそうに立ち上がり、ユフィンを支えながら立ち上がらせた。彼らは口々にお詫びの言葉を述べ、本を片づけるファウマン卿を残して、部屋を去った。
　王国学術院の敷地を出た後も、ヴィエンはユフィンを介抱しながら歩き続けた。これは演技ではなく、実際ユフィンは、さっき倒れたときに左足首を痛めてしまったのだった。しかしヴィエンは元から、上級学校の自分たちの部屋に入るまでは「演技」を続けるつもりだったので、何の問題もなかった。ヴィエンに支えられながら歩くユフィンが、そっとヴィエンに言う。
「ヴィエン、ごめんね。八割以上うまくいくって言ってたのに、危ない橋を渡らせて」
　ヴィエンは前を向いたまま答える。
「いいんですよ。実は、途中から楽しく思えてきたんです。してはならないことをしていると思うと、とくにね」
「君は本当に肝が据わってるねえ。最後の機転もすごかった」
「あのときはもう駄目かと思ったんですが、なぜか急に冷静になれたんです。君に僕の意図が必ず伝わる自信もありましたし。今考えるとなぜそこまで自信があったのか、不思議ですけど」
「君はすごいよ。前からよく思ってたんだ。ヴィエンっていったい、何者なんだろうって」
「ユフィンには、いつか話そうと思っていたんですが」
「何？」
「僕の先祖は、盗掘屋だったんですよ」

◇

　夜、ユフィンは自室の奥の部屋にこもって、写本づくりの作業を始めた。集中したいらしく、一人孤独な作業を続けている。ヴィエンは降り出した雨の音を聞きながら、ユフィンの部屋の「応接間」にぽつんと座って、静かに酒を飲んでいた。彼がユフィンの部屋にいるのは、来客を待つためだ。

客はなかなか現れない。やがてユフィンが疲れた様子で奥の部屋から出てきた。ユフィンに酒を勧めながら、ヴィエンが尋ねる。

「できたんですか？」

「いや、まだまだ。数日はかかるね」

「本当に、全部再現できるんですか？　僕が見た感じ、君は数秒ぐらいしか本を見なかったようでしたが」

「大丈夫。完全に記憶しているよ」

そう言って、ユフィンは酒を一口飲む。この友人の頭の中はどうなっているのだろう、とヴィエンは思う。

「記憶術って、すごいんですね。そういえば昨晩、お兄さんよりユフィンの方が記憶力がいいっていう話が出てましたけど、それってどういうことなんですか？　記憶力について、何か明確な基準でもあるんですか？」

「ああ、それはね……」

ユフィンは答えかけて、一瞬ためらった。そしてまた口を開く。

「それに答えるのは、僕らの術の秘密を、ほんの少し明かすことになる。僕がこれから言うことを、絶対に口外しないと約束してくれるかい？」

ヴィエンはうなずいた。ユフィンは語り始める。

「記憶術の多くは、『場所記憶』の技を磨くものだ。僕が修得した記憶術も例外ではない。場所記憶というのは、記憶したいことを入れる『場所』をあらかじめ頭の中に準備しておいて、その中に記憶を入れていくという技術だ。つまり、ものを保管するのに、『置き場所』がたくさんあるような倉庫を建てるのと同じだね。昔から記憶術の探求者たちは、部屋がたくさんある屋敷や、建物がたくさんある街なんかを頭の中に『作っておいて』、それを記憶の『容れ物』にした」

「ええっと、あまりうまく想像できないんですけど、覚えたいことを想像上の場所に入れていくんですね？　この記憶はこの家の居間に置いて、別の記憶はこの家の寝室に置く、とか？」

「そう。そうやって場所と記憶を結びつけておいて、思い出すときにも、まず場所を思い出して、その中から記憶を『取り出す』んだ」

ヴィエンには、それが本当に記憶の助けになるのか、想像がつかない。むしろ、記憶したいことに加えて「場所」まで覚えておかないといけないぶん、頭への負担が大きくなるような気がする。

「それで、どれほど多くのことを覚えられるかということは、記憶を入れる場所の広さによって決まるんですか？　広い『場所』を頭の中に用意できれば、それだけたくさん覚えられる、ということ？」
「正解に近いけど、厳密には違う。『広さ』ではなくて、いくつの場所を区別できるか。それが重要なんだ」
「区別？」
「そう。いくら広い場所を用意して、いくらたくさんの『記憶の置き場』をそこに置いたとしても、それぞれの『置き場』を他から区別できなければ、まったく意味がない。世間にある多くの『記憶術』は、そこに苦労している。あるものは、家の屋根の色や壁の色を何種類も用意するとか、扉や窓の形を何種類も想定するとか、そういう工夫をして個々の『置き場』を区別しようとする。それももちろん、一つのやり方だ。でも、僕の家系に伝わるものは少し違う方法で、記憶を置く場所を識別する」
「どうするんです？」
「『番地』を使うんだ」
「番地というと、場所に付けられる番号ですか？　この辺で使われているような？」
ファカタのような大都市の一部では、少し前から、土地の区画に番号を付けるようになった。人口が増え、建物が密集したため、場所の特定のために「数字」を使う必要が出てきたのだ。村や集落のように、「領主の牧草地の南にある、赤い扉の家」とか、「水車小屋から川下を眺めたときに左手に見える一番近い建物」のような表現は、もはや大都市では通用しない。たとえば二人がよく行く酒場の「運河亭」の場所は、「カナース通りの 125 番」という番地で示され、建物の外壁にも素焼きのタイルでその番号が記されている。
「つまり、『何とか通りの何番』みたいな番地と、記憶を結びつけるんですか？」
「ええと、『何とか通り』ってのは使わないから、結局はただの番号と、記憶を結びつけることになるね。もちろん、場所を思い描くことはするんだけど、場所どうしを区別するのはあくまで番号だ。そして、より多くの場所を区別するには……」
「よりたくさんの番号を使うわけですね？」
「そのとおりだ。より正確に言えば、使う番号の『桁数』を大きくするということだ。『桁数』を大きくすればするほど、より多くの場所を区別できるからね。たとえば、僕らの数字で言えば、たった 1 桁だったら 0 から 9 までの 10 個の番号しか使えないけど、2 桁なら 00 から 99 までの 100 個、3 桁なら 000

から 999 までの 1000 個というふうに、恐ろしく増えていくよね」
「なるほど。では、できるだけ長い、桁数の大きな番号を使えて、より多くの『場所』を区別できる人が、より優れた記憶術者であるわけですね」
　ユフィンはうなずく。
「で、ユフィンはどれほどの場所を区別できるんですか？」
「今は、2 の 50 乗個程度だよ。普通の十進法の数字だと、15 桁ぐらいかな？」
「2 の 50 乗個？　ものすごい数ですけど、なんでそんな数え方なんですか？」
「テンリウス家の記憶術では、記憶を置く場所の『番地』には、□と■という二つの数字を使うんだ」
「それは、まさか……」
「そう。ファウマン卿が言ってた数字とほぼ同じなんだ。あっちは○が 0 で、●が 1 だったよね。僕らが使う数字は、□が 0、■が 1 を表す。それを 50 桁並べてできる番号をすべて、僕は記憶の番地として使うことができる」
「その、二つの数字には、関係があるんでしょうか？」
「さあね。分からないけど、ファウマン卿から古代ルル語の文字列を数字と見なす話が出たときは、本当に驚いたよ」
　今日の疲れと酒のせいか、ユフィンの顔は少し赤くなっている。彼はぽつりと言った。
「僕が自分の記憶の限界に挑戦したのは、九歳のときだった」
「え？」
　ユフィンは独り言のように続ける。
「あのときは、ただ自分がどこまでやれるのか、確かめてみたかったんだ。それなのに、あんなに恐ろしいことになるなんて……」
　ヴィエンには話が見えない。
「恐ろしいことって、何があったんですか？」
「僕は、自分の頭の中の『場所』に数字を割り振る練習をしていた。兄の限界だった 40 桁を超えても、まったく平気だった。さらに、今の限界の 50 桁を超えて、60 桁、70 桁、……と増やしていっても、まだまだ増やすことができたんだ。そして、150 桁に近づいたとき……」
　ユフィンは、酔って少し赤くなった目で、ヴィエンを見る。
「僕は、自分の記憶の中で、迷子になった」
　ヴィエンはいよいよ分からなくなって、聞き返す。
「それ、どういうことですか？」
「文字どおりの意味だよ。僕は、自分が作り上げた広漠とした『記憶置き場』

の中で、迷ってしまったんだ。そして、出られなくなった。つまり、自分の頭の中から、現実世界に戻ってこられなくなったんだ」
「つまり、意識を失っていたということですか？」
「まあ、他人から見ればそうだね。実際、僕の異常に気づいた姉の話では、一時間ほど意識を失っていたらしい。その間僕は、ずいぶん長いこと——感覚として何年も——自分の頭の中をさまよっていた。さまようと言っても、そこへ体ごと移動した感じではなくて、幽霊みたいにふわふわ浮いていたように記憶している。まるで自分が『目』だけの存在になったみたいに、あちこちを飛び回っていた。
　思うにあの場所は、僕が頭の中に作り上げた『記憶置き場』ではなくて、きっと別の世界なんだ。もちろん、僕の頭とつながっているのかもしれないけれど、その一部であるようには思えない。もしかすると、僕だけではなくて、すべての人の共通の『記憶の置き場』なのかもしれないし、あるいは、あれは神々の巨大な頭脳で、僕らの頭脳はすべて、その一部なのかもしれない」
「君はそこで、いったい何を見たんですか？」
「覚えているのは、見たこともないような大都市。しかも、今のファカタとかとは似ても似つかない、おそらく古代の都市だ。建物の壁はすべて金色で、白と黒の四角いタイルで飾られていた。きっとそれが『番地』を示していたんだと思う。建物は密集していて、その隙間の『道』には、何かがものすごい勢いで流れていた」
「何かって、分からないんですか？」
「うん。ただ、水みたいな液体ではなくて、小石みたいなものだったと思う。しかも、流れる方向が一定じゃないんだよ。まるで人であふれた大通りみたいに、それぞれの方向を向いて流れていた。すごい勢いだったし、僕は高いところからしか見られなかったから、それがいったい何なのか分からなかったけれど。ただ、それらの一部が建物を出入りしているのは分かった。それから……橋だ」
「橋？」
「僕は一度だけ、都市の端まで行ったんだ。そして、都市を囲む城壁の上から外を見てみた。外は一面の霧で、まるで都市全体が雲の上に浮かんでいるように見えた。そして、城壁からどこかへ向けて渡された、巨大な白い橋があった。橋がどこにつながっているのか、霧のせいで見えにくかったけれど……遠くにぼんやりと、島みたいな影が見えた。それだけ覚えている」
「うーん。やっぱりそれは、夢だったんじゃないですか？　記憶術の練習をしすぎて、どこかおかしくなったとか？」
「まあ、僕も父からそう言われたけどね。実際、目を覚ました後に僕はひどい熱を出して、一ヶ月ほどベッドから起き上がれなかった。それで僕はもうそれきり、自分の記憶を試すことはやめた。きっとあれは——現実なのか夢なのかにかかわらず——人間が踏み込んではいけない領域なんだと思う」
　ユフィンがそこまで話したとき、使用人が客の来訪を知らせに来た。二人で教員棟の入り口へ行くと、雨に濡れたマントを着た若者が立っていた。マントのフードを取ると、黒髪、黒い目の、少し戸惑ったような顔が現れる。二人を認めると、それはたちまち安堵したような笑顔に変わった。
「ユフィンさん、ヴィエンさん、どうも、お久しぶりです」
　ユフィンもヴィエンも、久しぶりに会う友人を驚きをもって眺めた。
「ガレット君？　なんか、雰囲気変わったね！」
「そうですか？」
「うん、大きくなったっていうか、大人っぽくなったというか。ヴィエンもそう思うよね？」
「ええ、本当に」
　ガレットは、だいぶ背が伸びていた。一年前はヴィエンより少し大きいぐらいだったが、今ではむしろ長身のユフィンの方に近づいている。表情は相変わらず気弱そうだが、顔からはだいぶ子供っぽさが抜けていた。身のこなしを見るにつけ、頼りなかった体の軸もしっかりしてきたようだ。よほど厳しい修行をしてきたのだろう。今から自分の「技術」を教え込めばかなり上達するのではないか、という思いがヴィエンの頭をよぎる。
「今回は急に、すみません」
「いいえ、来てくれて嬉しいよ。さあ、風邪をひく前に、こっちへ」

（下巻につづく）

著者略歴

川添　愛（かわぞえ・あい）

1996 年　九州大学文学部文学科卒業（言語学専攻）

2005 年　同大学大学院にて博士号（文学）取得

2002–2008 年　国立情報学研究所研究員

2008–2011 年　津田塾大学女性研究者支援センター特任准教授

現　在　国立情報学研究所社会共有知研究センター特任准教授

専　門　言語学、自然言語処理

主要著書　『白と黒のとびら――オートマトンと形式言語をめぐる冒険』（東京大学出版会，2013）

精霊の箱　チューリングマシンをめぐる冒険　上

2016 年 10 月 25 日　初　版

[検印廃止]

著　者　川添　愛

発行所　一般財団法人 東京大学出版会

代表者 古田元夫

153-0041 東京都目黒区駒場 4–5–29

http://www.utp.or.jp/

電話 03–6407–1069　　Fax 03–6407–1991

振替 00160–6–59964

印刷所　三美印刷株式会社

製本所　牧製本印刷株式会社

ISBN 978–4–13–063363–5 Printed in Japan

好評既刊

白と黒のとびら

オートマトンと形式言語をめぐる冒険

川添 愛 著

A5 判・324 頁・本体 2800 円＋税

魔法使いに弟子入りした少年ガレット。彼は魔法使いになるための勉強をしていくなかで、奇妙な「遺跡」や「言語」に出会います。最後の謎を解いたとき、主人公におとずれたのは……。あなたも主人公と一緒にパズルを解きながら、オートマトンと形式言語という魔法を手に入れてみませんか？

【目次】